世 界 建 筑 史 丛 书

拜 占 庭 建 筑

［美 ］西里尔·曼戈　著
张本慎　　　等译
陆元鼎　　　校

中国建筑工业出版社

　　康士坦丁在拜占庭重建罗马帝国的首都,更其名为君士坦丁堡,使早期基督教建筑在蔚为壮观的创新风格方面达到了巅峰。这本充满了信息和智慧的图书将拜占庭建筑的历史追溯至4世纪的早期巴西利卡,并一直延伸到这种风格的魅力于12、13世纪时在东欧和西欧的最终传播。书中的章节重点放在建筑的作用、工匠、资助人;早期、中期与晚期的基督教建筑;以及拜占庭的城市等话题上。书中照片展现了像6世纪圣索菲亚大教堂那样的建筑杰作和从意大利到俄罗斯的整个拜占庭世界的许多其他重要建筑物的华丽风采以及神秘的宗教崇拜。本书作者西里尔·曼戈是一位享有世界声誉的拜占庭建筑史权威。

目　录

第一章　概　论

人们谈论拜占庭帝国，使用的是现代记史的传统说法，实际上，从来没有一个国家自称为拜占庭帝国，取而代之的是以君士坦丁堡为中心的罗马帝国，新罗马。这个帝国的居民自认为是罗马人或直称为基督徒；他们中受过较好教育的那一部分人则认为他们的帝国是由奥古斯都创立的。因此，当我们提出"拜占庭帝国何时起始，何时结束"的问题时，我们是在提出一个学术问题。可以提供的惟一答案是，出于将历史划分为可管理的和可连贯的时期的需要，历史学家们决定将公元324年君士坦丁堡的建立作为拜占庭帝国的起始。1453年奥斯曼土耳其人攻陷君士坦丁堡时作为其结束。这种划分虽过于武断随意，但却较为方便。

在这个定义下，拜占庭建筑就是拜占庭帝国的建筑，不包括超出1453年限止之后的在信奉正教的国土上的延伸期，其生存期为11个世纪。但这种说法又给我们提出了一个问题："如果这种历史阶段划分能为史学家们所接受，那么对于建筑来说是否也是一个有意义的划分呢？"或者，换一种说法："在公元324年至1453年间在拜占庭帝国内建立起来的那些建筑物，是否具有某些特征表明是拜占庭独有的，而使自己区别于其他文化和风格的建筑物，如罗马式的、罗马风式的、哥特式的或伊斯兰式的呢？"很难给出一个完全的答案。有人可能倾向于说在第7世纪后，或肯定在第9世纪后拜占庭建筑的确具有了一种特殊的外观并一直保持到帝国的消亡；而在其早期（4—6世纪），尽管处于转变过程中，基本上还属于古罗马式建筑。

因此，有足够的理由在第7世纪的某个时候划一条线，而赋在这条线之前的建筑一个早期基督教（或晚罗马）的名称，这条线之后的建筑则称为拜占庭建筑；进而，这条线即使不成为帝国历史上的一条裂痕，也会成为一条真正的区分线。然而，如果有人将此作为权宜之计，那他就从拜占庭建筑中砍掉了被人们所公认的它的第一个黄金时期，亦即查士丁尼时期；一个没有了圣索菲亚教堂的拜占庭建筑就像一具没有头颅的躯体。但是如果我们将查士丁尼时期包括进来，我们将在哪里设置分界线呢？在君士坦丁堡建立和527年查士丁尼即位之间，在东罗马帝国的命运中并没有一个戏剧性的突变，所以我们会不可避免地被带回到第4世纪初的起点去。

自欧洲古迹研究者开始对拜占庭建筑遗迹表现出有系统的兴趣以来已经过去了一百多年。如果我没有弄错的话，第一本带有《拜占庭建筑》这个总标题的书是由查尔斯·特谢尔和R·波普尔韦尔·普兰[1]于1864年出版的，前者是一位孜孜不倦的小亚细亚研究者。这本书由于

记录了几幢迄今已经消失或已经改建的建筑物而具有一些价值；而在其他方面，则是一堆难以消化的互不相关的杂碎。这本书也只能如此，因为在1864年还没有一个足够的材料库可用来作为拜占庭建筑综述的基础。

在其后的几十年间，材料的积累进展神速。马基·德沃盖（Marquis de Vogue）和H·C·巴特勒（Batler）记述了叙利亚基督教建筑；H·罗特（Rott）和格特鲁德·贝尔（Gertrude Bell）等人记述了小亚细亚建筑；N·马尔（Marr），T·托拉曼尼安（Toramanian）和J·斯奇戈夫斯基（Strzygowski）记述了亚美尼亚建筑；A·凡密林根（Van Millingen），W·S·乔治（George）和J·埃贝索尔特（Ebersolt）记述了君士坦丁堡建筑；G·兰帕基斯（Lampakis）和G·米利特（Millet）记述了希腊建筑。由于他们和许多其他学者的潜心研究，一大批材料积累起来了。如何将其分类和阐释呢？

本世纪初备受赞誉的方法可以称作"类型法"，也就是将建筑物按类别和类型来分类。这样，我们就得到"巴西利卡"（古罗马长形会堂）群，它又可分为若干亚群：带/不带两翼的巴西利卡；有3个或5个走廊的巴西利卡；带/不带楼座的巴西利卡；木屋顶或石屋顶的巴西利卡；有一个或多个半圆形屋的巴西利卡。或者我们有所谓的集中式建筑，这种建筑可以是方形的、圆形的、多边形的或十字形的；可以是木顶的、拱顶的或圆顶的；如果是圆顶，这个部分可能由角拱或帆拱支撑。一旦某种分类法确定，下一个步骤就是确定每一种群的"起源"及其独有的特征，也就是通常所说的这些种群的地理特征。这样就提出了一个问题："圆顶的起源是什么？"例如可以这样回答："圆顶来自美索不达米亚"，就像人们说"袋鼠来自澳洲"一样。如同在生物学里那样，这种方法进一步证实了建筑的类型就像独立有机物那样经了一个逐步的进化过程。

类型法是艺术史学家们常用的方法，他们关注的主要是形式。我认为这种方法的主要缺点在于将建筑从现实变成抽象，而建筑物的定义就是具体的。确实，建筑物首先是功利的。让·拉叙斯（Jean Lassus）很明确地指出了这种缺陷。在他的著作《Sanctuaires chretiens de Syrie》（1947年）中，他第一次认真地尝试将一种新方法运用于拜占庭建筑的研究，亦即功能法。这是考古学家们的方法，他们想知道一个建筑物是作什么用的，他们也相信建筑的形式是受其功能支配的。

乍看上去"功能法"很有吸引力，它教我们不要去注意那些仅由某个

古代世界的一端传到另一端，而不考虑其历史可能性或其传送方式的空洞的形式。它告诉我们，例如教堂是设计出来供礼拜庆典用的，而当礼拜用途改变时，其建筑环境也应随之改变。一个祭坛，亦即环绕一个基督教"见证"物体的神龛，不管它是某位先贤的陵墓，还是基督在尘世中使其成为圣迹的地方，其规划设计都会不同于一个普通的集会式的教堂[2]；一座修道院是准备让一群修道士居住的，他们除了要笃信神灵外，还须从事农耕活动。

类型法抽象而功能法却令人惊喜地具体。然而，当我们将它运用于具体例子时，却不能得到预期的结果。当今的一位最著名的罗马建筑权威告诫说："在早期罗马帝国，日常生活的每一方面仍然有着各自清晰的特定建筑环境。你不可能将一座庙宇误认为一个市场，也不会将一座法庭当作一个澡堂。到公元3世纪，这些特征很快地消失，到君士坦丁时代，想一眼看上去就辨认出一座建筑的种类就变得很困难了。"[3]

如果这种情况在君士坦丁时代是真实的，那么在其后的拜占庭时期也同样是真实的。暂且将有争议的祭坛放在一边，我们还可举出两个例子。一个是关于修道院的。毫无疑问修道院里的教堂和教区的教堂在功能上是有差别的，即使仅仅考虑前者排除异性成员这一因素也是如此。一座教区的教堂，不管它作出什么建筑上的规定来隔离男人和女人（假如真有这样的规定的话），那这些规定对于修道院的教堂来说都是不必要的。但是，实际上这两种类型的教堂是不存在差别的。惟一可以把它们区分开的是其附属建筑物。第二个例子更特别，在雅典的哈德良图书馆的院子里，有一座建于公元5世纪初的大型四叶饰式建筑，在平面图上，它与那些在公元5世纪至6世纪在罗马帝国，特别是在叙利亚的许多地方都能见到的重要教堂很相似，实际上长期以来人们也把它看作教堂，直到后来借助一份说明书，人们才意识到它可能是一个阅览室或是一个演讲厅[4]，也就是说，房屋的建筑形式并不是由其功能支配的。

这些例子（还可以举出一些）并不是想说明功能法毫无价值。相反，每一位研究拜占庭建筑的学生都应密切关注他所思考的建筑物的使用目的。然而，这样做，他常常会发现功能和形式并不是那样的协调一致。

对古代和中世纪建筑的研究并不是艺术史学家和考古学家们所独占的领地，不管他们对此作出了何等重要的贡献。建筑物提供了某一过去文明的最可触摸和最为具体的遗产。它们是历史"文件"，这些"文件"并不比任何书面文件逊色；在有些情况下，它们甚至比书面文字表达得更清楚。我相信，这种说法对每一个时期都是真的，但对于拜占庭来说特别适宜，其原因是关于拜占庭文明的书面记载尽管卷帙浩繁，却令人惊讶地意义模糊。满篇陈词滥调却极少谈到具体问题。这些文件告诉我们关于基督的本性，却几乎没有一点他日常生活的事实。如果我们提出一个简单的问题，如"10世纪拜占庭小城镇的特点是什么？"人们根本不可能从这些书面记载中获得足够的答案。只有现代的对建筑的研究才给我们提供了帮助。这种研究向我们显示，什么样的建筑物建起来了，而什么样的没有（我认为，否定的方面和肯定的方面一样地有说服力）；这些建筑有多大；使用了什么材料，达到了什么技术水平；最后通过对其形式的关注，我们能够查明其是否有所创新以及是否受到外国的影响。

"历史法"就是我在这本书中试图采用的一种方法。我感到将这种方法运用于某一学科的普遍研究还为时过早。这种方法用于对指定地区的有限调查远远好过对涉及许多世纪许多地方的综合调查。这种方法所产生的结果已在 G·查伦科（Tchalenko）的杰作《叙利亚北部的村庄遗迹》（1953—1958年）中展现出来。在这部书里，他在一个经济历史学的大的框架内，审视了一个特别地区——北叙利亚的石灰岩山区——的建筑物，继而进一步展示了整个文化，描绘了这些建筑物自身，可以说迄今为止在艺术史研究中还从未这样做过。当然石灰岩山区是一个例外，其建筑物由大块方形石料构成，从未遭到破坏，因此得以完整地保存——整个村庄，连同房屋、农场、教堂、修道院，以及人们的"工业"设备（榨油机），因此为这个地区的经济发展提供了一份答案。在拜占庭帝国的大多数其他地区，这类调查不会产生这么好的结果，但是除了石灰岩山区以外还有一些地方是可以成功地运用这种方法的。

在进行这些地区性研究之前，对长达11个世纪的拜占庭建筑的调查中，不可能建立起与中世纪的历史、地理、社会和经济的实际状况预期的联系。如果说我曾试图完成这个任务，那只是设想提出一些我感兴趣的问题，而并不是企图解决这些问题。在读者这一面，他可以借此熟悉一些拜占庭的历史和文化，从几本优秀的手册中的任何一本他都能做到这一点。[5]

最后提出一点忠告。尽管我们提供了大量的材料，但我们对拜占庭建筑的认识仍是不完整的和不平衡的。请考虑以下事实。君士坦丁堡——我们对它的了解远胜过对大多数其他拜占庭城市的了解——在中世纪的进程中曾有过500多座教堂和修道院。其中，在经历各种不同程度的破坏后，有大约30座幸存下来，还不到总数的10%。我们几乎找

第二章　材料与技术：建筑师，工匠和资助人

不到两处王宫——大宫殿和布拉奇尔纳宫——的任何遗迹；在首都的数百座大型宅邸中也只有两三处能看到一些毫无意义的残存物。拜占庭帝国的第二大著名城市——这里所说的是拜占庭早期——是亚历山大，然而我们却看不到一点它当时的基督教建筑。第三大城市安条克已部分发掘出来，但未发现任何一座更为重要的建筑物。

我们对所提供的文献的残缺不全的特点不再赘述。另一个严重的局限是我们的文献没有代表性。不经意的观察者也许会借此认为拜占庭人除了教堂外别无建筑；事实上他们修建了各种结构类型的建筑物，如住房、宫殿、澡堂、蓄水池、防御工事和桥梁。大量的拜占庭早期世俗建筑幸存下来，中世纪及其后的建筑留下的要少得多，但这些建筑与基督教建筑相比，几乎无人关注。只要有可能，我都试图改变这种不平衡现象，但我和我之前的作者一样，不得不用大部分篇幅谈论教堂。如果想对世俗拜占庭建筑作一个综述，还需要做大量的准备工作。

在拜占庭时期，一种独具地域特色的建造技术显著而稳定地世代相传——这种特色是容易解释的。因为我们所说的技术，首先是建立在就地取材的便利之上，其次则是建立在一种既定的工场传统之上，这种传统无视外来占领者所造成的剧变，常常坚持了下来。在一个可以评估的范围里，对技术的通常理解是实在的，因为是由它们去决定在建筑上能够做什么或不能够做什么——这样，也就赋予了这个时代在技术上的可能性。

拜占庭构造分属两种类型，这是相当广泛的说法。一种指的是方石构造技术，具有叙利亚—巴勒斯坦，尤其是小亚细亚一带以及亚美尼亚和格鲁吉亚周边地区的特征；另一种指的是砖块与粗石构造技术，这是典型的君士坦丁堡样式，也是小亚细亚西海岸、巴尔干地区与意大利样式，因此代表了拜占庭建筑的主要传统。[1]对于那些雕刻得富有生气的垂直表面的构造来说，方石技术是很合适的，但它却不合适盖房顶。跨度小的可以用石头去覆盖，不是用平板石盖上去就是用砖块去构筑拱顶，但这些做法并不适用于大面积的跨度，在这样的面积上盖房顶要用木材和其他相对轻一些的材料，类似砖块或火烧石。[2]下面的讨论将尽可能限制在第二种类型的构造技术上。为了方便，我们可以称之为君士坦丁堡类型。[3]

砌一堵墙的正常方法是，首先从两边用长方形石块砌墙体。要一层一层地去砌，石块间填进了大量灰泥混合的粗石心。砌到几英尺高后，再用砖块砌成砖带，通常砌5层高，从一边砌到另一边，直到墙体达到合适的程度。接着再重复这个过程。

一般情况下，砖块是构造的基本构件。除了砌成墙以外，还决定其厚度并成为一个尺度标准。在君士坦丁堡，砖块的边长大约有14—15英寸（1英寸＝2.54cm——译者注），厚度为1.5—2.5英寸——比罗马正规的砖块稍大一些。一堵墙有两块砖的厚度（加上一层灰泥砌体），为29.5—31.5英寸。生产砖块似乎是一个受控制的项目，在4—6世纪之间，砖块常常打上还不能明确其确切意思的印记。跨拱、穹窿和圆顶全部用砖块来砌成，在一个跨度很大的拱上，就像罗马的双垂足（bipedales）一样，刚好是一倍的尺寸。

在特定的时期里，我们会看到全部或主要是用砖块建成的楼房。以君士坦丁堡为限，我们可以提到已遭毁坏的恰尔科帕拉特伊的圣玛丽巴西利卡教堂（St. Mary Chalkoprateia，约公元450年），它全部用砖块砌成。而同时代的斯蒂迪乌斯的圣约翰巴西利卡教堂（St. John of

图1 君士坦丁堡,城墙,砖块和石头
　　交替构成的砌层
图2 亚洛瓦(土耳其),平面为十字
　　形的圣洗堂,全砖块建造
图3 君士坦丁堡,恰尔科帕拉特伊
　　的圣玛丽教堂,砖砌墙局部

Studius)则是交互使用3圈石头和5层砖块来建造。在查士丁尼时期,我们还发现一种独具特色的用石样式:墙体最低部分和大致随着第一层拱券的跨度部分是用石头构造的;而在这两处以上,除了约在6英尺的间隔处我们发现单独一层石头外,其余全都是砖块。10世纪时在博德鲁姆·清真寺(Bodrum Camii)地区再次出现全砖块的建筑。

　　整个拜占庭时期一直都把粗石和砖块的使用作为一种正规的方式,这种方式至少延续到14世纪,到那时,因为不再能得到砖块了,才出现了全部用粗石构造的方式。正是拜占庭施工人员的守旧习性,使得人们无法找到一种清晰的方法区分不同时期的不同作用。仅仅在11世纪和12世纪我们确实发现一种可辨认的变化。这些变化是,每到第二层砖块就稍微凹进去一些,并用灰泥砌体覆面,结果其效果厚薄不均。一些观察者看到,随着世纪的流逝,砖块的尺寸在逐渐变小;另一些则看到灰泥砌体也略微变薄了。但这些因素全都变化不定,甚至在相同的建筑施工中也无法得出实际上都能适应的准则来。

　　我所描述的方法是从公元第2和第3世纪小亚细亚西部和巴尔干地区当中自然而然地直接承续下来的。表面看来,拜占庭建筑与意大利帝国时期的罗马建筑相似,其实它们两者根本不同。意大利的罗马建筑本质上是以水泥为主的,由于火山灰水泥的那种整体的特征,它们是同质的和(曾经做过的那样)独柱式的;面饰很浅,无须损坏建筑物就能移开它。[4]在拜占庭建筑物中以粗石为主的做法从未达到同质一体,只是用面饰使它们连在一起;如果没有面饰,就会逐步毁损。这说明砖层黏合和砖层间相关厚度的重要。换一种说法,拜占庭建筑师承袭了罗马样式的全部,却缺乏把它们充分转化成实用的技术方法。

　　拜占庭灰泥由石灰石和沙组成,并含有一种作用不大的混合物,换言之,是一些碎砖块,有时是些卵石。它们应用得相当广泛。帝国时期的罗马建筑物中灰泥砌体比砖块还要薄些,而在拜占庭建筑物中却正相反。4世纪时,砖块和灰泥砌体之间的厚度比率大约是1∶1,到了6世纪时则接近2∶3。这个事实或许只能用节省砖块的愿望来解释。不管怎么样,过度使用灰泥会有一个无法避免的结果,那就是在灰泥变干时建筑物逐渐倾斜,并且这个过程一定开始于建造的过程中。在大型建筑物上这种现象尤其严重,就像我们在圣索菲亚大教堂观察到的一样;但是几乎所有的拜占庭建筑物都显得不规则和畸形,这与其中使用了大量的灰泥有关。

　　拜占庭的拱有3种基本方式:筒形拱顶(Barrel vault),半圆形穹

图 4　尼西亚（伊兹尼克），城墙，底层砖块构造（11 世纪）《交替隐藏的砖行》局部

图 5　康斯坦察，市场建筑物，晚期罗马带有砖砌墙角的砖石混砌墙（4 世纪）

图 6　雷萨菲，蓄水池，筒形拱（6 世纪）

图 7　君士坦丁堡，圣伊林娜教堂，交叉拱的构造（6 世纪，W. S. George 绘，1912 年）

图 8　芝诺比阿（哈拉比耶），古罗马帝国的省级官员住宅，交叉拱（6 世纪）

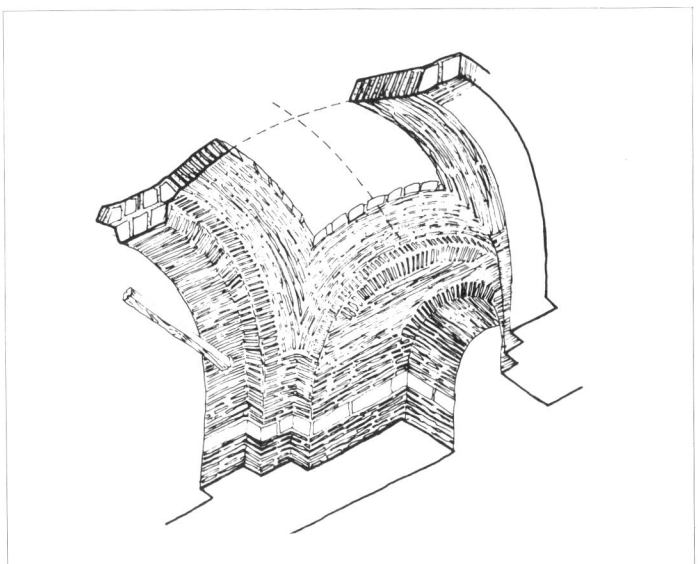

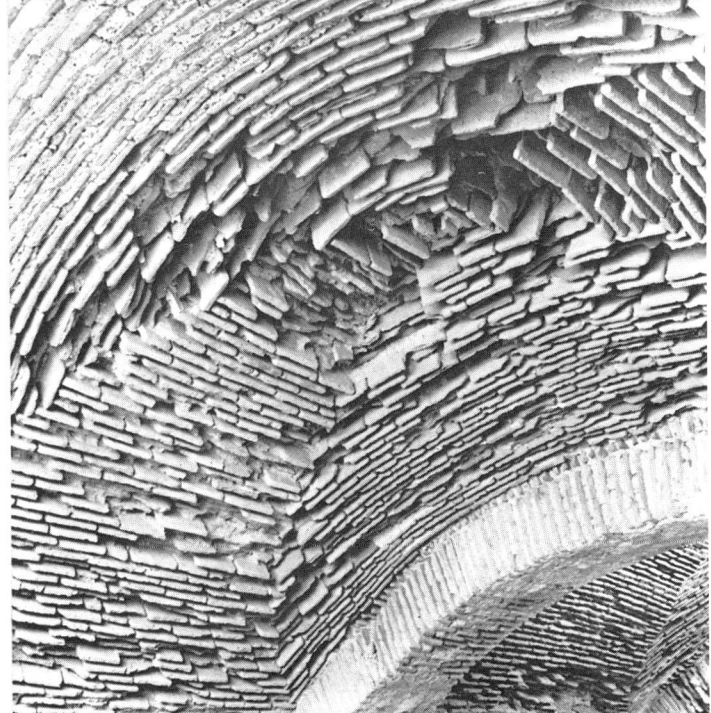

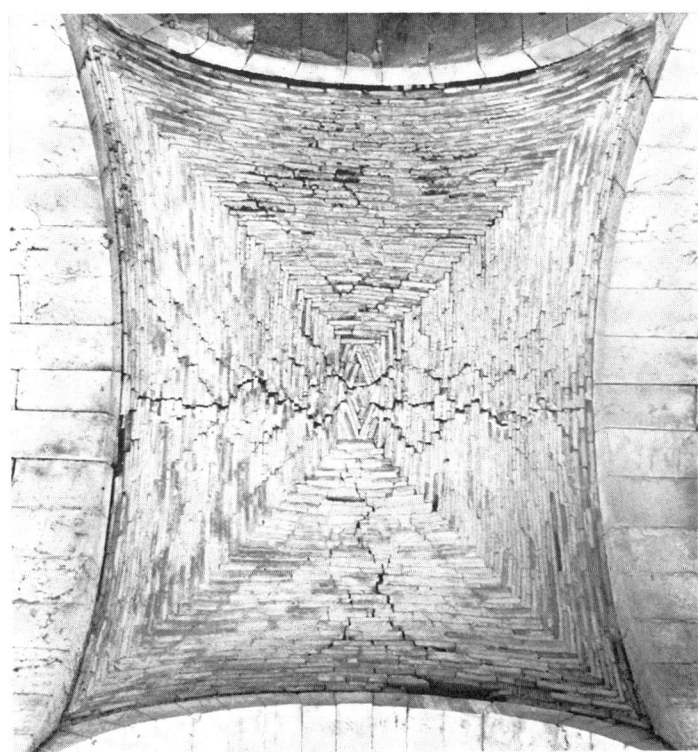

图 9　君士坦丁堡，神圣万能教世主教堂（泽伊雷克·基利斯清真寺），交叉拱（12 世纪）

图 10　雷萨菲，艾尔·蒙齐尔的觐见厅，没有帆拱的半圆形拱（6世纪）

图 11　君士坦丁堡，卡拉居姆吕克蓄水池，半圆形拱（11 和 12 世纪）

顶（Domical vault）和交叉相贯穹顶（Cross-groined vault）。所有这些拱均依其跨度并围绕一个中心点（有的没有中心点）来构造。一个没有中心点的筒形顶的构造方法是这样的：首先，四周的墙已经建到足够的高度，然后，工匠在两边末端的空位开始沿半径进行覆盖，并要向着中间略微倾斜以防止滑动。他们必须使用能快干的灰泥并飞快地工作。当两端盖到中间部位时，便会有一个可插入楔形物的空位，用一块砖做"塞子"（plug）塞到这个部位里去，这样就卡住拱顶以使其到位。半球形和交叉相贯穹顶建在由 4 个拱桥划定的空位上。在既定的框架中砖块从水平面往上并渐次增加其倾斜度。第一步是形成帆拱，这样就能为穹顶提供弯曲的基础，然后不断向上一直到达顶部。在交叉相贯穹顶中砖块的放置从平行到拱背，再到角的空位上联结，它们会自然形成一条脊肋，并逐渐消失在顶部。在拱跨出来的上部有个死位，用泥瓶（earthenware jars）填塞着，这样能减少负荷。在拱的构造上我们通常发现大量不规则的和即时处理的例子，而在现代出版物上人们却看重精确的几何形制图，这是相当令人迷惑不解的。

形成拜占庭教堂顶部的因素与其他建筑类型相似，其穹顶的构造原理是与半圆形穹顶一样的，也就是说，它是支撑在帆拱之上的。两者的不同在于，与半圆形穹顶比较，帆拱和半球状体形成一个连续性的球面。这与穹顶的情形不同，它是建在一个比下边的帆拱还要小一些的半径之上的。这个特征对帆拱没有丝毫影响，在两种情形中都是相似的。[5]穹顶的外形里面常常建有拱肋或三角形肋，以便于去制作许多要么是凹的要么是平的并逐渐收小的扇形体来。这些拱肋或脊肋有助于强化穹顶，但与哥特式拱肋不同，在用网架连接成整体方面它们没有什么建设性可言。

我们很少提及对木材的使用。巴西利卡和房屋的顶部用到木材，脚手架、建筑的中间部分和连接横梁也用到木材。一般来说，长而直的木材供应是相当紧缺的，除非在那些林木茂盛的地方，例如黎巴嫩地区、塞浦路斯和吕基亚。有两个事例有助于说明这一点。6 世纪时，锡永山的圣尼古拉教堂（Saint Nicholas of Sion）——这座教堂同与后来非常相似的米拉的圣尼古拉教堂（St. Nicholas of Myra）常相混淆，据说使用了一棵砍伐下来的丝柏树，而这棵树却是一个恶魔的栖居所。树被修整好以后，决定用来做正在建造过程中的教堂的横梁。然而在运输当中却被砍去了三腕尺长。这被认为是一场巨大的灾难，因为对于做横梁来说树干当时是太短了。但是圣尼古拉（St. Nicholas）奇迹般地恢复了树干的长度。树干就这样放在了教堂的顶部。[6]这个故事来自吕基亚，当然那是个林木繁盛的地区，可人们还是把一棵高大而挺拔的树木说

得如此重要。几个世纪以后，在阿拉伯统治时期，耶路撒冷的元老托马斯一世（Thomas I of Jerusalem，807—820 年）恢复了阿纳斯塔西斯教堂（Anastasis）的屋顶，并让这座圆形教堂耸立在基督墓地之上。为了这个目的他从塞浦路斯进口了 15 棵异常昂贵的松树和香杉。[7]这样他就可以肯定没有什么麻烦地在石造建筑上修建屋顶了。

一座 6 世纪时建在西奈山的圣凯瑟琳（St. Catherine on Sinai）修道院被保存了下来，它的屋顶是用成束的木材做的，这是一个仅存的例子。[8]那以后就极少去建造巴西利卡了，个中原因一定是知道获取合适的木材的困难，所以就接纳了石造屋顶的教堂。

建筑的外表偶尔也会抹平，不过更经常露出原来的表面。联结砖层与石头的缝隙用上好的灰泥作成薄层来点缀，这个薄层是用一种钝口的器具压印的，以便于形成一个稍稍凹进去的槽，通常还要加上雕刻的线条。在 10 世纪以前用砖块作装饰图案一定是个例外，用大理石贴面更为罕见（圣索菲亚教堂的西立面可以作为一个例子）。内部的处理标准与其外部有着相当大的冲突：在内部（除了方石块加工技术外），墙壁的每一寸都用大理石作饰物，还有用灰墁、绘画和马赛克覆盖。

这带给了我们一个关于大理石的重要话题。从结构的因素看，大理石仅限于在柱子、檐板、上下楣、线脚、框缘和额枋等地方使用，当然也适用于许多建筑物辅助性的部分，例如像门的侧面和过梁，窗口的格栅，矮护墙墙面，布道坛，还包括路面铺砌层和护面。自从在共和国晚期这些非同寻常的彩色大理石工艺介绍到罗马后，可以这样说，这些工艺成为了人们地位的一个象征，在公元 1 世纪和 2 世纪期间其产品的生产得到极大的扩展。[9]任何要求的建筑物没有它们就不能做出来。和任何建筑物的外观形象相比，拜占庭的"埃克夫拉西斯"（ekphrasis）通常给大理石提供了更多的空间，这一点是非常明显的。晚期罗马或早期拜占庭的内部总体效果在相当程度上便是基于对大理石的大量使用。

达到丰富的色彩效果这一点得到非常高的赞赏，结果许多坐落在地中海地区的采石场都得到了开发。所有的石头都相当名贵。红斑岩只有埃及才有；绿斑岩来自拉科尼亚（Laconia）；绿斑蛇纹石来自塞萨利；暖黄色大理石（giallo antico）来自突尼斯；乳白色缟玛瑙来自弗里吉亚的赫拉波利斯（Hierapolis in Phrygia）。[10]供应这些石材要依靠若干因素结为一体，采石场有奴隶去艰苦劳作；交通方便，特别是在地中海的航行，以及吊起和运输沉重石块的能力。为此，人们制造出专门的船

只。自从航运比陆运更便宜和更方便以后，靠近海滩的采石场就有了自然的优越条件。毫无疑问，这些条件解释了普罗康涅苏斯（Proconnesian）大理石（来自马尔马拉海的普罗康涅苏斯岛）的非同寻常的流通。这种大理石，在公元1世纪时大量输出并成为拜占庭建筑中标准的大理石。它的外表没有什么特别明显的纹理（其纹理近乎白色），其优势是适应性很强，这种大理石也同样适用于诸如柱子的柱身那样使用大量雕饰的地方。[11]

拜占庭建筑的史学家对古代大理石的知识有着特别的兴趣。在大多数情况下，即使我们关于古代大理石的知识在不断地增长，也还是不能解答他们的问题。例如，他们会问："各种各样的采石场是在什么时候停止生产的？"如果我们从关于帝国时期的石棺群的记述来判断，则红斑岩的供应似乎一直到大约公元450年时才停止，因为直到那时，红斑岩一直是作为制作石棺群的正式材料。罗马帝国时期大量地用在柱子上的绿色大理石产于埃维亚（Euboea）的卡里什丢斯（Carystus），这些大理石直到5世纪早期仍然在开采。开采绿斑蛇纹石的塞萨利采石场肯定是在查士丁尼时代投入使用的。我猜想直到6或7世纪时才禁止大量开采大理石，帝国形势的恶化和奴隶劳动力的减少是其原因。我还不敢肯定普罗康涅苏斯的采石场从那以后是否还在继续运作。无疑，这是一个促使拜占庭时代中期建筑发展的重要因素。

现在我们转过来谈一下建造建筑物的人们。在拜占庭早期，建筑这门职业是由两种人才来代表的：一种是机械师，另一种是营造师，前一类要高贵得多。[12]机械师通常翻译成工程师，不过这样的翻译多少有些误解：他更适宜描述成有数学基础的建筑师，其社会地位相当高。圣索菲亚的建筑师安特米乌斯（Anthemius）和伊西多尔（Isidore）就是这样的机械师。安特米乌斯就是一位卓越的数学家。查士丁尼在他的广泛的建筑活动中便依赖这样一类人来为他服务。边境城市达拉（Dara）的修筑和重建得到了亚历山大（Alexandria）的机械师克利希斯（Chryses）的指导。这座城市被一次突然袭来的洪水毁坏后，皇帝传召安特米乌斯和伊西多尔去参与协商。问题是通过修建一座水坝来解决的，他们的设计曾送给克利希斯审阅。坐落在幼发拉底河（Euphrates）畔的芝诺比阿（Zenobia）城的建造由两个年轻建筑师来贯彻执行，他们是君士坦丁堡的约翰（John）和伊西多尔（约翰的侄子）。[13]君士坦丁堡圣索菲亚教堂原来的穹顶毁于558年，后者指导和监造了这座教堂的重建工程。

机械师是相当具有独立性的，而营造师或者叫熟练建筑技工，其地位无疑要低一些。在4世纪的时候，他们被认为是受过充分的教育，在专业上有指点工作的能力。然而，他们为此仅得到微薄的报酬：只是略高于教初等数学和速记技术的教师，严格来说也只有那些测量员和文学教师所得到的收入的一半。我们可以想像，随着时间的推移，营造师降低到了工匠的水平。大多数早期的拜占庭建筑物很有可能是靠这些熟练建筑技工甚至工头来建造的。注意到这一点是有价值的：6世纪以后几乎没有一位拜占庭建筑师的名字被记录下来。[14]

在营造师之下是属于平民阶层的有技术的工匠，他们相应的身份地位可由公元301年制定的戴克里先税则所规定的收入来显示（他们收入的精确值几乎不可能计算出来）：人物画家每天还可得到150第纳尔外加食物；壁画家是75第纳尔；镶嵌细工师是60第纳尔；普通泥瓦匠和木匠是50第纳尔。[15]从理论上说，所有这些工匠均属于世袭会（collegia），不过这些行会并不像现代的工会之类的组织，他们组织起来并不是为了保护工人，而是为了对付加于他们头上的强制性工作。关于这一点，工匠们是很容易被要求做各种类型的强制性劳动的，例如清理排水沟之类。

毫不奇怪，他们试图从政府的控制中逃离，流散到农村去。公元4世纪时的皇帝霍诺留（Honorius）有一道圣旨抱怨说城市正在失去它的光彩，因为行业工会拒绝做维修工作，他们全躲藏在农村。到了5世纪时，建筑行业中这种强制性劳务的制度看来已经崩溃。我们可以想像，那些独立的和流散四处的工人相应地增加了。[16]而在10世纪，君士坦丁堡的长官曾再次组织起建筑工人的行会并用条令去控制它。[17]这与拜占庭各省份的情形大不一样。

简单来说，使用的是这样一些材料和技术，是这样的一些人去从事建筑行业的工作。许多当代的例子可以帮助我们去理解，在帝国的不同部分和不同时期，一幢建筑（通常是一幢教堂）是如何建起来的，如何获得材料，建筑师的作用又是什么。

第一个例子是君士坦丁皇帝致耶路撒冷的主教马卡里乌斯（Macarius）的一封著名信件，这封信写于公元326年，是关于建造圣墓教堂（Church of Holy Sepulcher）的。这封信可以简介如下："我们希望这幢教堂是世界上最美的。我们已经给维卡里乌斯·奥里安薛斯（Vicarius Orientis）和巴勒斯坦的地方官发出了关于达到此效果的指令。与你协商之后，这些官员将会提供必需的工匠和材料，并支付资金。然而，以下两点你要直接与我们联系：(1) 所供应的大理石的质地

和数量；（2）顶棚是否将要镶嵌，如有这种情况它们应该镀金。"[18]

细读一下这份官方文件，我们能从中看到这样几点。第一，君士坦丁自己对于建筑的形式并没有什么特别的关注，他只要求它是世界上最美的就行。第二，教堂完全由政府出资建造。这是可以理解的，因为它是一座"纪念物"。第三，地方行政官的作用是按照指示去提供必要的劳力（通过强制劳役制）和材料，而主教是，假如是的话，作为计划委员会的主席来开展工作的。信中没有提到建筑师做什么（我们碰巧从其他资料中知道这是某一位芝诺比阿人）。第四，在有关大理石和顶棚镀金方面主教要直接与皇帝联系，可能是因为在议程中这些都是最昂贵的项目。此外，这些大理石不是巴勒斯坦和叙利亚的产品，它们全要从信中所提到的两个行政管辖区以外的地方进口。

第二份文件是尼萨的圣格列高利（St. Gregory of Nyssa）致伊康（Iconium）的主教阿恩弗罗切乌斯（Amphilochius）的一封信，大约写在公元380年。[19]格列高利正在建造一座殉教堂。首先他解释它的形式和所给予的尺度：它包括一个中央空间，一个带圆锥形屋顶的八角形造型，向四边伸出去的翼，这些翼在平面上形成一个十字形；建筑有些像萨曼堡（Qal'at Saman），但规模要小一些，两翼只有8腕尺宽，12腕尺长，墙只有3英尺厚。格列高利相信，他的通信者对这类事很熟练，在他所提供的测算的基础上他能够粗略计算出所需的工作量和派给尼萨所需要的工人。建筑的结构用砖块（因为当地没有足够的石头）来建造，但也包含了一些石头或大理石的构件。换言之，这些石头或大理石是用来建造8根柱子连同柱头和基座所形成的一个八角形，一个有雕刻的门框和一个至少有40根柱子的列柱走廊。格列高利还得到了当地的劳力——30名泥瓦匠，除了食物他们一天还可得到一块金币的报酬——但他认为这个要求过高。他设想，来自伊康地区的工人要求可能会低一些；另外，他还想要一份关于每个工人每天工作量是多少的清晰的合同。经济需求迫使他对此要有准确的测算。

在这里我们所涉及的不是政府的一个项目，而是一幢小型建筑，这幢建筑是用当地教会和主教的经费开支的，他的有限的基金迫使他尽可能地节省。在这里又一次没有提到任何一个建筑师。圣格列高利只有一个计划，或者只有某些初步的草图：他对于建筑的仰角是相当茫然的，他说翼的高度要适合它们的长度和宽度；关于列柱走廊，他说要用40根柱子来组成。显然，像这样一些事情是能够临场改动的。他还认定他的同事，伊康的主教有足够的专业能力处理这些建筑上的问题，能够计算出所需的泥瓦匠的数量。至于工资，从圣格列高利所得到的条款

看是相当高的：每人每天的收入为1个solidus（古罗马自312年起通用的一种硬币——译者注）的1/30，这样，每人算下来，作为一年工作相当稳定的收入，约为10个solidi。可以比较一下4—6世纪收入的平均率，按我们从别处所知道的，那时的年收入大约只是5到7个solidi。格列高利还论证说，伊康的泥瓦匠不仅有充足的理由，而且他们还愿意从100多英里（1英里=1.6093km——译者注）外来到工作的地方。他推测那里存在着一群流动的劳动力。

第三个例子是关于加扎（Gaza）大教堂的建造，其建造时间是从402年到407年。[20]就像在耶路撒冷一样，教堂是由政府筹集资金兴建的，不过，看上去其劳动力来自基督教社区的自愿者要多于强行征集的。那个时候的加扎，异教徒占有优势，它的总人口肯定有好几万人，其中却只有一个由280人组成的基督教社群。然而，在帝国的武装支持下，主教波菲利（Porphyry）毫不犹豫地烧掉了异教徒的宙斯马尔纳斯神殿（Zeus Marnas），并要在其原址上建立基督教大教堂。接着争论就在信徒中展开了。马里安（Marneion）（就是马尔纳斯神殿——译者注）已经是一座环状建筑物，原来有一个某种样式的圆顶和两个集中式的门廊。一些人设想教堂应该按照与此相似的原则来建造，另一些人则争辩说它不应该留下任何异教徒神殿的残余痕迹。主教决定等一等。不久主教就收到一封来自皇后欧多西亚（Eudoxia）的信，信中包括一个教堂的计划，计划描绘在一块布上：是一个十字形的平面图。波菲利聘用了一位来自安条克的建筑师，鲁菲努斯。他在地上用粉笔勾勒了这个计划的轮廓。打基础的沟壑开挖了，主教本人参与了工作。一个当地的采石场提供石头。第二年皇后送来了32根卡里什丢斯的大理石柱子（一种来自埃维亚的绿纹大理石柱子），5年以后一座巨大的教堂就完成了。

在这个例子中我们可以观察到一些有趣的现象。在这里我们所涉及的是一座普通的主教教堂，而不是殉教堂；还有一些人提出一个带环状圆顶的平面图，最后建起来的教堂是十字形的。其次，平面图是从君士坦丁堡已经准备好了再寄过来的。老实的建筑师鲁菲努斯并没有参与设计；他只是被召来理解这个设计。他也不能控制那32根柱子，这些柱子是在墙的下部建好以后，按照皇后的命令从埃维亚用船运来的。

我们所列举的三个例子集中反映了极不相同的历史和地域条件，但它们之间还有一些相同点。在每一个例子中，扮演主要角色的是主教。建筑师，或者熟练建筑技工，如果他们被提到的话，那也不是作为始作俑者而只是执行者而已，看来他们似乎在按一些相当简单的草图

图 15　尼萨，殉教堂，平面图（J. Str-
　　　 zygowski 绘，1903 年）
图 16　小圣西门修道院，靠近安条
　　　 克，平面图（W. Djobadze 绘，
　　　 1965 年）

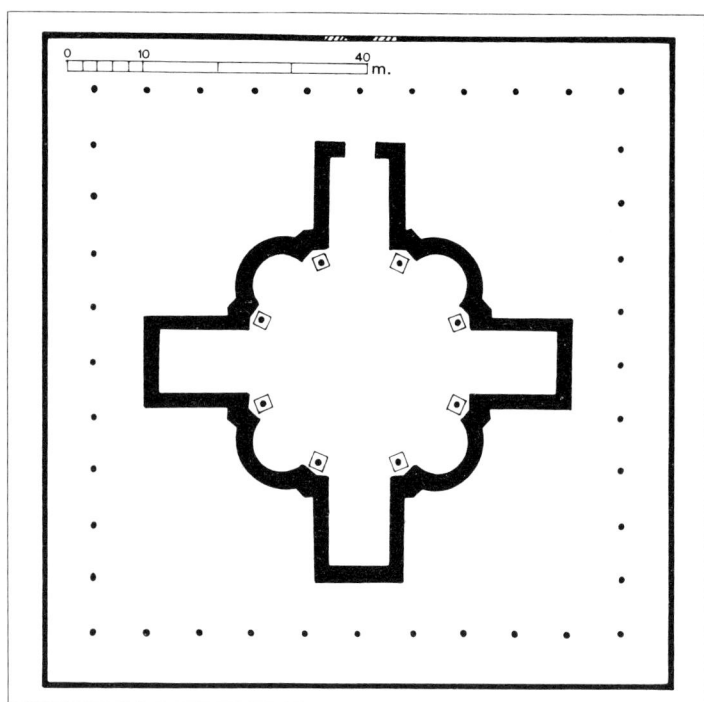

工作。特别值得一提的是大理石柱子，这些柱子直接由帝国政府供应。
劳力问题可以由强制劳役制来解决，也可以由基督教社会提供自愿者，
或者由主教雇用。

如果上述例子所列举的条件有代表性的话（我想是有的），我们用
不着对早期拜占庭建筑的一致性表示惊讶。熟练建筑技工不是要去设
计和发明，他们只是在已接受的程式的基础上予以改变；他还必须赶快
工作。不像哥特式大教堂，早期基督教堂要以飞快的速度建成。如果
加扎的大教堂花了 5 年时间来完成的话，这要归咎于基督教社群是一
个小社群；君士坦丁堡的圣索菲亚大教堂也就花了 5 年时间。

现在我们可以举一座完全是例外的建筑，那就是坐落在"奇妙山"
（Wondrous Mountain）的小圣西门（柱头修士）修道院（应将小圣西
门与和他同名的更为著名的萨曼堡的圣西门区别开来），修道院位于安
条克西南方向不远，它的遗址仍然在那儿，占据着可观的面积：从墙身
所圈定的范围测量，大约是 400 英尺×550 英尺（1 英尺＝
0.3048m——译者注），与一组教堂组合构成一个 200 英尺×280 英尺
的矩形。[21] 修道院建于 541 年与 565 年之间，明显地模仿萨曼堡：位于
中部的八角形庭院围绕着圣台，四边向外伸出墙翼。除了有 3 所教堂紧
紧靠着位于八角形庭院的东边——一所中央巴西利卡，一所小一点的
巴西利卡在北边，还有一所带三叶饰多角室的殉教堂在南边。

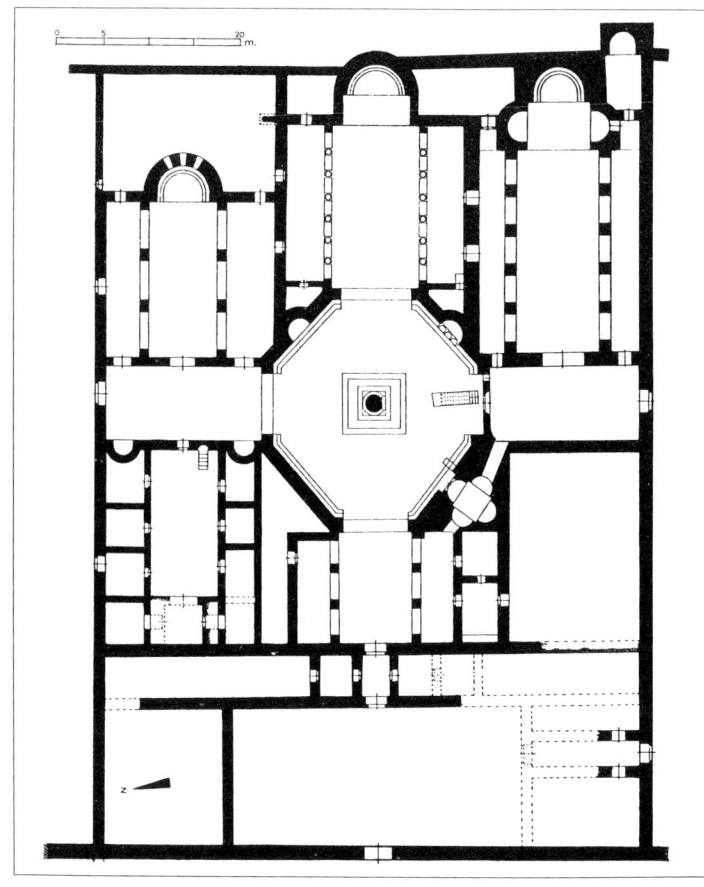

西门和他母亲马莎（Martha）生平中的一些细节描述了这个复杂
的组合是如何建起来的。方案据说是由一位天使描绘出来的，此后许多
有病的伊索里亚（Isaurian）的泥瓦匠来了，结果圣徒治好了他们。这
些伊索里亚人都是些像候鸟一样移来移去的工人，他们大都季节性地
在安条克寻找雇主。一年又一年，他们持续不断地来到奇妙山，治好了
各种各样的疾病就返回去，在这期间则做些季节性的工作。他们甚至带
上自己的工具和食物。主体巴西利卡的柱头由一位修道士刻上了雕饰，
这位修道士在这个方面从没有受过训练，但却奇迹般地有了"智慧的灵
魂"。

特别令人惊奇的是描述圣马莎殉教堂的建造过程。它的方案也是
由一位已故圣徒超自然般地显示出来的，这位圣徒特别坚持要有一个
伸出去的带三叶饰的多角室教堂，用筒形拱顶覆盖其顶部。建筑技工还
有其他想法（没有谁告诉我们是什么），但他很快就被撵走。于是立刻
又有另外一位伊索里亚的建筑技工来到，他没有得到什么指点就准确
地建起了一个穹拱，这样的穹拱正是圣马莎想要的。[22]

这是一种"你自己去做"的方式。这种方式显示出有一种奇迹般的源泉存在,而它正是由圣洁的人激励起来的,这个人建立起一座受到欢迎的朝圣中心。假若我们相信这个事例,我们就明白那些重要的建筑形象,像三叶饰多角室,是当场即兴创作出来的。然而,我们感到特别有兴趣的是,所有的事情都已经做了,却无须付钱。我们感到惊讶的是,在拜占庭早期,有多少乡下教堂是靠自愿者的劳动建起来的,是用那些信仰者自愿的捐献而帮助建起来的。

现在我们面临着最后一点,那就是关于财政状况和资助人的问题。建造公共建筑完全是由国家来主持的。在4世纪与5世纪时,国家经常有意识地阻挠那些有利于恢复现存建筑的行为。[23]由此仅与教堂有关的问题就产生了,这里涉及到三类并非总能分辨清楚的资助人,他们是国家、当地教会和私人捐助者。从上述事例中可以知道,政府和教会的行为常常是一致的,前者或者全部或者部分地提供建造的费用。某种相同的情形也存在于教会和私人资助者之间。如果不想去轻视那些毫无私欲的爱心所导致的结果——这些爱心是通过建造教堂来得以表现的——我们应该指出在这个领域也有一些复杂的经济利益存在。

在拜占庭早期,教会是非常富裕的,更准确地说,有大量的钱在他们手上流过。这些钱有两种来源:信徒支付,其支付原则上是自愿的(但实际上并非总是这样);还有就是从财产中获取的租金,这些财产是通过捐赠的方式自然增长的。债方是付给神职人员的工资,支付建筑的维修费用和慈善捐献。主教的任务是鼓励捐赠;而那些实质上的捐赠人却经常希望看到他的慷慨大方变成不朽的纪念物。对于神职人员来说,一所新教堂就意味着新的工作,意味着有了新的供应来源;而常人总是把建造教堂作为一种商业的投机行为并从中分享一份收益。与此同时,一所新教堂如果获得的捐赠不够,那也就意味着其主教的管辖区内供应来源在枯竭。

上述所说的体制到6世纪时便开始崩溃。建了太多的教堂,在资助人的压力下任命了太多的神职人员。这个领域已经呈"饱和"状态,开支超过了收入。甚至君士坦丁堡大教堂(它有一组四座教堂,包括圣索菲亚教堂,由同一群神职人员来管理)也处在令人绝望的财政困难当中。查士丁尼被迫下了一道圣旨,宣布不再会有新的任命了。[24]

对这些经济因素作更为彻底的审视,将能充分解释拜占庭早期教会建筑的样式,我想我对这一点不会有疑问;相反,考古学的证据也能够作为书面资料的一个补充来源。对某些令人费解的建筑现象,例如那些有两到三个建筑紧挨在一起的复杂的教堂群的样式之类,用这种方法有可能得到说明。也许是并不打算要去满足个体捐献人的意愿,同时也为了整个群体,通过由神职人员和监管人员所组成的一个单独团体去削减开支。在更大的范围内,我们能更好地理解那些非同寻常的,特别是在5世纪时的教堂建筑,以及在查士丁尼统治时期的衰落。引起这种衰落的不仅是帝国形势的恶化,而且还由于教会经济这部机器出了故障。

说到估算一座教堂的基建开支时,我们可能仅有的一个可靠的估计是与拉韦纳的圣维塔莱教堂有关的,估算是:26000 solidi,当时这可是一笔巨大的数目。[25]该教堂的资助人是银行家尤利奥努什(Julianus),他与拉韦纳的其他几座教堂的建造也有关系。不过,我们还是无法判定究竟是尤利奥努什从他自己的钱袋里掏出这么多的钱呢,还是他的钱就是从帝国的金库那儿来的。而我们所得到的建造君士坦丁堡的圣索菲亚大教堂的经费数字显然是荒诞不经的。

第三章　拜占庭早期的城市

是否有可能把拜占庭城市作为一种建筑上独特的综合体来讨论，是个经常提出来的问题。在大多数情况下，拜占庭城市（这里我所说的是下延到6世纪和7世纪时为止）不过是罗马城市的延续。反过来说，这些城市可能是在希腊化时期甚至更早一些时候建立的。通常我们所讨论的这些城市在公元2世纪时便已达到顶峰，到了3世纪下半叶就普遍衰落了，其中很多城市的衰落还会延续到4世纪。5世纪和6世纪是以东部各省份的大兴土木而引人注目。此后，在7世纪时，一场灾难性的瓦解使城市生活陷于停顿。拜占庭时期并不是以街道布局、城堡样式、墓地安排或者供水系统的剧烈改变这样一种城市生活为标志的。其最为显著的变化是建立教堂和摒弃异教神殿；包括很少人注意到的与市政府、市场和公共娱乐相关联的发展。

拜占庭早期新建的城市是另一种类型的代表，它们的规模要小一些。君士坦丁堡则是例外，它在公元4—5世纪之间由一座古代的城镇扩展成为大都市。

约旦（Jordan）的杰拉什（Gerasa，也叫Jerash）可以作为第一种城市类型的例子。理由很简单，不是因为它在古代世界中特别重要，而是可以对它进行全面的考察[1]，后来的定居者也没有妨碍这种考察工作。杰拉什的基础是在希腊化时期奠定的，但到了罗马时期才发展起来。公元1世纪时，杰拉什按照方格样式来进行规划，它有一条笔直的1000码（1码=0.9144m——译者注）长，饰有列柱的南北大道（cardo）和两座罗马军营。全城占地面积为210英亩（1英亩=0.405公顷——译者注），建城时就修建了围墙。在哈德良（Hadrian）统治时期做了一个规划：向南延伸城墙，以便扩大约三分之一的面积。不过这个规划并没有实施。在杰拉什，大多数壮观的公共建筑是在1世纪末到2世纪时建立起来的。有两座戏院，一座在南边，能容纳3000人，一座在北边，稍微小一些；两座神殿建筑，宙斯神殿建在城南（约公元163年），阿耳忒弥斯（Artemis）神殿建在南北大道的前面（公元158—180年），连带temenos和附属建筑物，它们占地面积为8.4英亩；几座浴室；一座高雅的尼姆费尤姆神像（nymphaeum，公元191年）和城外的一座拥有15000个观众座位的竞技场［年代不明，可能是谢韦尔仁（Severan）时期的］。戴克里先（Diocletian）时代坐落在四向门南部周围的一个环形广场，用作了商业中心和市场。

4世纪时杰拉什自然而然地成了主教的管辖区。不过，事实上在5世纪中叶以前它那些建筑的历史仍然鲜为人知。大约在这时两座重要的神殿看来已经丧失了它的功能，但却没有被毁掉。相反，许多教会的

综合体紧挨着阿耳忒弥斯神殿的北边建了起来，以取代早些时候业已停止使用的异教避难所。包括后来所增建的房子，整座综合体从东到西占地600英尺。它与毗邻的神殿一样，也坐落在南北大道的前面。一个公元2世纪的宏伟的入口大门成了这综合建筑的通道，它建在一个连续的台地上。来访者登上一段楼梯以后，发现自己正面对着大教堂的墙背。这是一座大约为140英尺×75英尺的矩形的巴西利卡，估计建于4世纪下半叶（不幸的是日期没有记载下来），大部分使用的是原有建筑的材料。往西边走一点是一座敞开的带有柱廊的庭院，中间有一座喷泉，在埃皮凡尼（Epiphany）日这一天，喷泉喷出来的水奇迹般地变成了葡萄酒。另一座巴西利卡几乎与第一座的一样大，是在494—496年间加建上去的；它是一座奉献给圣狄奥多尔（St. Theodore）的殉教堂，有一个中庭，几座附属的结构，其中一座作为洗礼所。圣狄奥多尔教堂北边有一片房间连成的迷宫，它很可能是给神职人员住的。紧靠着迷宫的是一条通道（估计也是给神职人员用的），是普拉卡斯（Placcus）主教在454—455年间建的，并在584年重新翻修。

这一片重要的主教管辖的综合体是在两个多世纪里不断增建而成的，其效果激励了不少观察者。比较一下与阿耳忒弥斯神殿相邻近的神殿是有启发性的。后者坐落在敞开的庭院中间，打算让人们从任何方向都能看到它。可另一方面这个基督教的综合体实际上是不可能获得巴西利卡式的外观的，因为它的四周都被围起来了。这一点在大多数早期的基督教教堂里都能看到。从我提到过的那个从南北大道伸出来的宽阔的台阶中可以看出，人们确实试图营造出一种建筑的效果。但是大教堂半圆形后殿的形制却否定了这个意图。因为，登上台阶之后，参拜者发现自己正面对着一堵空白的墙。然后他不得不沿着大教堂的侧墙穿过一条狭窄的过道，才能到达那个带有奇异喷泉的庭院。甚至从庭院那儿也只能看到正面的拱廊平面，其余部分则被环形的列柱长廊挡住了。建造圣狄奥多尔殉教堂之前，这里可能有一个西向的入口通向中庭；问题是我们碰巧知道那块我们所谈到的地方并没有建筑物。它是一处存放动物尸体的垃圾场，恶臭熏天，人们都不得不用手捂着鼻子。只是这个地方出土的题铭偶尔告诉我们一些近东小镇的现实。[2]

在杰拉什建立了大量教堂。这些称之为先知者（Pophets）教堂、使徒者（Apostles）教堂、受难者（Martyrs）教堂的都有一个在广场中封闭起来的十字形空间，它们是464—465年间在这座城市的北部兴起来的，出资者是一个叫玛ина（Marina）的女士。一座不知奉献给谁的巴西利卡式布局的殉教堂［被称作普罗科皮乌斯（Procopius）教堂］于526年建在城市的东南角上，它是大主教保罗（Bishop Paul）和执事

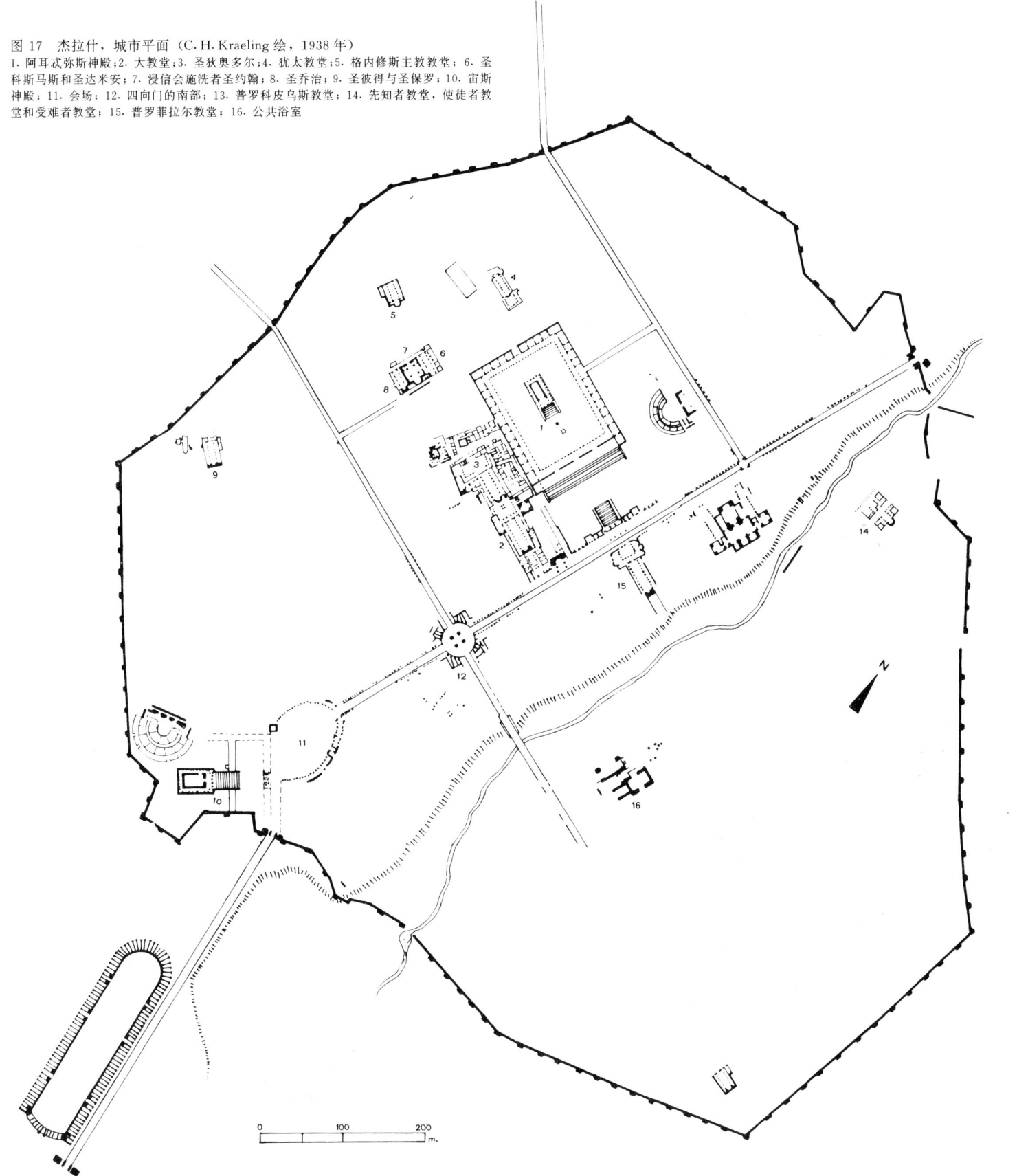

图 17 杰拉什，城市平面（C.H.Kraeling 绘，1938 年）
1.阿耳忒弥斯神殿；2.大教堂；3.圣狄奥多尔；4.犹太教堂；5.格内修斯主教教堂；6.圣
科斯马斯和圣达米安；7.浸信会施洗者圣约翰；8.圣乔治；9.圣彼得与圣保罗；10.宙斯
神殿；11.会场；12.四向门的南部；13.普罗科皮乌斯教堂；14.先知者教堂，使徒者教
堂和受难者教堂；15.普罗菲拉尔教堂；16.公共浴室

图 18 杰拉什，大教堂组合群，有喷
　　　泉的庭院，从东南角看去
图 19 杰拉什，大教堂，带喷泉庭院
　　　的复原图

图 20 杰拉什，大教堂组合群，平面
　　　图（C. H. Kraeling 绘，1938
　　　年）

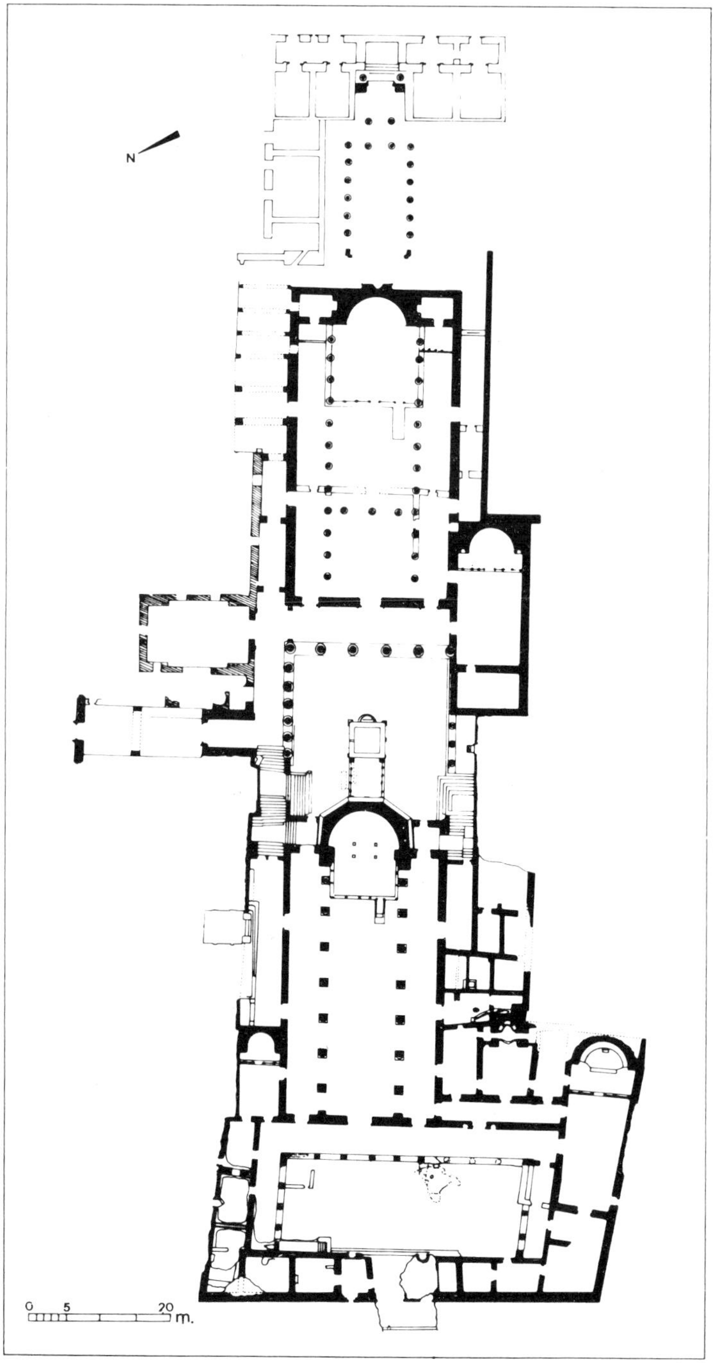

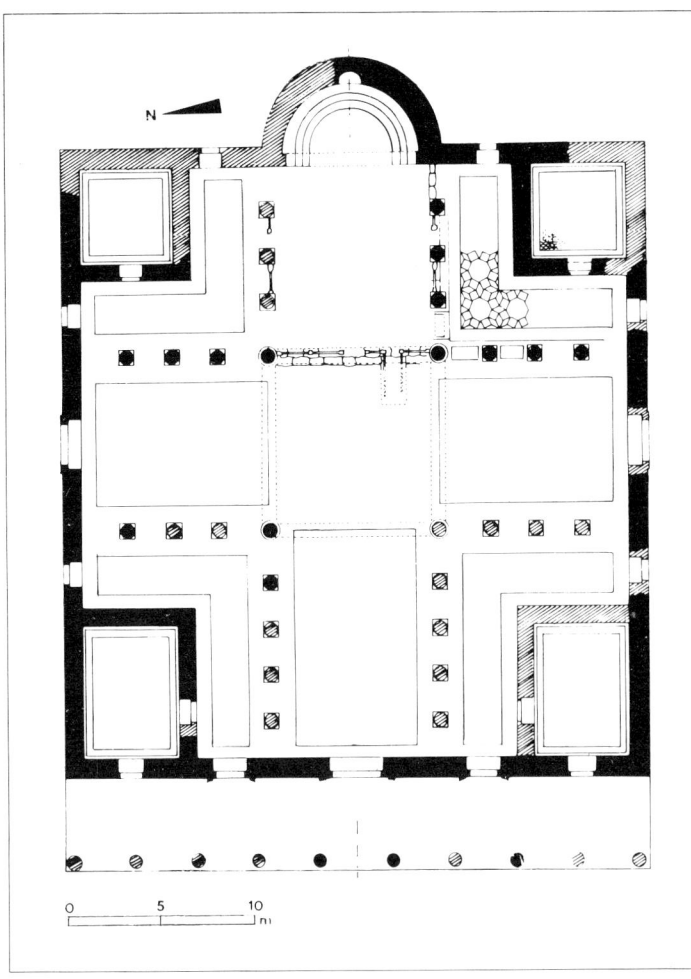

图 21　杰拉什，先知者、使徒者和受
难者教堂，平面图（C.H.Kr-
aeling 绘，1938 年）
图 22　杰拉什，浸信会施洗者圣约
翰、圣乔治、圣科斯马斯与圣
达米安教堂，平面图（C.H.
Kraeling 绘，1938 年）

牧师扫罗（Saul）的善举，由一个叫普罗科皮乌斯的神职人员进行指导。一组由 3 所教堂连结并共享一个公共中庭的建筑在 529—533 年间建起，它坐落在大教堂综合体西边不远的地方。一座以浸信会施洗者圣约翰（St. John the Baptist）命名的中心教堂是由一个叫狄奥多尔（Theodore）的人出资建立的（531 年），其环形布局那边的角落带有对话间。南边一座教堂（建于 529 年）是一位无名氏的捐献，它的样式是巴西利卡的，拱廊建在墩上而不是柱子上。这座教堂是奉献给圣乔治（St. George）的。北边一座以医学圣人科斯马斯（Cosmas）和达米安（Damian）命名（533 年）的教堂，与圣乔治教堂的样式一样。它由同一个狄奥多尔出资，并从其他人那里追加捐款，包括军官达厄斯特乌什（Dagisthaeus），然后才建成的。达厄斯特乌什后来成为查士丁尼的一个将军。

杰拉什余下的教堂都是巴西利卡式的，它们统称为犹太（Synagogue）教堂，建于 530—531 年间，位于从前犹太人占领过的地区；圣彼得与圣保罗（Sts. Peter and Paul）教堂是阿纳斯塔修斯主教大约在 540 年建起来的；普罗菲拉尔教堂（Propylaea，可能建于 565 年）把一座古代房子的大部分都结合了进来；最后是大主教格内修斯（Genesius，611 年）教堂，金工匠约翰（John）和一个叫扫罗（Saul）的工匠无偿为它的表面做了马赛克镶嵌装饰。

一项与这些教堂有关的题铭材料的研究表明，当地教会已经成为杰拉什最重要的艺术保护人。主教用自己的或者教区管理的开支来建立教堂；或者劝说富人团体去做这些事。没有一个地方提到建筑师；仅仅在某一处，就像我们所看到的，出现了一个工程监管人，他碰巧是个牧师。

我们很少知道杰拉什在基督教时期有关非宗教的公开活动。从发现的硬币中得知一直到 6 世纪结束时竞技场才停止使用。对于城内两所戏院的命运，发掘者也没有告诉我们什么；不过，有一条有趣的证据与一家小戏院（能容纳 1000 人）相关，那是一幢 2 世纪或 3 世纪的建筑，坐落在一个游泳池旁，其所在地现在叫伯克泰恩（Birketein），在城北约半英里远的地方。这里发现了写于 535 年时的一块碑文，上面记载了在官方赞助下一个叫马约奥默斯（Maioumas）节的庆典活动。[3]这是一个起源于叙利亚的节日，却在罗马世界中广泛流传；节日庆典包括一些露天表演形式，是一些笑剧。这些笑剧名声一直都不好，正因为这，帝国的法律才一再去禁止它——不过显然没什么作用。在君士坦丁堡，这种戏剧样式一直持续到 8 世纪。

我所作的对杰拉什的考察方式还可以应用到小亚细亚西部的古典

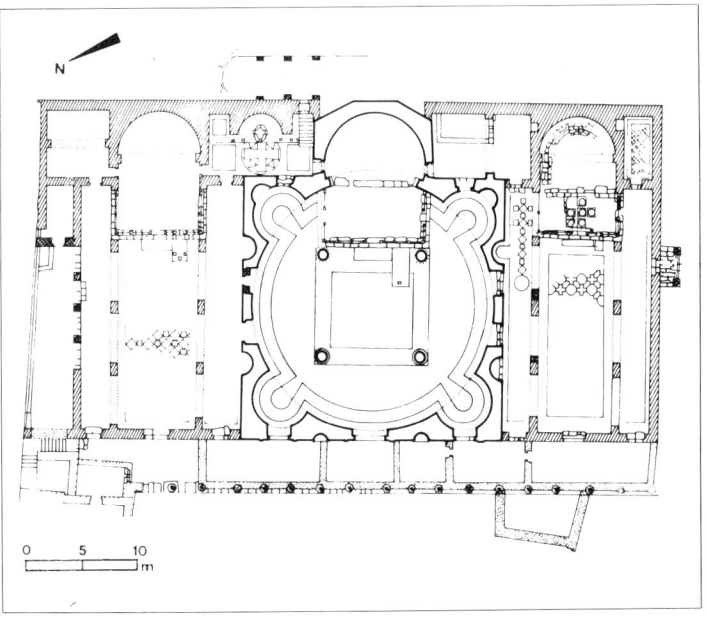

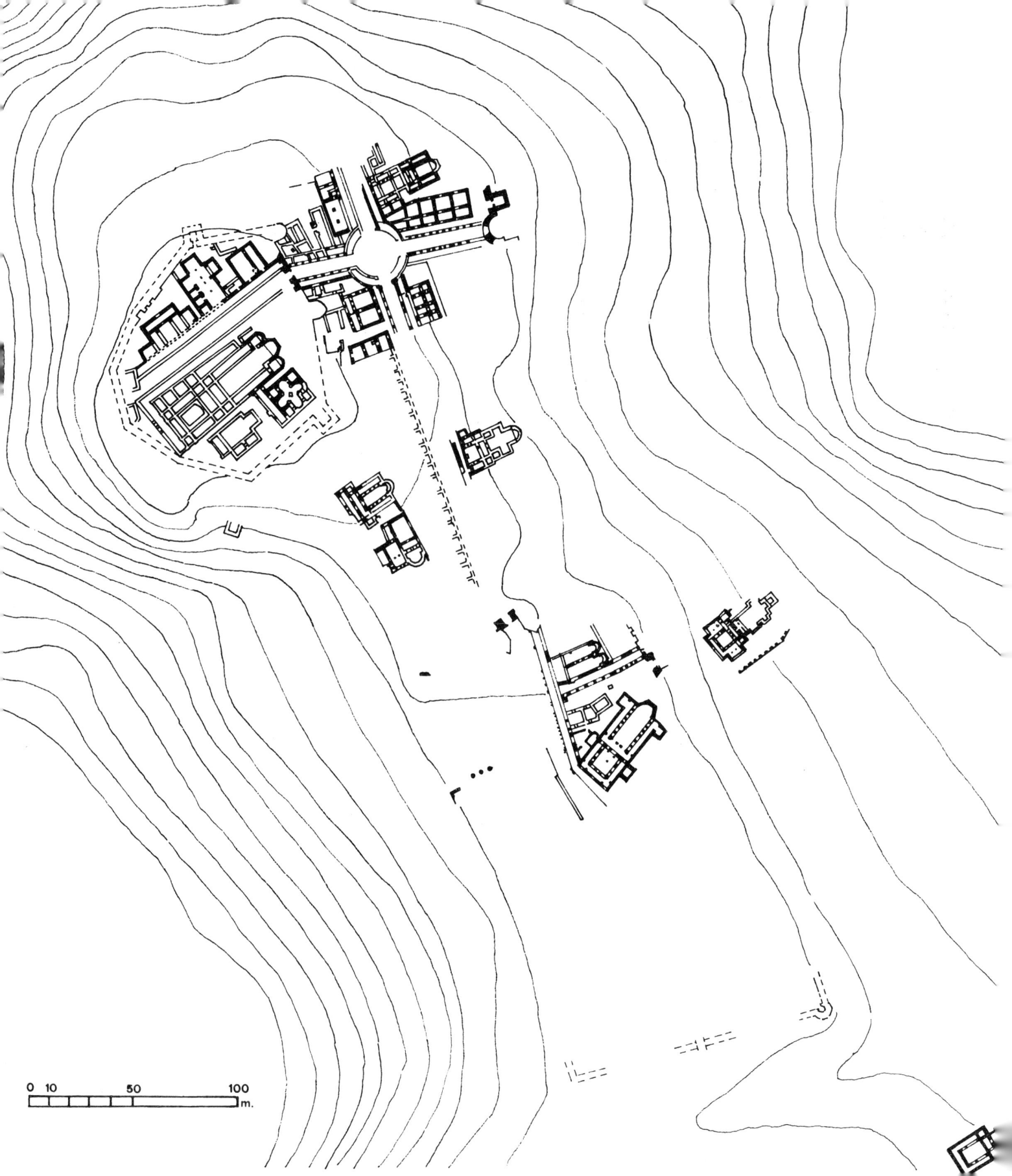

0 10   50   100
                              m.

城市中，例如以弗所（Ephesus），贝尔加马（Pergamum），米利都（Mile-us）和萨迪斯（Sardis）。3 世纪时，正值哥特人入侵，这些地区大部分都得到了加固，它们实质上不用缩小其规模就能生存下来，一直到 7 世纪初。这段时期，其神殿遭到掠夺，成了新建筑的材料采集场；教堂建立起来了；体育馆和集会场所被禁止，而公共浴室和戏院则得到维修。零售市场从古希腊式的集市转变到了带有列柱的大街上，称为 em-bolos。在有些地方，为了这个目的还规划出宽大的林阴道，就像坐落在以弗所的阿卡迪安尼（Arcadiane）一样。在慈善领域，甚至还拓展了公共服务，因为教会提供了救济院、小旅馆和医院的服务。换句话说，生活的结构也在逐渐改变，但生活在延续，直到一场大的冲击将它中断。这场冲击起因于 7 世纪 20 年代波斯人对小亚细亚的入侵。此后，大量的城市被抛弃，取而代之的是山顶要塞；只有少数几座城堡，像以弗所和士麦那（Smyrna）幸存了下来，然而，比起它们原来的规模可是小了许多。

在拜占庭时期所建立的城市中，第二种类型可以用几个已经考察过的例子来代表。不过它们的寿命都很短暂，都没有超过一个世纪。可以肯定被彻底考察过的城市是南斯拉夫的卡里庆•格拉吉（Caričin Grad），该城与查士丁尼第一宫（Justiniana Prima）外表上看来是一样的[4]，这座宫殿是查士丁尼皇帝为纪念他的出生地而人为地建造的。从它掘出来的城墙看，城市布局偏长，规模则适中（550 码长，平均宽度不超过 109 码），事实上它也仅仅比萨曼堡这个修道院的综合体略微大一些。萨曼堡长 440 码，宽度超过 109 码。城市卫城完全被主教管辖的大教堂和宫殿所占据——查士丁尼第一宫则是作为伊利里库姆（Il-lyricum）大教堂的所在地。一条长长的带柱廊的南北大道从较低的城市当中横穿过去，和一个很短的军营相交贯，在交点上有一个环形广场。与杰拉什的一样，广场是商业中心。在南北大道的东边，已发现了四座教堂；而在西边只发现了一座。这些教堂占据了城市的相当大的地方。除此之外惟一可以确认的另一个大型公共建筑是一座浴室。一条超过 12 英里长的水渠用来供水。公墓坐落在墙外。总之，那是一个挤满了教会机构的古代布局。娱乐场所一直不足，这样的场所也不是那些占多数的乡下人所需要的，对于他们来说，大部分只能居住在墙外。

另外一些为人所知的拜占庭城市的起源得归因于它们的特殊条件。坐落在叙利亚沙漠[5]的雷萨菲［塞尔西奥波利斯（Resafa, Sergiopolis）］，作为幼发拉底河流域巴尔米拉（Palmyra）和苏乌拉（Soura）之间的一个商队中转站，同时也是非常重要的朝圣之地，因为著名的圣塞尔吉乌斯（St. Sergius）圣地就在那里。查士丁尼把它建设

成为一座城，还修建了一道令人难忘的用作蓄水池的墙，并一直立在那儿。城寨沿着不规则的四边而加固，粗量一下约为 600 码×440 码；事实上，与卡里庆•格拉吉相比，教会占据了大片地方这件事很少有人再会吃惊。自从发掘者把他们的注意力全都放在教会建筑和墙体上以后，街道的布局便一点也没有得到恢复。

达拉和芝诺比阿是强化和加固过的边境兵营。它们原来是皇帝阿纳斯塔修斯在 507 年建立的，查士丁尼则使它们变得更为坚固了。它们不幸没有成为考古学考查的对象，但是作为重要的残址却一直立在那里。因为受制于地形的自然条件，其布局是不规则的，所占面积从北到南约 1100 码，从东到西约 820 码。[6]建筑用石就地取材。在城西仍然可以探访到大量的采石场，它们的垂直表面被凿成了梯形。一旦石头开凿完毕，采石场就拿来作为墓地。对达拉现存残址的探查印证了查士丁尼时期的工程技术。那时的墙身相当坚固，东边环绕着护城河。一条横穿城堡而去的河流，就像我们所看到那样，是用坝围起来的。河流流经要塞，穿过一组拱形的口子，口子曾经装有铁格栅栏；城里有着一些今天看来是非常著名的形象：一些大型的蓄水池；还可以看到一座教堂的残址。据说皇帝阿纳斯塔修斯在这里还修建过"两家公共浴室，教堂，有列柱的街道，存放谷物的仓库，蓄水池"。

芝诺比阿城［也叫哈拉比耶（Halabiye）］是扼守幼发拉底河的咽喉要道，它不完全是拜占庭的产物，而是由巴尔米拉皇后芝诺比阿建起来的。[7]其后查士丁尼把它扩展了，使得城里所有可以看到的建筑物似乎都属于拜占庭时期。用墙围起来的地方或多或少呈三角形，并不算宽敞（从东到西为 550 码，沿着河边有 440 码长），但其中的拜占庭手工艺的那种熟练程度却一再引起我们的赞赏。在险峻处构筑要塞的墙体异常坚固，并组成一个 3 层的护卫室（或者叫 praetorium），其厚重的拱顶用石头和砖块砌成，墙身各处却几乎没有留下十四个世纪岁月迁延的印痕。不像防波堤那样，它是约翰和伊西多尔精巧的设计；防波堤的大部分则已经被幼发拉底河冲走了。街道是依据地形的自然条件来规划的，让南北大道、军营在合适的角度交叉，还有一个矩形公会会场。公共建筑至少还包括两所教堂，一所浴室类的建筑物。它们在建筑上的刻板与芝诺比阿的军事特征相当吻合。

按照古代或者现代的标准来看，上述拜占庭的城市是非常小的。它们当中最大的是达拉（最大直径为 1100 码），被认为是一座极其重要的战略中心；从目前的资料来看，达拉可以说成是一座"非常大"的城市。这样就给我们提供了一个有趣的比较参数来判断君士坦丁堡的独特的

图 24 雷萨菲，城市平面（W. Kar-
　　　napp 绘，1968 年）
图 25 雷萨菲，北门
图 26 达拉，蓄水池

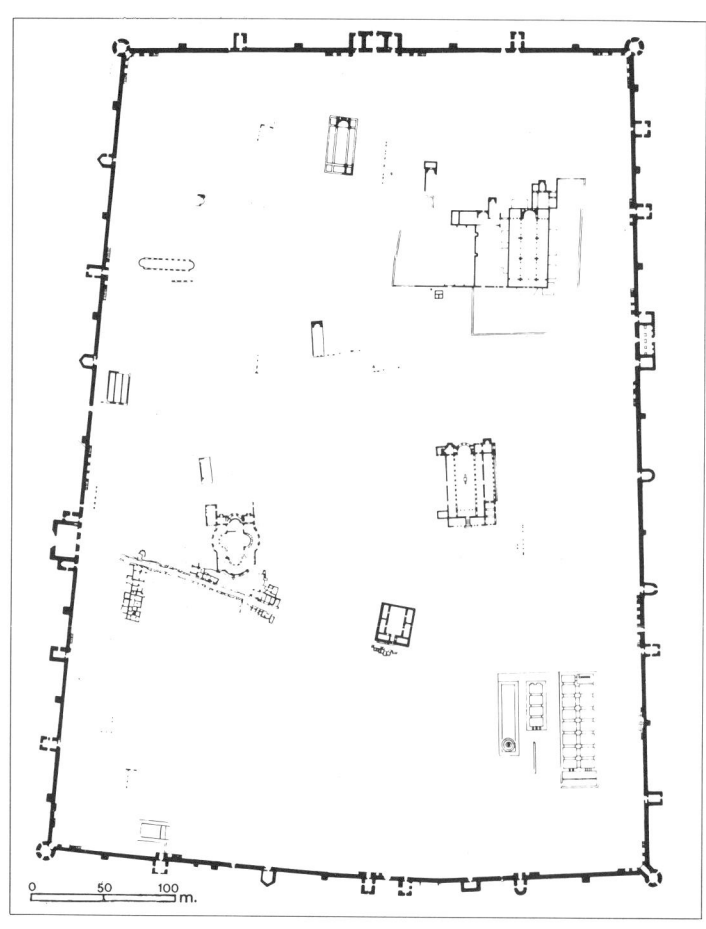

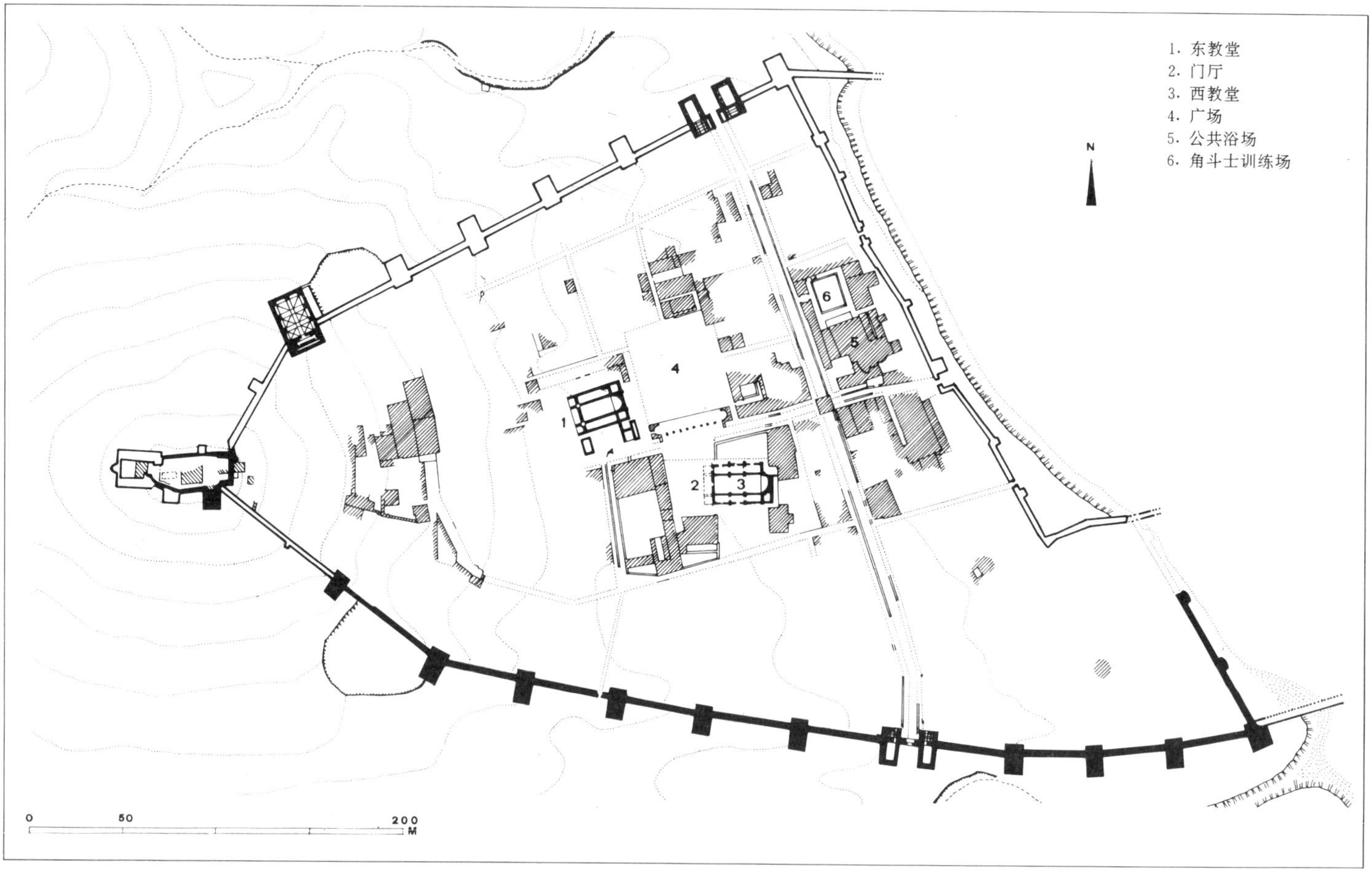

1. 东教堂
2. 门厅
3. 西教堂
4. 广场
5. 公共浴场
6. 角斗士训练场

N

0   50   200
                      M

状况。[8]

　　始建于 330 年的君士坦丁的城市现在几乎没有留下什么，但我们能够形成一个近似的看法。就像我所说过的，并不是什么新的创造，而是回溯过去，把公元前 7 世纪时的一座早期城镇放大了，这座城镇被谢普蒂米乌斯·谢韦尔乌斯（Septimius Severus）做了最后一次重建和加固。谢韦尔仁镇，连同它的竞技场，宙克西普斯（Zeuxipus）浴室和市场，决定了新都城的大部分轮廓。竞技场几乎扩建到长度为 550 码长，这样，它不仅可以提供足够大的"游乐中心"，而且还是帝国举行仪式的中心。其形式完全是标准化的：按发夹那样的形式安排的一排排座位；用矮墙隔开的竞技场所；矮墙支撑着的一套雕刻和方尖石塔；皇帝的包厢（kathisma）安排在东南翼的中间。在紧挨着竞技场和与包厢相连接的地方，君士坦丁建起了他的宫殿。宫殿是逐步加建和改进的，其中皇帝的宅邸在大宫或至尊宫的名义下保留到 11 世纪。这是城中之城，所占面积大约与以弗所相等，409 年的一条法律宣称：普天之下，莫非王土。[9]君士坦丁的宫殿与坐落在斯普利特的戴克里先宫在形象上有某些相似，但其确切的形式却无人知晓。无论如何，可以想像得到，它并不是一幢楼房，而是一组由画廊连接、由花园分隔的厅堂、楼台和教堂的组合。[10]

　　君士坦丁的城市中心就是这样在谢韦尔仁镇的基础上加建起来的：除了竞技场、宫殿、宙克西普斯浴室之外，有几座公共楼房群集在一起，就像元老院一样（因为君士坦丁堡必须拥有一个自己的元老院，哪怕其庄严的集会很大程度上已经成为一种象征），有一座大型的带列柱走廊的巴西利卡用以满足各种公共的功能，还有圣索菲亚的第一座大教堂，它是君士坦丁的继任者君士坦提乌斯二世建起来的，并在 360年奉献给索菲亚。

　　从这个中心或者叫神经中枢开始，一条叫做雷吉亚（Regia）或梅谢（Mese）的带有列柱的宽阔大道向西通向一个椭圆形的会场，在会场中间树着一根上面立着阿波罗—赫利俄斯雕像的斑岩立柱。在恶劣的条件下立柱保留下来了，基座被土耳其式的石制作品覆盖着，柱身变黑了并且碎裂了，主要部分则崩塌了。从梅谢大道继续向西到了陶里会场（Forum Tauri），它是在狄奥多西一世统治下规划的。一根以罗马图拉真和马库斯·奥雷柳斯（Trajan and Marcus Aurelius）柱为范本的饰有环形装饰的纪念圆柱成为会场的焦点。陶里会场的另一个形象是凯旋门，用 4 根柱子支撑着，柱身布满了"眼睛"，就像那些被锯掉了枝叉的树干一样。继续往西，便到了一处叫费拉德尔斐亚（Philadelphion）的

广场，那里有两根斑岩石柱作装饰，柱子支起一组以君士坦丁的儿子们为对象的称作 Tetrachs 的雕刻，雕刻现在藏在威尼斯的圣马可广场。[11]在费拉德尔斐亚广场，梅谢大道分叉成双向，一条伸向西北方向，一直到达神圣的使徒教堂（Holy Apostles），君士坦丁和他的继承人就葬在那里；另一条伸向西边，到达波维斯会场（Forum Bovis）和阿卡迪会场（Forum Arcadii）。后者还立起一根凯旋柱，饰有环形装饰，到了 18世纪才遭毁弃，其基座则一直保存了下来。

　　概括来说，这就是 4 世纪时君士坦丁堡的面貌。过快地按照常见的罗马样式去建设，使君士坦丁堡盖满了可以和罗马相等同的"有名望"的建筑物；不过，只要有可能，就要盖得比罗马的大一些和辉煌些。从近东各个城市中掠夺来的无数雕像进一步提高了新城市在工艺制作上的华丽。这就是常言说的，君士坦丁的打算是去建一座特殊的基督教中心，但在这方面我没能发现什么证据。反之，在每一个步骤上模仿罗马帝国是显而易见的。有证据显示，属于君士坦丁的教堂极其之少，以下这几座是与她有关的：圣伊林娜教堂（St. Irene），神圣的使徒教堂，还有圣阿卡西乌斯教堂（St. Acacius）。阿波罗—赫利俄斯大概是君士坦丁的守护神，其教堂盖了一处最有名的论坛建筑物。而且，古代拜占庭并没有基督教的社团组织，因此，无论如何也没有任何忠顺的动机去支配君士坦丁对首都的选择。

　　有证据显示君士坦丁堡的城市发展是飞速的，这样，在开始的几十年创始期里，居住区便膨胀到城墙以外了。为了防范野蛮人对居民的攻击，狄奥多西二世建起了一堵宽阔的环形墙，这堵墙建成于 413 年。新圈进来的空间证明是足够用的：除了在 7 世纪时为了保护令人敬仰的布拉奇尔纳的圣玛丽教堂而增加一小部分外，以后再也没有需要进一步去扩大它了。这堵狄奥多西之墙仍然存在，它由以下几部分组成：一条护城河，65 英尺宽，在城墙一边沿着一堵矮胸墙起保护作用；然后是外走道，46 英尺宽；然后是外墙，29.5 英尺高，带有堡垒；然后是内走道，65 英尺宽；最后是主墙，外侧约 36 英尺高，16.5 英尺厚，配有空地和多边形堡垒，高度从走道往上算约有 75 英尺。这座惊人的城堡规划成一个 4 英里长的弧形，从金角（Golden Horn）一直延伸到马马拉海。到后来工程结束时，还有一座金门（Golden Gate），它有巨大的大理石塔门，三重拱廊，提供一个主要海岸通道的正式入口处。[12]

　　大约在 425 年，一份有关君士坦丁堡的简单统计数字的文件出来了。[13]尽管简单，却是一份珍贵的文件，因为它列举了所有已在城市范

图 29　中世纪的君士坦丁堡，城市平面

1. 布拉奇尔纳的圣玛丽教堂；2. 布拉奇尔纳宫殿；3. 泰克弗宫殿；4. 卡里耶清真寺；5. 优雅女神 (Charisian) 之门；6. 卡拉居姆吕克蓄水池；7. 阿提乌斯蓄水池；8. 潘马卡里斯托什的圣玛丽；9. 阿斯帕尔蓄水池；10. 圣罗曼努斯之门；11. 圣莫契乌斯蓄水池；12. 在 Crisei 的圣安德鲁；13. 佩里布列普托斯的圣玛丽；14. 圣卡普斯和圣帕皮洛斯；15. 斯蒂迪乌斯的圣约翰；16. 金门；17. 利普斯修道院；18. 阿卡迪会场；19. 神圣的使徒教堂；20. Marcian 之柱；21. 波维斯会场；22. 潘特波普特斯救世主教堂；23. 神圣万能

救世主教堂；24. 瓦林斯皇帝的水渠；25. 圣波利乌科托斯；26. 基利斯清真寺；27. 卡兰德尔罕纳清真寺；28. 费拉德尔斐亚广场；29. 米尔纳伦修道院；30. Tetrapylon；31. 陶里会场；32. 阿拉普清真寺；33. 君士坦丁会场；34. 圣塞尔吉乌斯和巴克乌斯；35. 宾比尔·迪雷科蓄水池；36. 圣优菲米亚教堂；37. 竞技场；38. Bucoleon；39. 巴西利卡；40. Milion；41. 恰尔科帕拉特伊的圣玛丽教堂；42. 圣伊林娜教堂；43. 曼加纳的圣乔治教堂；44. 圣索菲亚教堂；45. Augustaion；46. 元老院；47. 哈尔克；48. 宙克西普斯的浴室；49. 帝国宫殿；50. 内阿·艾克列西亚

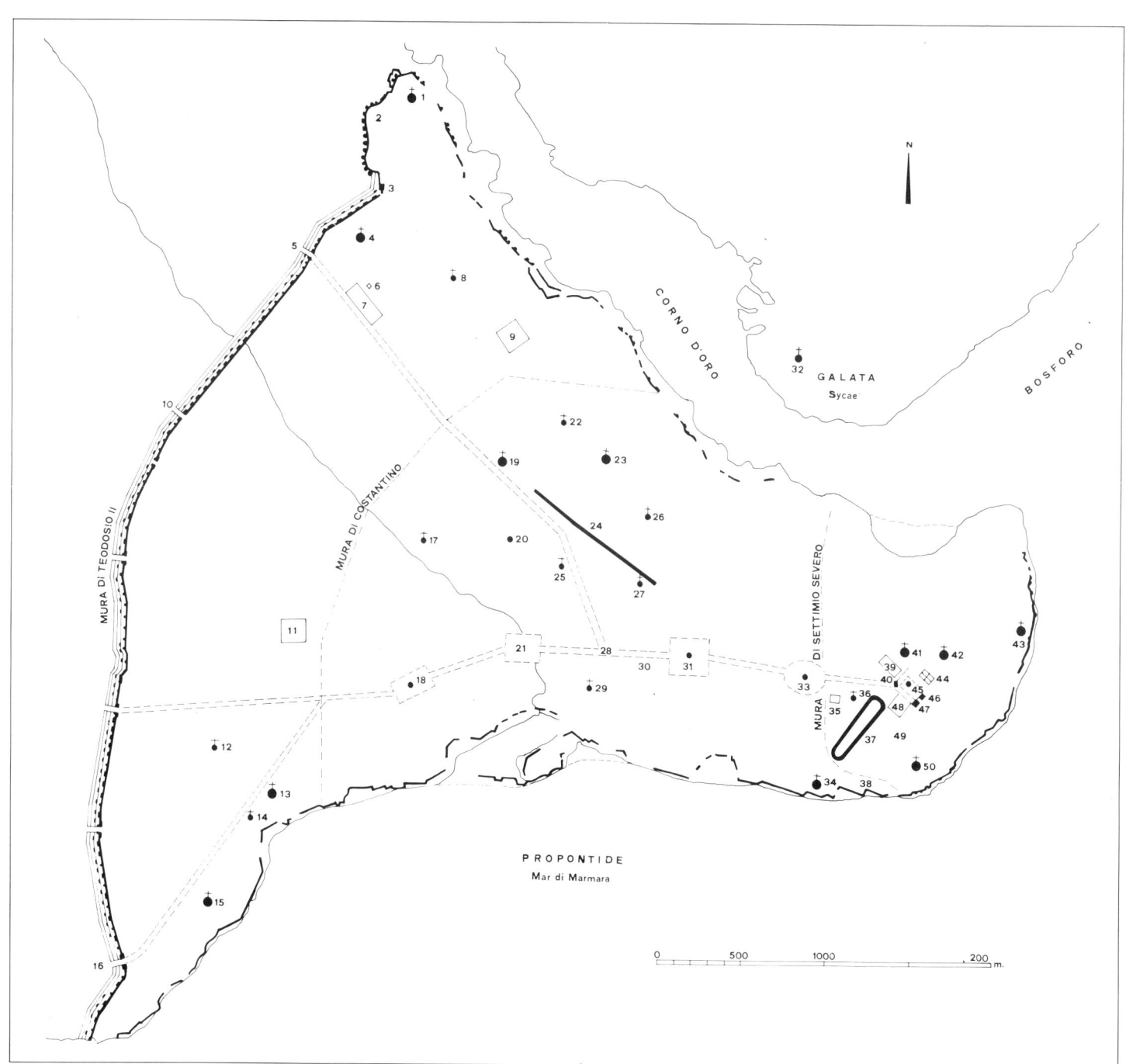

28

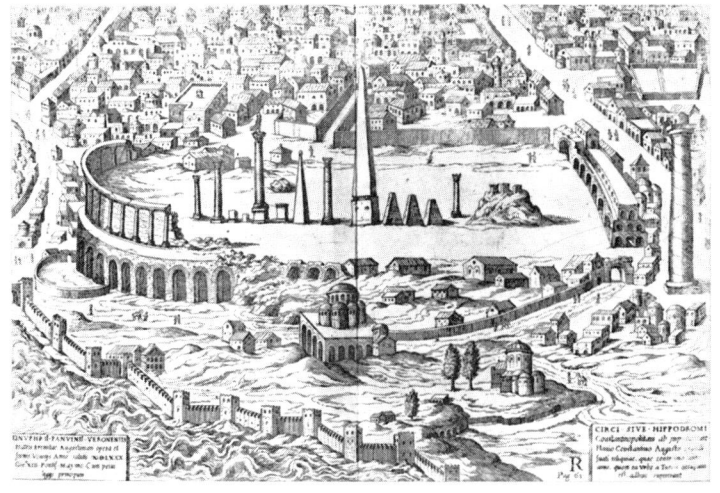

围中划分出来的 14 个区的每一个细节——其建制与罗马是一样的，这样就给予我们一个总的概貌：5 座皇帝的宫殿，14 座教堂，8 个公共浴室，2 座巴西利卡，4 处公众广场，2 个戏院，4 个港口，4 个蓄水池，322 条街道，4388 幢住宅（实际上指的是私人住宅），52 条列柱走廊，153 座私人浴室。在随后的若干世纪里，教堂获得了惊人的增长。而且，当我们审视了中世纪君士坦丁堡的地图之后，随即震惊于这样的事实：在 413 年时城市的面积不仅确实得到了扩大，而且公共设施主要的建设工作都可以追溯到拜占庭早期。包括蓄水池 ［像阿提乌斯（Aetius），阿斯帕尔（Aspar）和圣莫契乌斯（St. Mocius）等蓄水池］和多数大型的有盖蓄水池，也包括最大型的，像菲洛克塞努斯蓄水池和蓄水池教堂（Cisterna Basilica）蓄水池（两个都建于查士丁尼时期）。这种情况也适用于会场上的崇拜柱和建筑物，没有一件的兴建是晚于 6 世纪的。

以上的统计表明了这样几点。首先，人们可能会说，帝国的那些数量庞大的城市人口持续不断地定居在古老的城市中，而不顾君士坦丁堡的独特状况和新的拜占庭基础是房子数目太少和占地面积偏小。其次，回顾一下就知道，这些古老的城市在那些时期里衰退虽然并不算很厉害，但也没有获得什么扩张，其最为繁荣的年代是在遥远的过去。第三，4 世纪时的城市生活模式并没有戏剧性的突变，相反，我们目击到一种逐渐的进化。最为显著的是宗教的变化，但这种变化也不是一晚上的事情。大约就在两个多世纪里，也就是从君士坦丁到查士丁尼期间，对异教信仰的压制在蔓延。

392 年狄奥多西一世发布了一条法律，禁止所有异教信徒的活动，不过这并没有立即导致关闭所有的神殿。狄奥多西二世在 435 年发布的一条法律则命令毁掉它们，但也没有得到普遍的遵守。有一些神殿毁掉了，另一些则被遗弃不管。基督教教会相信这些神殿是恶魔的住所，并倾向于认为向那些异教祈祷者供应住房仍然会弄污大地。只是到了 6 世纪甚或是 7 世纪早期，那些异教神殿才都转成了教堂。同样的事也发生在雅典，罗马和其他地方。[14]

其他渐次的变化与宗教因素并没有关系。我们可以看到商场转成了市集，其实就是把市场从集会场所转到有柱廊的街道上，这种模式与东方市场有相似之处。城市自身行政机构的转变意味着不再需要类似集会所（bouleuteria）那样的建筑物。在娱乐和运动领域，体育馆和室外大型体育场不再时髦。后者太小了，不能变成二轮马车的竞赛场，这项运动无疑在拜占庭早期是相当普及的，可它也只能在拥有竞技场的

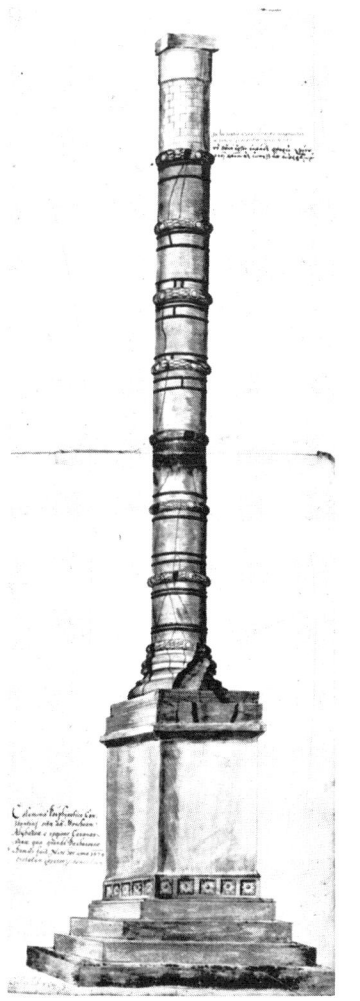

图 33 君士坦丁堡,狄奥多西一世时
　　　期拱门的残迹
图 34 君士坦丁堡,阿卡迪乌斯(Ar-
　　　cadius)记功柱的柱基

图 35 君士坦丁堡,阿卡迪乌斯记功
　　　柱(17 世纪晚期的素描)(国
　　　家图书馆藏,巴黎)

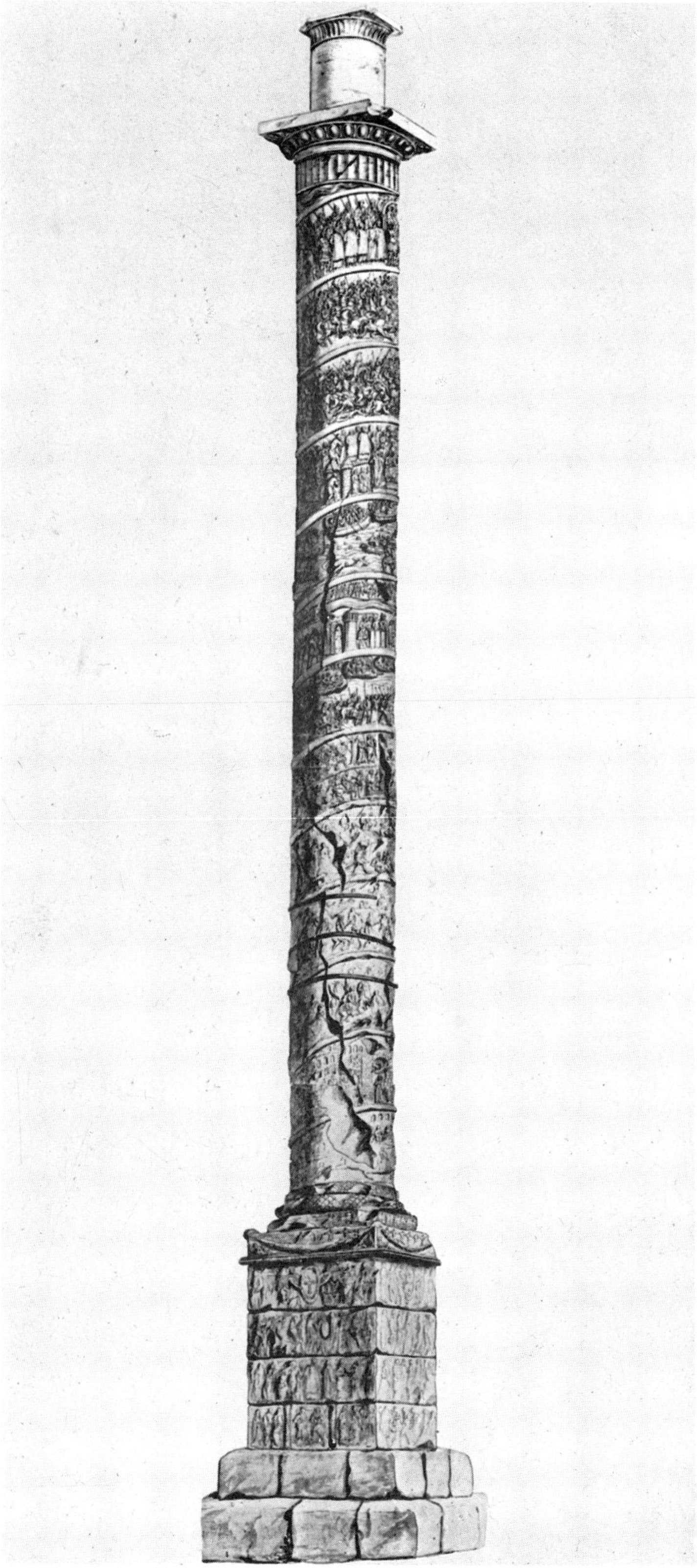

图 36　君士坦丁堡，Marcian 柱　　　图 37　君士坦丁堡，在关野兽的第二
　　　　　　　　　　　　　　　　　　　　　个院子中发现的 5 世纪时的
　　　　　　　　　　　　　　　　　　　　　巨大荣誉柱的柱头
　　　　　　　　　　　　　　　　　图 38　君士坦丁堡，城墙（由 F. Kris-
　　　　　　　　　　　　　　　　　　　　　chen 复原）

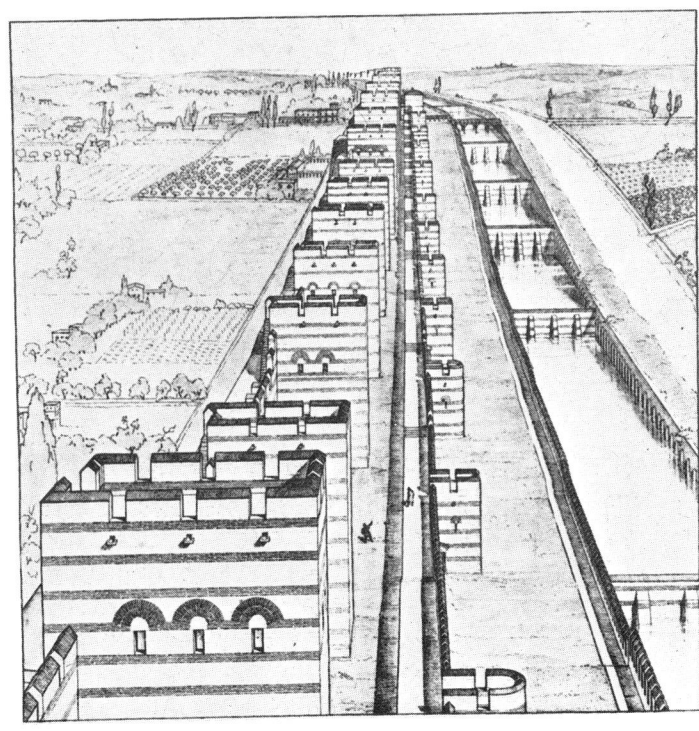

图 39　君士坦丁堡，狄奥多西二世时
　　　的墙
图 40　君士坦丁堡，金门

大城市中去试试了。戏院继续使用，并作为公众的聚集地，里头当然不再上演悲剧和喜剧，而是上演闹剧和哑剧。骚乱经常在公众当中发生，那些猥亵的表演和教会的非难一起，逐步促成了对这些表演的禁止。

　　在大多数城市里，转变的最后结果是那些最大的和最华丽的公共建筑物变得过剩了。把它们用作采石场的欲望，也就是把这些建筑中的砖块和雕刻过的材料拿来使用，几乎没有受到抵制。若干禁止这类活动的帝国宪法条文（除了针对异教神殿以外）仅仅证明了上述陋习的流行。考古上还有很多来自 4 世纪时的证据，这些证据就是当年所使用的掠夺品。我相信，这个现象对理解拜占庭建筑非常重要。掠夺品最为本质的应该是，也可以说是"拿来"。这些掠夺品再次拿去作为建筑的材料，却又不是为其需求而定做出来的。为了建一座基督教的巴西利卡，去拿 12 根柱身和柱头，这是必要的；可要从中找到每一个都相同的就不容易了；结果就有了一个强烈的可能性：柱身是不同的大理石做出来的，厚度也不一样，柱头的设计各不相同。这种开始时不合要求的方便，却创造了对不规则的宽容；反过来说，这种不规则变成了一种美学原则。如果不把更早的时期算进来的话，正是在 6 世纪，给同样的定单介绍不同的柱头是相当正常的作法，即使当那些柱头不是重新使用，而是特别定制也是如此，就像在西奈山的圣凯瑟琳巴西利卡里的那样。然而，应该注意到，这种现象并不适用于早期拜占庭的君士坦丁堡，因为那里的古代城镇太小了。相比之下，4—6 世纪时却在大兴土木。也不适用于那些不容易接触到古代遗物的新城。在以后的章节里，我们将不时偶尔地会返回到掠夺品这个主题上。

第四章　拜占庭早期的宗教建筑

君士坦丁大帝（Constantine）统治时期（307—337年），通常被认为是拜占庭历史的开始，从许多方面来看，这是一个合理的观点，但我们不能认为它就是艺术史及建筑史上的转折点的标志。在君士坦丁大帝管治下有两个突出的成就，一个是使基督教成为一个人皆敬仰的国教（并非惟一的宗教），另一个则是君士坦丁堡的建立。尽管这两者都产生了漫长且极为重要的作用，但它们都没能对艺术产生一个立竿见影的影响。

基督教，作为一个末世论的（崇拜救世主的）宗教，并没有它自有的宗教（艺术）传统：它对艺术抱着一种冷漠、甚至是不友善的态度。东罗马帝国在对基督教的态度上的转变意味着无论用当时流行的哪一种模式，都要创造出一种"公共的"基督艺术。大约用去了一个世纪甚至更长的时间，直到大约公元500年，这种艺术才开始拥有自己的个性。而在此之后，在东罗马帝国内出现了一种审美上的明确的转变。而这种具有特色的基督艺术一旦出现，它便得以在空间和时间上获得巨大的散播和普及。君士坦丁堡的情况就是这样。据我们所知，拜占庭的古城并不是凭借其艺术而著称。正如我们在上一章所说的那样，随着君士坦丁堡突然转变为一个帝国的首都，它有必要引进和添加一种公认的建筑模式，使它类似于泰查契克（Tetrarchic）时期，像锡尔米乌蒙（Sirmium）和尼科美底亚（Nicomedia）这样的其他都城。但是，通过对帝国首都的保存，君士坦丁堡确立了它在艺术传统上长达几个世纪的领导地位，并带给这一地域以繁荣，且更广泛地影响到了东方。

当时，东罗马帝国需要尽可能多的建筑师，但因为国内没有建筑师，所以皇帝鼓励在非洲省份的人去学习建筑，这类人的年龄大约18岁，且有开明的艺术审美观。为此，东罗马帝国在公元334年颁布了一项法令，并告之迦太基（Carthage）[1]的执政官将法令张贴出来。虽然建筑师匮乏的情况在非洲非常严重，但我们仍然可以合理地假定，类似的情况在帝国的其他地方有过之而无不及。公元3世纪漫长的动乱一定对工艺传统造成了激烈的冲击，此外，东罗马帝国野心勃勃的修建计划，也使本来就为数不多的专业建筑人员背上了沉重的负担。历史学家佐西默斯（Zosimus）的调查指出，在君士坦丁大帝的新首都里的许多建筑物，在建成后不久就倒塌了。[2]在东罗马帝国东部的省份，几乎所有君士坦丁堡时期建筑的消失或许可作为这一调查结果的佐证。

那么怎样建造一座基督教建筑呢？教堂历史学家优西比乌斯（Eusebius）为我们提供了一条颇有价值的线索：在公元303年的大迫害之

图41　穆尼西皮恩·特罗佩乌姆·特拉扬尼（阿达姆克利西），公民的巴西利卡（4世纪）　　图42　特里尔的巴西利卡，对着教堂半圆形后殿的内部

图 43 君士坦丁堡，斯蒂迪乌斯的巴　　图 45 君士坦丁堡，斯蒂迪乌斯的巴
　　　 西利卡，平面图（A. van　　　　　 西利卡，内部
　　　 Millingen 绘，1912 年）
图 44 君士坦丁堡，斯蒂迪乌斯的巴
　　　 西利卡，从西边所看到的外观

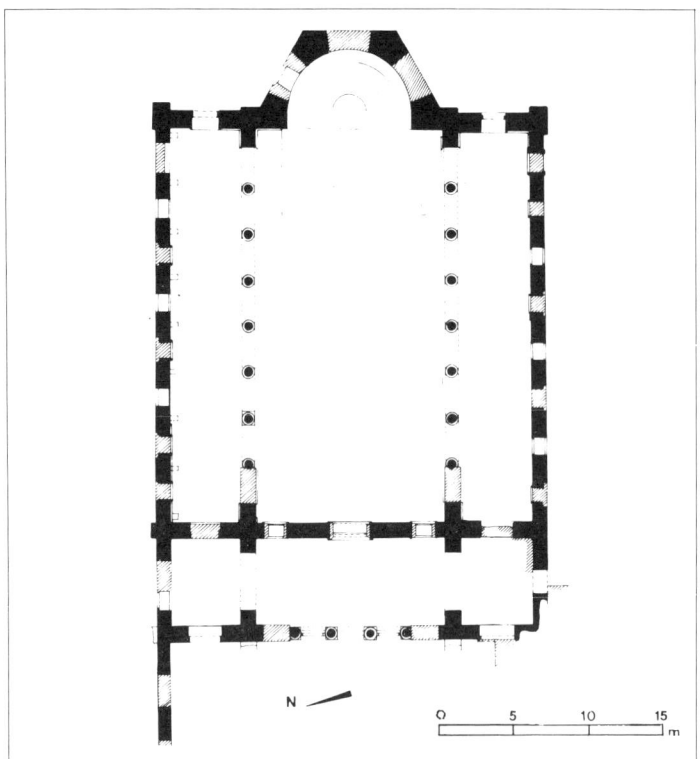

前，即在公元 3 世纪后半叶，基督徒们曾经度过一段大约 40 年的"宽容期"，而在这期间，基督徒们并不满意他们旧的基督教建筑，他们在所有的城市大兴土木，一座座大规模的教堂拔地而起。[3]优西乌斯是当时的见证人，因此他的陈述几乎不容置疑，至少对叙利亚和巴勒斯坦来说是这样的。

那么这些"巨大的教堂"能否为那些 4 世纪的建筑提供一个模型呢？又是优西乌斯描述了提尔（Tyre）的大教堂，这个大教堂建于公元 314 年到 317 年之间的某个时期。[4]不幸的是，对于这座大教堂的描述，优西乌斯用了过多夸张的修辞来渲染它，但我们还是可以从中了解到：大教堂是一个长方形的基督教堂——巴西利卡（如我们今天所用的术语），它有一个带柱廊的中庭和一个带有三侧廊的祈祷间，拥有木质房顶和一个采光用的天窗。另外，还有一些特征是：配有牧师的座位以及圣坛和中厅之间存在一个间隔。而所有这些都围在一堵墙之内。在公元 314 年至 317 年这段时期，东部地区是被李锡尼（Licinius）统治而非君士坦丁大帝，而且笔者认为提尔的主教不大可能接受来自罗马的特使为他的大教堂设计的修建计划。他可能遵从了在公元 303 年前就已被当地的基督徒所采用的（建筑）模式。

目前已无法用任何实物性的遗迹来证明以上这个并不新颖的观点，而且它和一个通常持有的观点相冲突。后者认为基督教的巴西利卡确切地说是在公元 313 年诞生于罗马，而且假定该年为圣约翰·拉特伦教堂（St. John Lateran）的创建年。不管事实怎样，有一点可以肯定：基督教的巴西利卡是根据一种建筑改造而来的，这种建筑在古罗马的世界里被广泛地应用于各种非宗教的目的，比如集市、法庭、门厅、接待大厅和观众室等等。简单地说，就是用来作为任何大型公众集会的场所，而非异教的庆典之地。[5]这些"世俗巴西利卡"没有标准的模式，通常是长方形的，几乎全是木质顶盖。在教堂的一端，还有供地方行政官使用的裁判席。在这些"世俗巴西利卡"中惟一保存下来的一个在历史上曾与君士坦丁有着牢不可破的联系。这便是特里尔（Trier）的巴西利卡（建于公元 305 年至 312 年之间），它是帝国的一个大礼堂。富丽堂皇的单侧廊结构，末端是一个半圆室。基督徒接管了这类会议厅，它既不会使人想起异教徒也不会引起任何特殊的关联（或许与国家的联系除外）。这是完全可以理解的。其他的宗教团体，像犹太教（Jews）和非教会的密特拉神教（Mithra），也已采用了类似的做法。

从公元 4 世纪到 6 世纪，巴西利卡在东方和西方都成为教区型、主

教型，甚至是修道院教堂标准的类型，它容许各种各样的变化。对此，笔者不打算从细节上讨论。一般来说，它可能有三或五个侧廊，通常被一些柱廊隔开；它也可能有一个袖廊，不过我们并不了解其确切的功能；它还可能有一个高窗或一个步廊；半圆室通常伸出外墙；而在叙利亚和东部其他地方，半圆室通常隐在一堵笔直的墙内。与其列举以上这些建筑特征，倒不如去看一些具体的例子，对我们了解这些巴西利卡更有帮助。

我们就以在君士坦丁堡的斯蒂迪乌斯的圣约翰大教堂（约 450 年）为例，来描绘一下位于首都的巴西利卡的经典类型。[6]在今天，圣约翰大教堂已成为一个宏伟的废墟，但我们还是不难想见它当年的大多数建筑特征。教堂的前面是一个可能带有柱廊的广场，中庭的北墙至今依然耸立，现存的前厅实际上是中庭的东翼。它是一个敞开的结构，它中部的开间被四条立柱隔开，每根立柱上都有壮丽的莨苕叶形的装饰柱头和一个有雕刻装饰的水平檐部。从平面图来看，教堂的内部几乎呈一个正方形，长 82 英尺（不含祭室），宽 79 英尺。两排蛇纹石立柱把中厅和侧廊隔开，每排有 7 根（只有北面的那排保存至今），每根立柱柱顶也有莨苕叶形的装饰柱头，也有一个笔直的檐部。最初，在侧廊和前厅的上方有一条步廊和一条直通步廊的楼梯或坡道，半圆室的内墙是半圆形而外墙则是三边形，且通过 3 个大窗户来采光。

有确凿的证据证明教堂中礼拜仪式的固定装置中有一个通常的环状布局"辛斯罗农"（synthronon）①，圣台设计在中殿之内，它被安置在一个蛇纹石柱座的上面，并且在蛇纹石柱座的底板的边缘开了一个狭长的孔以固定圣台，在圣台的中心区域有阶梯通往一个十字形的地下室：祭坛和天盖一定曾经放置在地下室的上方。但是没有发现诵经台的痕迹。在这里，我们仍然可以看见一部分精美交织的地板，但并不是原物，它们的年代可能属于公元 11 世纪。

斯蒂迪乌斯的巴西利卡简单的建筑外壳与其装饰上的豪华相比有着巨大的反差：蛇纹石的大量运用，精心制作的"细齿"莨苕叶形的装饰柱头和雕刻富丽的檐部。此外，墙壁上还铺着五颜六色的大理石板，半圆室和凯旋式的拱门也铺以马赛克。在此，有两样特色应引起我们注意：采用更传统的水平雕刻檐部，与拱廊的弧线形成对比；大理石构件（柱身、柱头，诸如此类）整齐一律，很明显是定做的。

<hr>

① 东正教教堂中祭坛后靠东墙处主教席座和牧师席位相结合的构筑物。——译者注

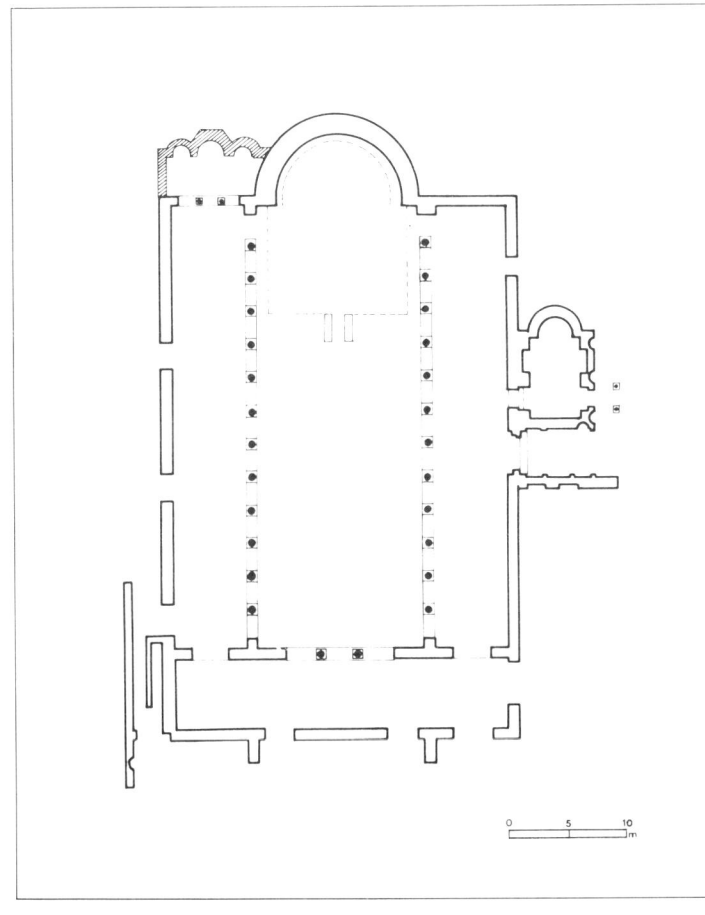

图 46　塞萨洛尼卡，阿奇尔奥波里托斯的巴西利卡，平面图（S. Pelekanides 绘，1949 年）

图 47　塞萨洛尼卡，阿奇尔奥波里托斯的巴西利卡，向东边看去的内部

在塞萨洛尼卡（Thessalonica），同时期的维尔京（Virgin）的巴西利卡［我们通常叫做阿奇尔奥波里托斯（Acheriropoletos）］在许多方面相似于斯蒂迪乌斯的圣约翰大教堂，但也表现出一些令人费解的差异。[7]前者规模更大、更长，其内墙长 118 英尺（不含半圆室），宽 92 英尺，结果，每个中厅柱廊的立柱数目增至 12 根。整个回廊前厅都用木质的地板，外部的楼梯基本上和斯蒂迪乌斯的教堂的外部楼梯一样。无论如何，以下的这些建筑特征应该引起我们的注意：首先，它的前厅是完全封闭的，而且奇怪的是，没有主要出口，只有侧门。这种安排的原因（为了控制进出的人流?）依然不清楚。其次，从前廊开始到中厅非常宽阔，并由三重拱廊（即 tribelon）组成。通过发掘，我们恢复了圣坛的布局，它与君士坦丁堡的例子不同，它的半圆室的整个内部被一个低矮的平台占据了，我们可以想像出主教坐于其上的情形。在平台的前面正好放着天盖，在天盖的每一边都摆放着矩形的长椅，这些长椅仅供神职人员使用。在其他地方，例如在巴尔干半岛可能找到更进一步的关于这种布局的实例。另外还有一个有趣的特征是，在它的圆柱之间插入一些"屏障"把侧廊和中厅隔开，而这样的障碍物却没有出现在斯蒂迪乌斯的巴西利卡中。不过大理石的组成部分与斯蒂迪乌斯的巴西利卡一样也是特制的：莨苕叶形的装饰柱头与斯蒂迪乌斯的巴西利卡完全相同，柱身也一样，除了"特里布伦"（triblen）的两根立柱是蛇纹石外，其他都是普罗康涅苏斯的大理石。它的中厅的路面看起来像是原物，但并不是铺以马赛克，而是由巨大的条纹大理石板铺就，在早期拜占庭式的巴西利卡中，这是很常见的。

以上援引的两个例子代表了在拜占庭帝国主要地区的巴西利卡完整的发展进程。至今仍然耸立的和已经在各个省份发掘出来的巴西利卡总计达到数百个。[8]它们中的一些比一般的巴西利卡大很多：如在勒沙昂（Lechaion）［科林斯（Corinth）的港湾地区］的圣莱昂尼达斯（St. Leonidas）的巴西利卡，包括它的前厅在内几乎有 360 英尺长，约 99 英尺宽；[9]还有塞浦路斯（Cyprus）的康斯坦蒂亚（Constantia）五侧廊巴西利卡，量得 184 英尺长，148 英尺宽。[10]传说它与圣埃皮凡尼乌斯（St. Epiphanius，公元 368 年到 403 年的主教）有联系。正如我们在罗马和拉韦纳的许多熟悉的例子中所了解的那样，在意大利，巴西利卡通常没有步廊；叙利亚情况也是如此。尽管叙利亚在本地建筑习惯的影响下出现了一种用巨大的石块建成的特殊的巴西利卡，并形成某种显著的特征，对此，我们会在下文中讨论。叙利亚的巴西利卡是木顶且有高窗，而再往北的地区，如安纳托利亚（Anatolia）高原和亚美尼亚，那儿的巴西利卡经常被建成拱顶式的。后者的中厅和侧廊都被延绵的山墙所遮盖，并且几乎没有窗户采光，所以内部非常昏暗。

图 48　帕伦佐(波雷奇),欧弗拉西亚
　　　的巴西利卡,中殿北走廊的分
　　　区柱头
图 49　莱斯沃斯,阿芬提利的巴西利
　　　卡,讲坛复原图(A. Orlandos
　　　绘,1935 年)

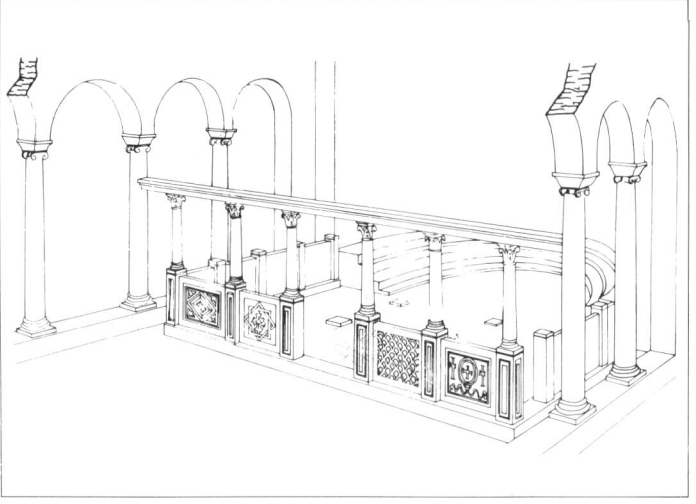

　　任何到过克拉西(Classe)的圣阿波利纳尔(S. Apollinare)教堂的参观者都会说,早期拜占庭式的巴西利卡可说是壮丽的建筑。然而,当我们从数量上纵观这些巴西利卡时,它们给我们以一种墨守陈规、单调死板的印象。人们不禁会问为什么这种特殊的教堂建筑形式会维持如此之久,并如此广泛地散布在各个省份,而且从根本上来说,它们的建筑式样没有发生什么变化。依笔者之见,巴西利卡易于建造而且为基督教的传播提供了一条事半功倍的途径。它的建筑规模可随意扩充或收缩而不会有任何施工上的难点,惟一的限制就是:屋顶所用的木料的尺寸决定了中厅的跨度。另外,巴西利卡的原材料可以定制成标准的尺寸,这使得任何一个经验一般的工头都可以监督施工的进行。简而言之,巴西利卡是"批量生产"的,而我们都知道"批量生产"在操作上的优点。

　　就其效果而言,巴西利卡更多地凭借其内部装饰而非建筑的结构:大理石的立柱、精雕细刻的柱头,五颜六色的大理石贴面,有时甚至有玻璃、贝母装饰[在帕伦佐(Parenzo)]和装饰抹灰,贴在半圆室和凯旋门上的马赛克,镶成棋盘状的或几何图案的路面;还有礼拜仪式的摆设,如高坛的遮幕,天盖和读经台;在较华丽的巴西利卡里,读经台甚至是用白银镶包的。所有这些装饰项目的原料供应全依赖于一个位于地中海的帝国及这个帝国广布的采石场和海上交通网。原材料和制成品通常来自于一个原料中心。我们还特别了解了在当时柱头是如何得到普及的情况:许多柱头都是从普罗康涅苏斯岛上采集而来的,然后在经过毛加工的情况下用船运走,而据推测,会有一个专门的雕刻师现场完成最后的雕刻工作。举一个单独的例子,在公元6世纪初流行一种相当丑陋的柱头类型叫做"双区"柱头。在柱头的4个角处,有动物的形象(通常是公羊或鸽),以及一条鲜明的横线,在横线下方,不是篮状编织品就是一条葡萄藤,而所有这些全雕刻得很深。这些具有维多利亚风格的雕刻品很容易破碎,无法完整地运往目的地,当地的工匠也无法仿造。然而,我们却发现这种柱头在整个地中海均有分布:除了君士坦丁堡以外,还有意大利、达尔马提亚海岸(Dalmatian coast)、内陆马其顿(Macedonia)、希腊、小亚细亚和埃及。[11]从这里,我们可以清楚地看出:从公元4世纪到6世纪非常昌盛的艺术品产销渠道一旦消失,巴西利卡的修建也就无法沿着相同的风格路线进行下去。

　　当然,巴西利卡的主要作用就是为基督徒举行宗教仪式提供场所。学者们据此提出,在当时人们是否根据礼拜仪式的需要来规定巴西利卡的类型(这就是笔者在第一章所谈到的功能法)。这种功能法说来虽然令人鼓舞,但它常常缺乏说服力。因为首先我们对于在整个地区的

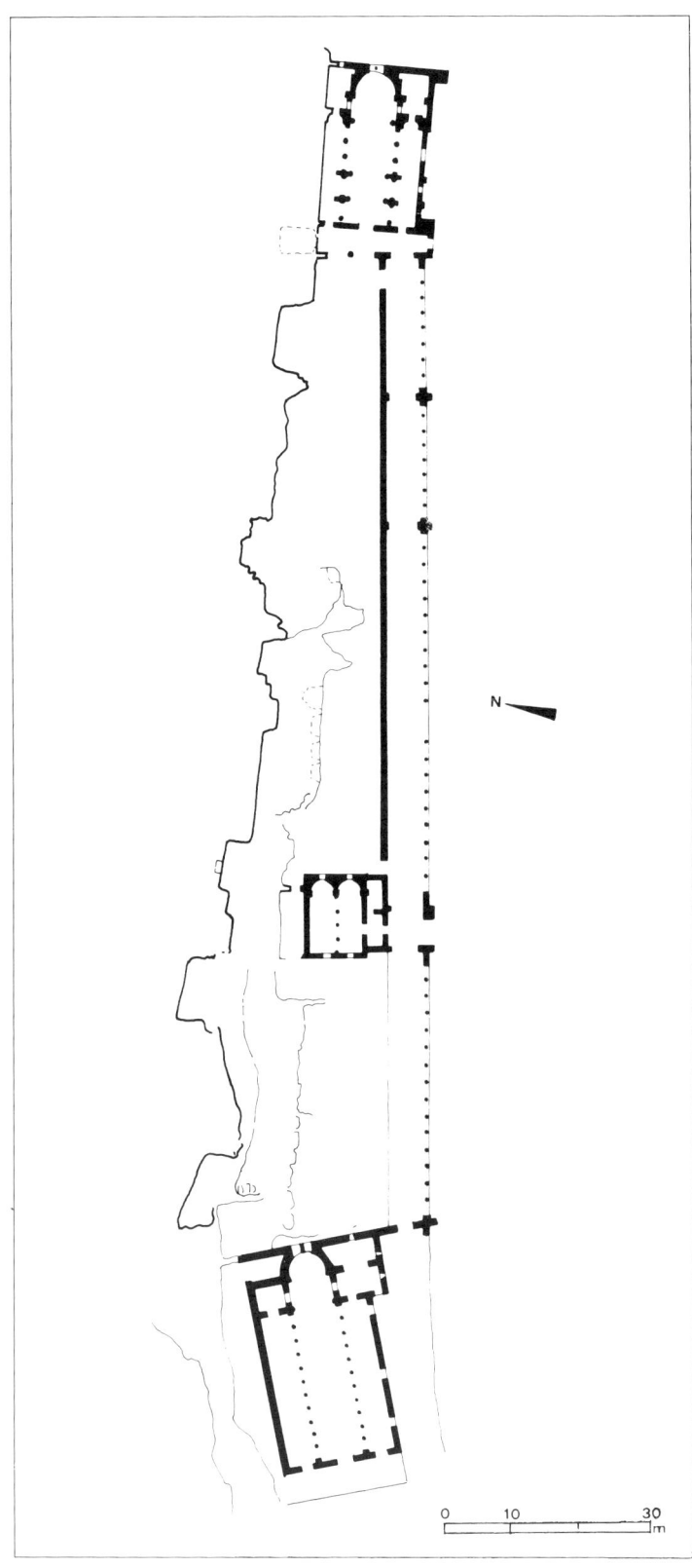

图 50 奇里乞亚，阿拉汗修道院，平
面图（M.Gough 绘，1967
年）

各个分教区举行的礼拜仪式的早期发展情况知之甚少。其次，在早几个世纪基督徒对于在宗教仪式上的礼仪操作是非常灵活的。我们可以假想在当时举行着一个宗教集会，因为有新的皈依者的参加，它的规模不断增长。由此，我们可描绘出下面这些必然出现的情况：在一个巨大的会堂里，人们的焦点集中在圣台和主持仪式的牧师或主教身上（从 4 世纪起，朝着东方祈祷已成为惯例），牧师和俗人，男和女，已受浸礼的教徒和受礼前接受教义启蒙的初学者全都被一条分隔线隔开；教堂里摆设着用于朗读经文的讲道坛；牧师和集会队伍缓缓地拥进教堂，第一入口的队列有条不紊地行进着，他们都轮流接受经文的赐福，这一切都进行得井然有序；另外，教堂里还设有一间摆放着一张祭台的房子，祭台上放着虔诚的供品；此外，还设一个用于洗礼的喷泉和一个浸礼池。以上这些必须的仪式过程和设施都可以在巴西利卡中实现。同时，它们也可以在完全不同类型的礼拜堂中得到满足（有时候也确实如此），也就是说，是由人们自己根据礼拜仪式的需要来支配教堂内外建筑中的设置的。

通过考察侧廊和步廊也许可以说明这种礼拜仪式上的变通性。他们是否用于特定的目的呢？在描述提尔的大教堂时，优西比乌斯似乎想告诉我们侧廊是留给那些受洗礼前接受教义启蒙的初学者专用的。从人流循环的角度来看，这相当有道理：侧廊有自己的出口，当里面的人离去的时候，不会干扰在中厅举行的集会。在巴尔干半岛流行的一种用栅栏把侧廊和中厅分隔开，如属于塞萨洛尼卡人的阿奇尔奥波里托斯的巴西利卡的结构也能为这种处理方法所解释。但在"Katechoumena"这个术语的拜占庭用法中我们却得到一个关于步廊的相反的说明，步廊也用于这个目的，通常被用于与外部进行交流而非中殿。更为复杂的是，我们有证据表明男人站在右，而女人站在侧廊左。此外，女人有时也会被安排站在步廊里。

面对如此矛盾的表现，我们尝试作出这样的推断：当时，在空间的使用上，并不存在着硬性的规定，换句话来说，巴西利卡的布局不会进行特别的设计以容纳某种特定的礼拜仪式的规定。事实上，我们可以猜想到巴西利卡在某些方面是个"万金油"的角色而并不具有专门的职能。举一个已断定的例子，这个例子是关于在礼拜仪式上不可缺少的一个构成要素：习惯上，主教总是在位于半圆室远端的神座上传经布道的，同时，还设有一张读经台用于朗读经文。非常例外地，圣约翰大教堂的赫里索斯托姆（Chrysostom）虽然身带疾病，却在读经台处传教，以便让人们听得更清晰、更好。即使在一个相当小的巴西利卡里，像斯蒂迪乌斯的圣约翰大教堂，主教的神座也被安放在天盖和高坛遮幕的

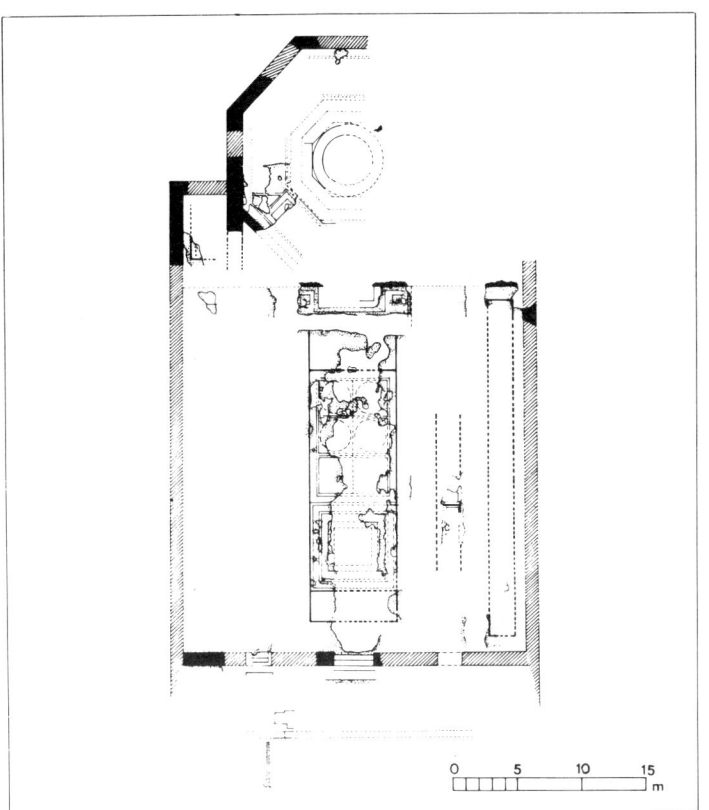

后面，它离集会中最近的人群也至少有 32 英尺的距离。而越大的巴西利卡中，这个距离就越长。考虑到在公元 4 世纪和 5 世纪的布道差不多要花掉两个小时在讲授经文上，对于传教者的音调要求一定到了几乎超人的地步。

另一个考虑的因素是：教区性教堂和修道院教堂似乎没有建筑上的区别，这对礼拜仪式的方案产生了不利的影响，这一点我已经指出过。以斯蒂迪乌斯的圣约翰大教堂为例，它的身份就是模棱两可的，根据一种说法，它是作为一个教区性教堂来修建的，而根据另一种说法，它是作为一个修道院的教堂来修建的。无论如何，在叙利亚我们有许多早期的修道院教堂，像在奇里乞亚（Cilicia）的阿拉汗修道院（Alahan Manastiri）和在西奈山的圣凯瑟琳教堂，它们都是三侧廊的巴西利卡。妇女通常不得进入修道院，而那些初学者又不必使用这些修道院。那么巴西利卡的建筑图纸为什么不针对教区性教堂和修道院这两者作相应的改变呢？

今天我们容易认为巴西利卡是一个独立的建筑物，然而事实上，它是一种综合设施的一部分，特别当它是主教教堂时。这种综合设施并非限于宗教活动。[12]我们已经在杰拉什（Gerasa）找到了这样一个综合建筑并讨论了它所缺少的仪式性。在拜占庭帝国的许多地方都有类似的综合建筑。在这些综合建筑群中，巴西利卡及其中庭的周围簇拥着大量的建筑，而这些建筑物的作用并不总能为我们所了解。有时会修建第二个巴西利卡和原先那个连接在一起，通常还会设一个浸礼池，它的位置是随机的。还可能会有一个神龛环抱着圣徒的坟墓，另有主教的居所一座。且会划出若干个区，其中一些区供牧师活动，另有几个区供参观者活动，还有一个澡堂。最后，还设几个行政办公室和一些仓库。以上这些只是来自一些有记录的来源，而我们从这些来源中去了解教廷庞大的财政运作只能是管中窥豹，像亚历山大，它甚至维持着一支运货的船队，而其庞大的组织管理和司法活动更与君士坦丁堡的帕特里亚克提（Patriarchate）紧密相连。我们对于如何把这些经济、政治等多种活动转化为建筑风格的了解，依然相去甚远。

仅次于巴西利卡（主教性或教区性）的另一种重要的早期拜占庭式的建筑是纪念性的神龛或供朝圣的神龛。习惯上把这一类建筑归为仪卫性建筑，它不仅指狭义上的殉教者的祭坊，而且在广义上还包含巴勒斯坦的圣地。[13]在开始调查在这种圣陵旁是否有一种特别的建筑类型与之相连之前，要紧记我们是在研究各种各样纪念性的建筑布局。一个仪卫性建筑通过圣经的历史可以使一处地方永远神圣不朽，诸如基督

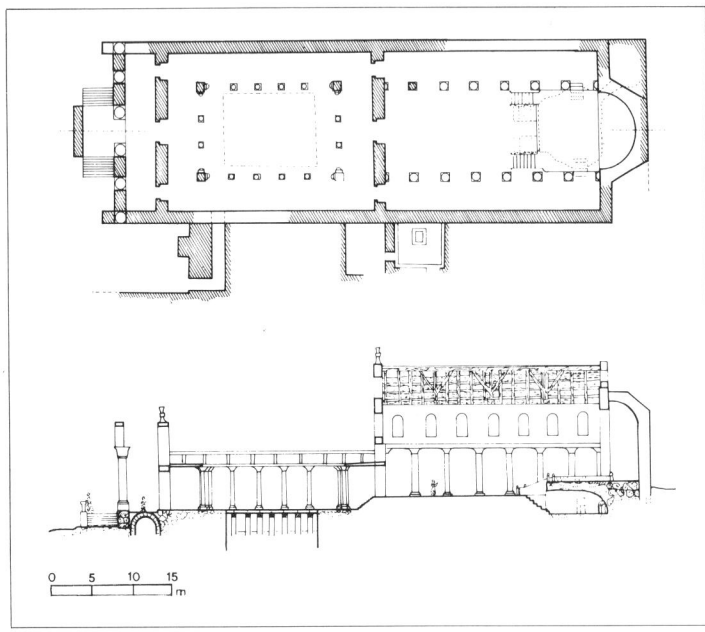

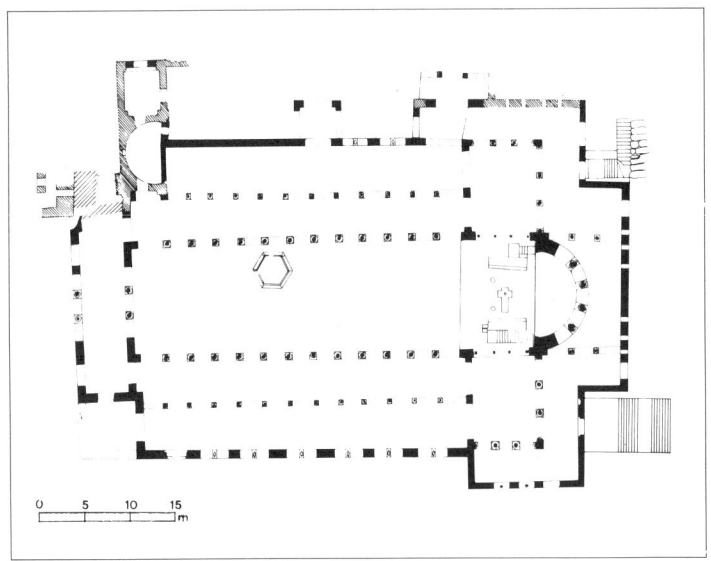

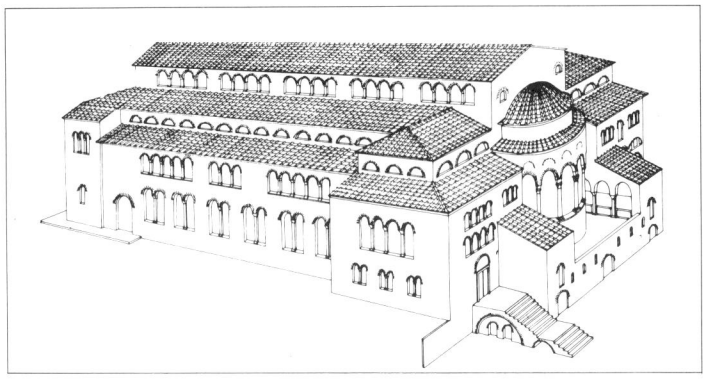

图 54 耶路撒冷，埃莱奥纳教堂，平面图与简略的剖面图（H. Vincent 和 F.-M. Abel 绘，1925年）

图 55 塞萨洛尼卡，圣德米特里乌斯教堂，5 世纪时的教堂平面图（G. A. Soteriou 绘，1952 年）

图 56 塞萨洛尼卡，圣德米特里乌斯教堂，外观复原图（G. A. Soteriou 绘，1952 年）

图 57 塞萨洛尼卡，圣德米特里乌斯教堂，1917 年大火前的内部

诞生（Nativity）的石室，在橄榄山（Mount of Olives）上的圣墓教堂（Holy Sepulcher）；也许它把殉教者的坟墓藏于其内，或者包藏着一根柱子，在柱子上有一位著名的柱头修士已经完成了他的禁欲修炼（askesis）。有关圣经的一些场地和修行者的柱子是规定不能改变的。可以在靠近它们的地方，如上方或周围建一个神龛。但对于殉教者的墓地，我们看到了两种决然不同的情况。古罗马人的习俗禁止把坟墓内部填实，这一习俗在西方一直流传至公元 6 世纪为止。因此，罗马的仪卫性建筑建在实际的或假设的殉教者的坟墓的位置，通常是在墙外。另一方面，在东方，形成了一种将圣人的遗体从一处运送或"转化"到另一处的习俗。对这一习俗最早的记载是在公元 351 年至 354 年，把圣巴贝拉斯（St. Babylas）的遗体搬迁至位于安条克郊区的达佛涅（Daphne）。两年后，在 356—357 年，圣安德鲁（Sts. Andrew）、圣蒂莫西（Timothy）和圣路加（Luke）的遗体都被"转化"到位于君士坦丁堡的神圣的使徒教堂里。一旦受帝国之命首开先例，这种殉教者遗体的迁移活动就变得普遍起来，此外，更形成一种习俗，就是把这些遗体分解，以便可以更广泛地分布。[14]随着时间流逝，几乎每一间教堂，不管是纪念性的还是教区性教堂，最终都保存了圣骨的一些部分了。

从建筑规划的观点来看，这个发展是很重要的。对于圣地或纪念碑来说，两者都是不可迁移的，仪卫性建筑不得不因地制宜，以便把受人敬仰的圣物置于神龛之内：殉教堂的目的要么是单纯的"纪念性"，要么就是纪念性和仪式性两者兼有——罗马的君士坦丁堡时期，纪念性和仪式性这两者已经结合在一起了。然而，当人们开始搬离殉教者遗体的时候，他们已不再需要一个特殊的建筑设施。人们可以（而且通常都是）把遗体安放在一般的教堂里。而需要特别保存的圣者遗骨，则需要一个更为详细的安排（所谓圣者的遗骨，即那些渗着圣油，发散着一些能吸引大量朝圣者的圣气的遗骨）。

在圣地，有 3 座由君士坦丁大帝（或圣海伦娜）建的纪念神殿，它们一般被认为是东方仪式性建筑的原型。其中考古资料保存得最完整最好的是伯利恒（Bethlehem）的基督降生教堂：埋在现今的教堂下面的平面图，大约有一半已经复原。现在的这个教堂是由查士丁尼一世建造的。[15]君士坦丁教堂由三个轴向排列的主要部分构成：一个中庭，一个有 5 条侧廊的巴西利卡和一个包围着墓道的八角堂。巴西利卡的地上铺着地毯般精美的马赛克。穿过巴西利卡，朝圣者上了三级台阶就到了八角堂。这里有一个水源，用格子窗盖着，它可以使朝圣者看到下面的墓道。为了让朝圣者看得更清楚，在墓道的顶部开了一个洞口。毫无疑问八角堂的顶棚是用木头做的。发掘的过程中没有发现 4 世纪时修

图 58　塞萨洛尼卡，圣德米特里乌斯
教堂，地下墓穴祭坛上的圆盖

建的通往洞穴的通道，也没有发现任何礼拜庆典的祭坛。从这里可以看出，这建筑物并不是为了礼拜庆典而建造的。而且它的规模比较小，且不是对称排列的。当它建成时（公元 333 年以前），朝圣者们还没有开始涌往圣地。

通过文字的记载，我们了解那座位于耶路撒冷的更大、更为重要的圣墓教堂。[16]它有点类似基督降生教堂，也是一个有 5 条侧廊的巴西利卡，不同的是它有回廊，而这正是伯利恒所没有的。耶路撒冷的巴西利卡止于一个嵌入平直外墙的半圆形角楼。历史学家优西比乌斯将它形容为半球，以 12 个顶着银碗的柱子为界。一些学者通过与伯利恒的类比，重新建造了圆形或四分之三圆的半球。[17]但他们忽略了一个重要的区别。在伯利恒，八角形的附属建筑实际是有尊敬意义的建筑结构（如岩穴）。而在耶路撒冷，基督之墓坐落于巴西利卡西面的一片空旷土地上，在它上面是一个分离的建筑结构，它以祭坛华盖的形式包围着坟墓，从这方面来看，它所采用的解决方案是迥然不同的。人们建造耶路撒冷巴西利卡是用于礼拜用途，所以它并不包含任何带赞美性质的建筑特色。

在巴勒斯坦，君士坦丁建筑的第三个主要建筑是橄榄山上的埃莱奥纳教堂。该教堂又一次体现出一种截然不同的建筑风格。像伯利恒一样，这里也有一个神洞，传说基督曾在里面向他的弟子讲课。这是一个方方面面都很普通的巴西利卡，而建筑师把神洞置于一个间隔，将颂歌台围住。原来的建筑物已经荡然无存，通过逐步的发掘，它的平面图于 1910—1911 年被重新画了出来。[18]这座复合建筑是建在一个斜坡上的，呈阶梯式逐步上升，由外墙到中庭，由中庭到中厅，最后再由中厅到讲坛。教堂（内部是一个 79 英尺×59 英尺的矩形）有 3 条侧廊和一个突出于平直外墙的半圆室。这是一种在巴勒斯坦和叙利亚都很常见的模式。

经过对圣地的君士坦丁时期仪卫性建筑的简短考察，我们揭示了这样一个道理。即它们的建筑师十分灵活，他们会考察每个地方的不同需要，然后提出相应的施工方案，而不是受历史沿袭的束缚，这里束缚即指那些从罗马集体坟墓或希腊小庙型坟墓得到的对仪卫性建筑的一般见解。

宏伟的殉教圣地中，有一个很有说服力的例子，那是位于塞萨洛尼卡 5 世纪中叶或下半叶的圣德米特里乌斯（St. Demetrius）教堂。[19]这个教堂在 1917 年几乎被完全焚毁，之后又被重建。然而，许多原有的

结构还是建在原来的位置上。虽然我们进行了彻底的调查，但还有很多尚未解决的问题。圣德米特里乌斯是一个巨大的，有 5 条侧廊的十字形巴西利卡，它还有一个步廊。它与阿奇尔奥波里托斯相比要大得多，显然是为了举行大型的集会而设计的。

但 5 世纪时，他们到这里到底敬仰什么呢?这里就产生了其中的一个问题。好像圣德米特里乌斯本来是属于锡尔米乌蒙的。直到公元 442 年行政长官司的职位被迁到塞萨洛尼卡，锡尔米乌蒙一直是伊利库姆的首府。而对圣人的崇祀也恰恰在此时迁移了。然而，那里流传着这样一个传说，说的是圣德米特里乌斯是在塞萨洛尼卡的竞技场附近的公共浴室的暖气设备房里被杀害了。这个传说在设计巴西利卡时就已经流传起来了。因为它建在浴室的上面，与浴室的底部构造合为一体，在讲坛下面，形成一个类似地窖的建筑物。然而，奇怪的是，教堂里却没有圣者的任何遗骸。地窖的主要特色只是一个喷泉，是罗马时期的浴室遗留下来的。喷泉被一圈低矮的大理石隔了起来。

然而，巴西利卡中的主要崇拜物并不是地窖，而是一个放在中厅北部的六角形银鞘圣器。其中有一个形状像床的银器，上面画着圣者的像，但就算是这个圣器，也没有人敢说它装过圣德米特里乌斯的尸体，这些都是早有安排的。在晚些的时候，可能是 10 世纪，他们在圣德米特里乌斯的尸体上加了些能渗出圣油的物质。为了满足朝圣者的需求，还在地窖里安装了一套更加精密、更加不易被人察觉的暗藏水管系统，使得早先的水盆可以用来装油。

我们从而可以推断出，尽管 5 世纪建筑师费了很大的劲去寻找被认为是圣德米特里乌斯殉教的地方，但他们并没有把崇敬物设计在建筑物的中央。直到 7 世纪，银器都是尊敬的焦点，它们也没有被置于中厅的中央，看上去仅仅像一件礼拜用的器具。至于耳室，它的作用还没有弄清，但无论如何，也没理由把它和殉教的重大意义联系起来。

在离开圣德米特里乌斯教堂之前，我们可以发现，主要的柱廊都是由用过的材料组成的，至少是由不同的构件构成的。每一条柱廊分别被两道砖砌间墙分隔成有三到四柱的开间。上层的步廊重复这一布局立柱本身具有不同的高度，它们之间的距离也各不相同，立柱上的柱头也丰富多彩，其中一部分属于 6 世纪。据推测，我们所讨论的这些柱廊是在这座巴西利卡焚毁后于 7 世纪时重建的。应该说，这里确实进行过一些修复，但笔者很难相信那柱廊的拱肩上的华丽的大理石铺面，包括

图 59 萨曼堡，教堂平面图（D. Kren-
　　　cker 绘，1939 年）
图 60 萨曼堡，东巴西利卡的半圆形
　　　后殿外观

图 61 萨曼堡，从东北方向所看到的
　　　教堂景观
图 62 萨曼堡，八角形庭院及院中的
　　　圣萨曼柱

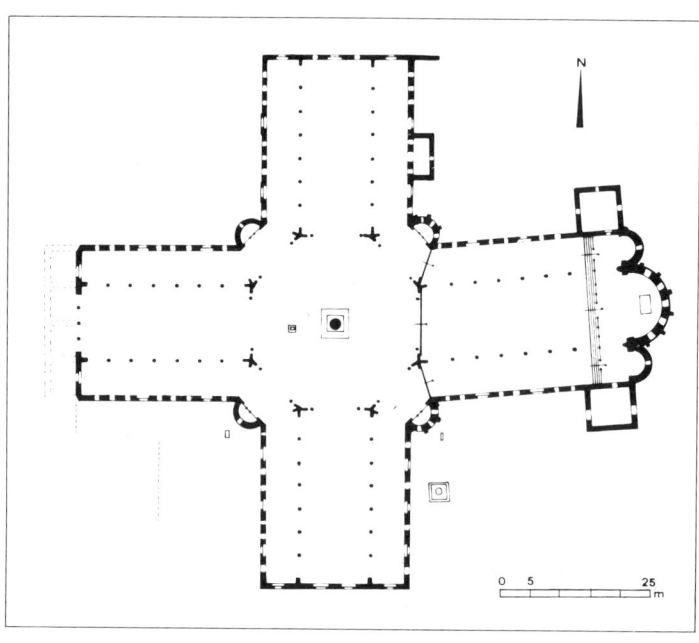

用透视画法表现的飞檐托的可分割式雕带，是在 7 世纪的塞萨洛尼卡，到处都是很困难的情况下兴建的。

几乎是与圣德米特里乌斯同时，萨曼堡复合建筑在叙利亚北部阿勒颇和安条克之间建起了。[20]我们对小圣西门（约 389—459 年）的一生了解甚多。他曾在他的柱子上站了超过 40 年。通过这种古怪的、高度公众化的禁欲主义（askesis），他赢得了特别的名声。在他去世前，这名声已经从西班牙和高卢一直延伸到阿拉伯半岛南部。他死的时候，一支由 600 个士兵组成的部队被派去看守他的尸体。后来，他的遗体被运往安条克，且埋在大教堂里。萨曼堡似乎是在 5 世纪的最后 25 年建立起来的。严格来说，它不是殉教地，而是以 40 腕尺高的圣西门立柱为中心的纪念性建筑。

奇怪的是，并没有任何关于这个上千工人参与兴建的宏伟建筑的记录存在。那个因圣西门而闻名的山顶，一部分被扒平，一部分被巨大的地基抬高。在这个高原上人们建起了一个巨大的十字形圣祠（东西 310 英尺，南北 280 英尺）。圣地由一个位于中央的八角堂，它包藏着圣人之柱（其根基至今保存完好），以及 4 个呈辐射状的巴西利卡组成。东边的巴西利卡比其他几个稍长，且末端有 3 个半圆室。这样一来，只有东翼是用作礼拜仪式了。关于八角堂的屋顶，存在着许多争论。建筑师一定设想过建造一个圆锥形的木制屋顶，但我们并不知道屋顶有否建成。在接近 6 世纪末时，八角堂已经是露天的了[21]，这意味着，要么它从来就没有屋顶，要么屋顶已经倒塌。

十字教堂的观念决非一项创新。它的原型可能是在君士坦丁堡的圣徒教堂，这是一座由君士坦丁大帝或他的继承者君士坦提乌斯所建造的教堂。[22]在尼萨的纪念碑（约公元 370 年），尽管很小，却提供了一个关于萨曼堡的确切的轶事。萨曼堡是一个集中式的八角堂，在它的对边上有些角落上的壁龛和 4 个放射状的翼。[23]地理位置上更为接近的是安条克—考希伊十字教堂，它建于 381 年并于 1934 年被发掘出来，而且有可能是圣巴贝拉斯的纪念碑。[24]在萨曼堡的建筑师们不辞劳苦地大规模重建了这项计划，由此可见它具有象征意义的重要性。起初，圣柱耸立在非常接近山顶西斜面的地方，因此西面的十字梁不得不几乎全部建在地基和一块填土方上，以平衡北梁和南梁的长度。这项计划尽管传统，执行起来需要大量的资源，不能单单依靠地方的自发性。据推测，这项计划是在 476 年到 491 年间芝诺（Zeno）大帝着手建造的。众所周知，他曾帮助在邻近奇里乞亚的大型建筑项目的发展，也曾寻求对他东部的臣民有一个更接近的理解。纵然这是一项帝王委托的项目，

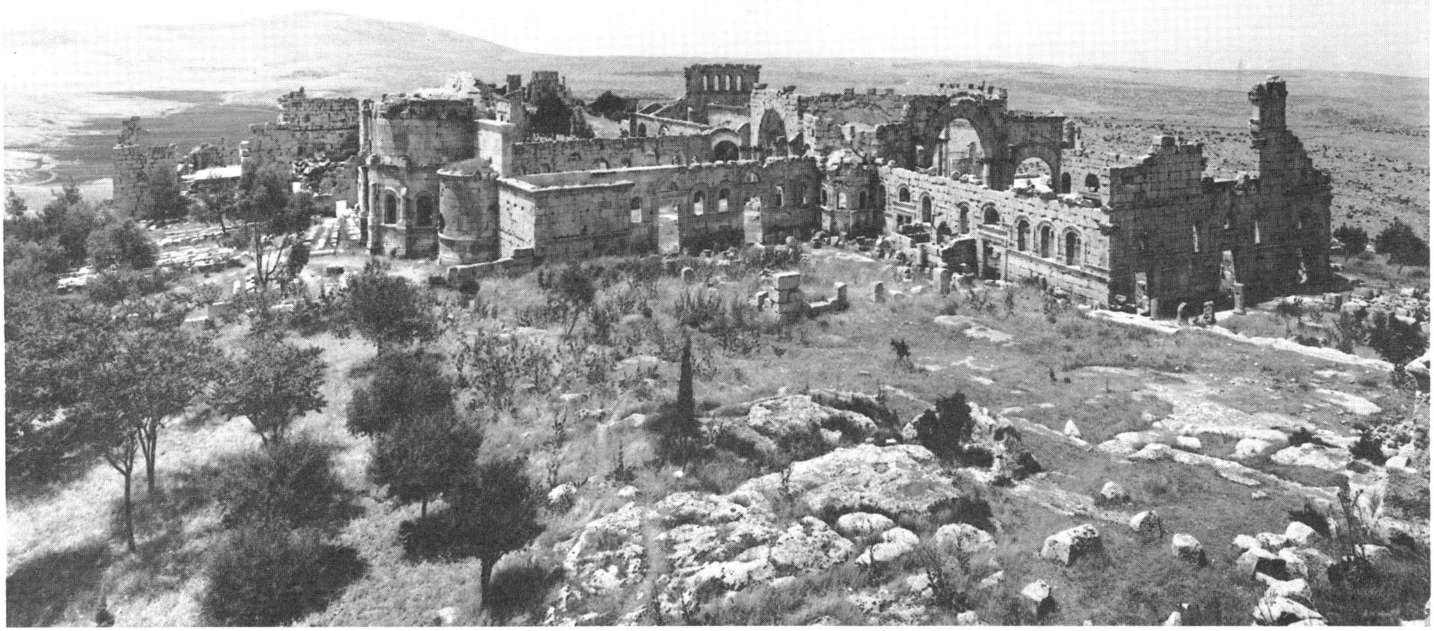

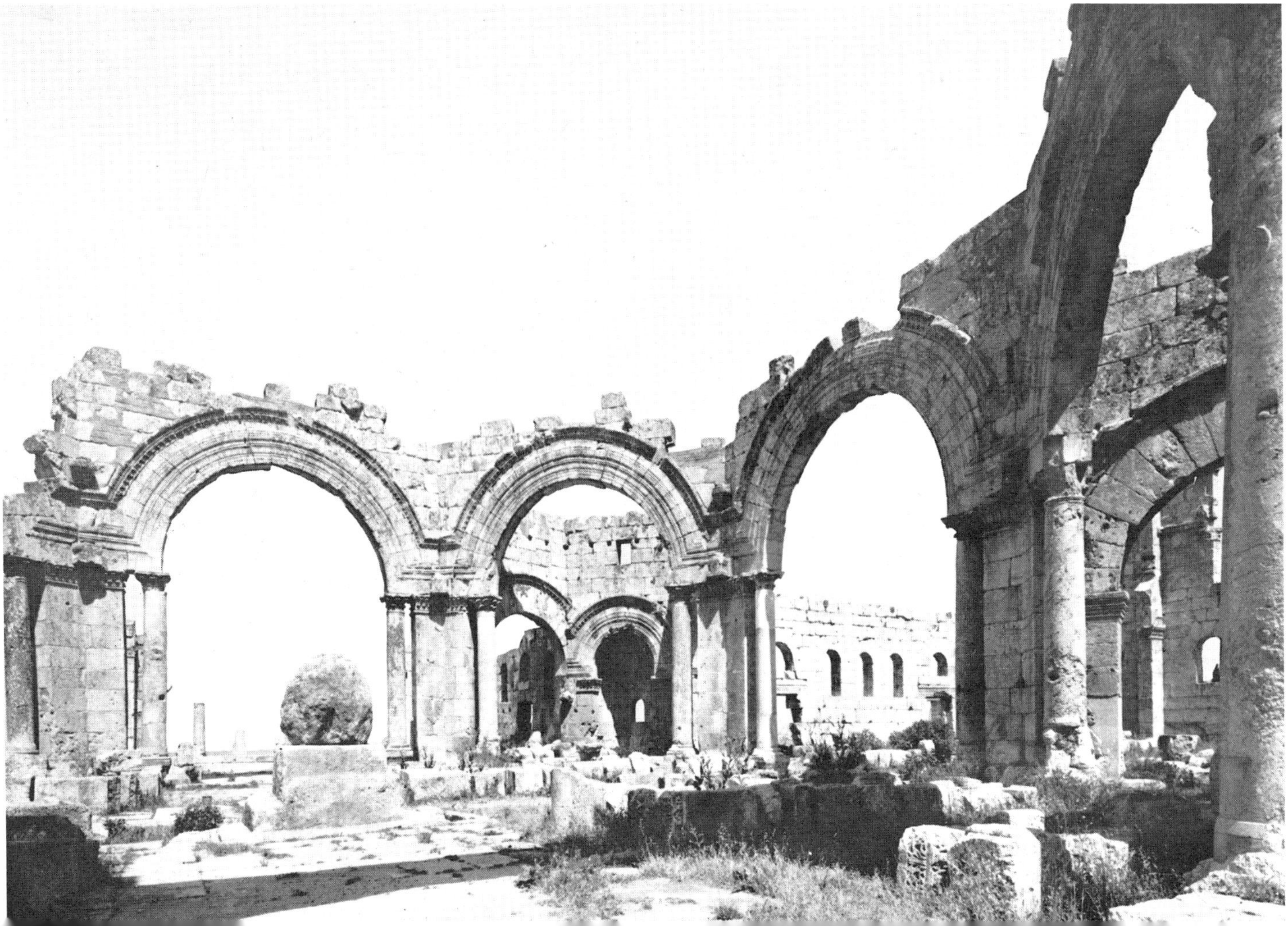

它还是由地方工匠所实施的。从那石板的建造技巧和象牙一样的雕刻特色,我们可知那必定是出自叙利亚人之手。

十字教堂是与和它同时建起以及其后一百年间建起的综合建筑群中的焦点。在它的东南面是一座 U 型的修士建筑物,有三层宿舍和自己的教堂。再向西面有一座耸立在一个广场上的八角形洗礼堂,旁边还有一个巴西利卡。在洗礼堂的隔壁便是一些朝圣者的临时旅舍。在山脚上是戴·辛安(Deir Sim'an)的集居地,它原来只是个小村庄,后来发展为一个具有三个修道院及一些大型旅舍的繁荣的朝圣中心。在早期拜占庭时期单一个圣人能把经济资源运作起来,这是我们在其他地方所不能如此生动地看到的。他那超自然的天赋使他不亚于甚至超过其他王子。

根据其各自的作用去对早期拜占庭式建筑作一个系统分类,尤其是从类型学上分类,那将是十分困难的,上述例子恰恰向我们展示了这一点。当巴西利卡式的设计方案仍然是最为普遍时,大量"集中化"的形式也被利用到——八角形、十字形、三花瓣形、四瓣形等。建筑师有好几个选择,在大多数情况下,我们并不能洞悉他为什么选择这个而不是另外一个。这样,我们即使知道君士坦丁大帝所建的安条克大教堂是八角形的,而且还带有柱廊,然而它除了是一个大教堂以外还是些什么呢,我们则不得而知了。它有可能是位于卡帕多基亚(Cappadocia)的纳吉安祖斯(Nazianzus)教堂的模子,纳吉安祖斯教堂是由主教格列高利(圣格列高利·纳吉安祖斯之父)在接近 4 世纪中期建造的。这同样是一座带有柱廊的八角堂,并且在它周围都是些散步的地方。我们毫无根据认为它是一座纪念碑。

当我们只是从简短的文字描述上了解这两个教堂时,却有大量的证据表明那集中化的设计方案是用于普通的会众的目的。布斯拉(Bosra)大教堂(512 年)就是一个很好的例子,它的很大一部分在 100 年前仍然存在。[25]这个教堂可被描述为一个建在方形内的直径为 118 英尺的圆形建筑,带有突出的半圆形祭室和东面的"帕斯托弗里亚"(Pastophoria)①。在教堂内部是一个与它同圆心的外罩,它包括由 4 根柱子构成的门廊,以及 4 个 L 型的角柱,而这些角柱可能支撑着一个直径有 40 英尺的圆锥形木质圆顶。一些四根柱子构成的马蹄形门廊,分阶段布在角落上,这使圆形回廊进一步多样化,而回廊也被天窗上的

_____

①   建造在希腊临时教会和早期基督教会讲坛两端的房间的任一间房间。——译者注

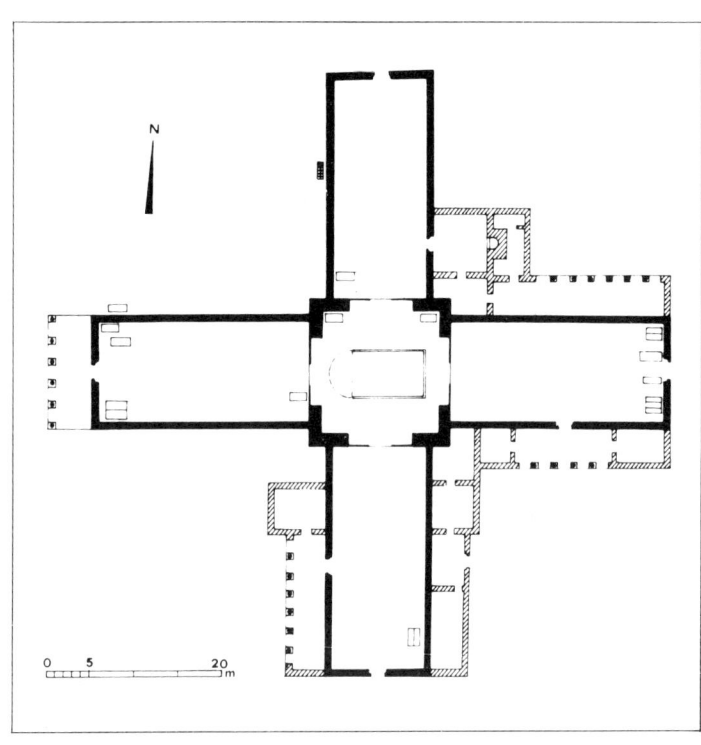

图 66　安条克—考希伊，圣巴贝拉斯
的殉道堂，平面图（J. Lassus
绘，1947 年）

环形窗户照得通亮。中央的空地可能放着一个诵经台，但礼拜仪式的焦点肯定不是在这诵经台上，而是在那远离中心的讲坛上。根据目前的推断来说，在 5、6 世纪中那些功用为普通主教制度的大教堂的家族中，布斯拉大教堂可谓是一个极好的例子。一个在雷萨菲的相似的四瓣形教堂是明显隶属于主教的宫殿，鉴于那看起来像是圣塞尔吉乌斯（巴西利卡 B）纪念碑在图纸中是纵向设计的。[26]

因此，集中式的会众教堂在拜占庭统治时期已经存在，并不能认为它是演变的结果，也不能认为它是对巴西利卡式纪念碑逐渐取代的结果。但在那样的情形下，灵感又是来自哪里呢？最有可能的答案是来自宫殿里的观众大堂，在那里世俗的君主被礼拜仪式所包围，在许多方面堪与天堂中的君主相媲美。事实上，有什么比这来得更自然呢？帝王艺术比基督艺术更悠久，而且在凯旋式肖像画法领域中，帝王艺术对基督艺术发挥着决定性的影响。[27]拜占庭人把上帝的住处想像为帝王圣殿的一个更为扩张的，更加壮丽的版本，所以上帝在凡间的房子逻辑上可以用相同的模式建造。

那集中式的餐室和接待大堂——圆形的、八角形的或三瓣形的——都是罗马宫殿建筑以及远至尼禄的多穆斯·奥雷娅（Domus Aurea）的一个常有特色。在拜占庭的国土上我们可以指明在塞萨洛尼卡的带圆顶圆形建筑，无论其原本的建造目的是什么，它都构成了加莱里乌斯大帝（Galerius）宫殿的部分。在君士坦丁堡有权威性的安条克（Antiochus）的宫殿（5 世纪早期），它的中心大堂是一个带有半圆形壁龛的六角堂。有趣的是，我们观察到那两座宫殿后来都变成了教堂。前者变成一个不知道有何供奉意义的神祠，它现在称作圣乔治，而后者变成了圣优菲米亚（St. Euphemia）的纪念碑。[28]在竞技场另一边，君士坦丁宫殿包含一个八角形的大堂；而在 6 世纪，当君士坦丁的帝王宫殿在黄金大堂获得一个新的祭祀中心。这同样是一个圆顶的八角堂，就我们所知，它与在拉韦纳的圣维塔莱教堂的设计方案相似。

在雷萨菲北面城墙外有一座小纪念碑，它可对教堂与宫殿大堂那带有欺骗性的同一性作进一步的阐明。在很长一段时间里，它被认为是一座市外的教堂，特别是一座墓地教堂。从建筑学上来看，惟一可能的异议就是那教堂祭室对于整个教堂的比例显得太小了点。但事实上，假如刻在教堂祭室上的并不是一名宣称"阿拉蒙德罗斯（Alamoundaros）万岁"的希腊铭文，这并不具有决定意义。很有可能，这是一座建于 569 年到 581 年间的艾尔·蒙齐尔（al-Mundhir）的观众大堂。阿拉伯蒙齐尔是一个阿拉伯酋长，他是拜占庭帝王的委托人，并曾

图 67 布斯拉，大教堂外观（19 世纪
时的素描）
图 68 布斯拉，假设的纵剖面和平面
图（A. H. Detweiler 绘，1937
年）

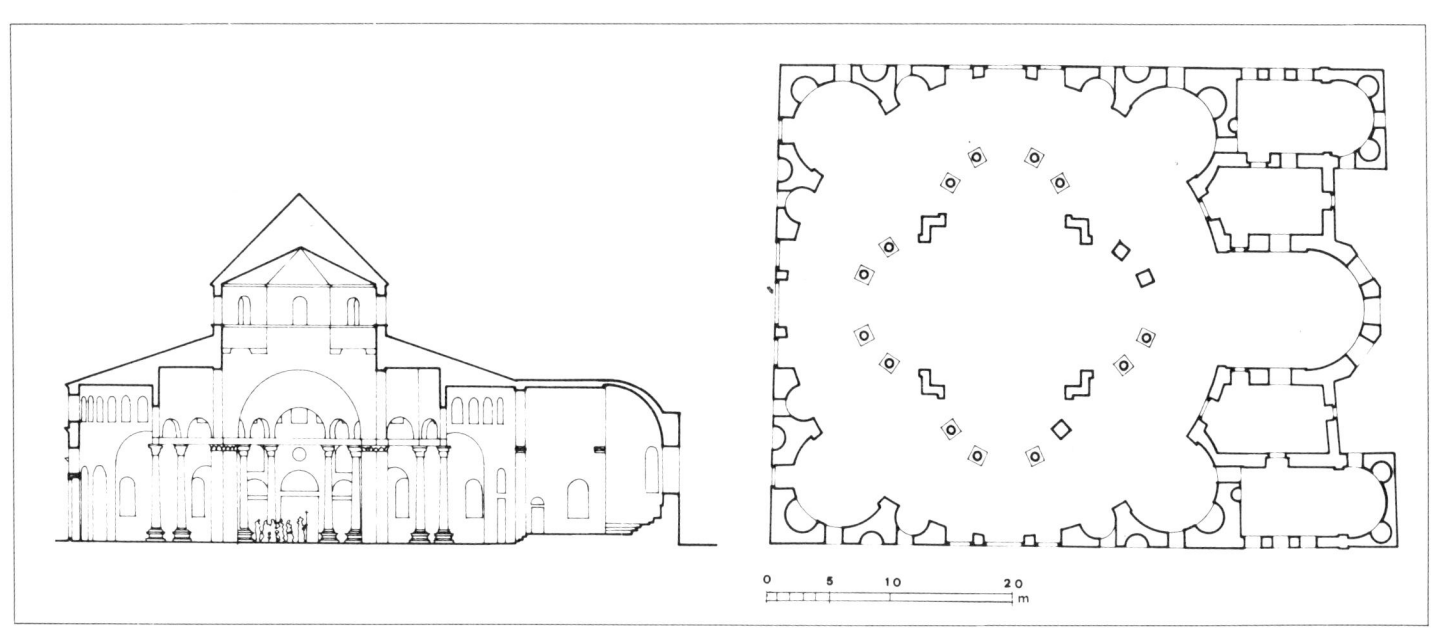

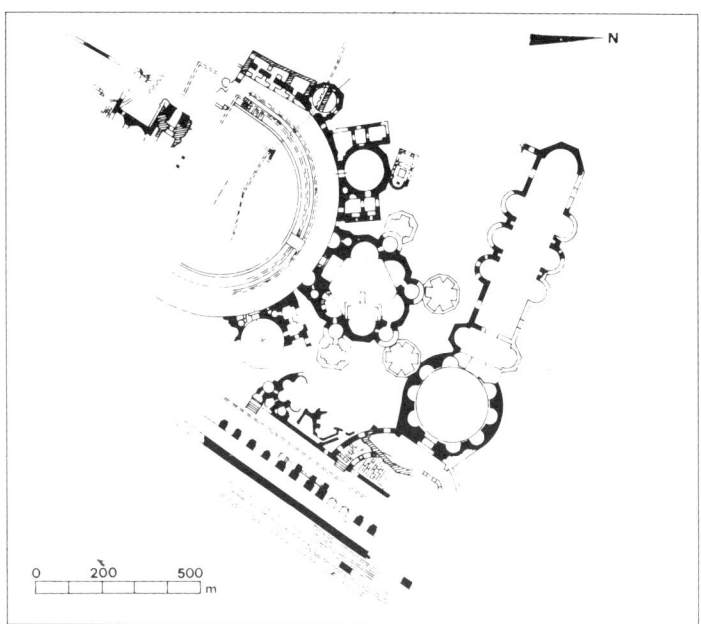

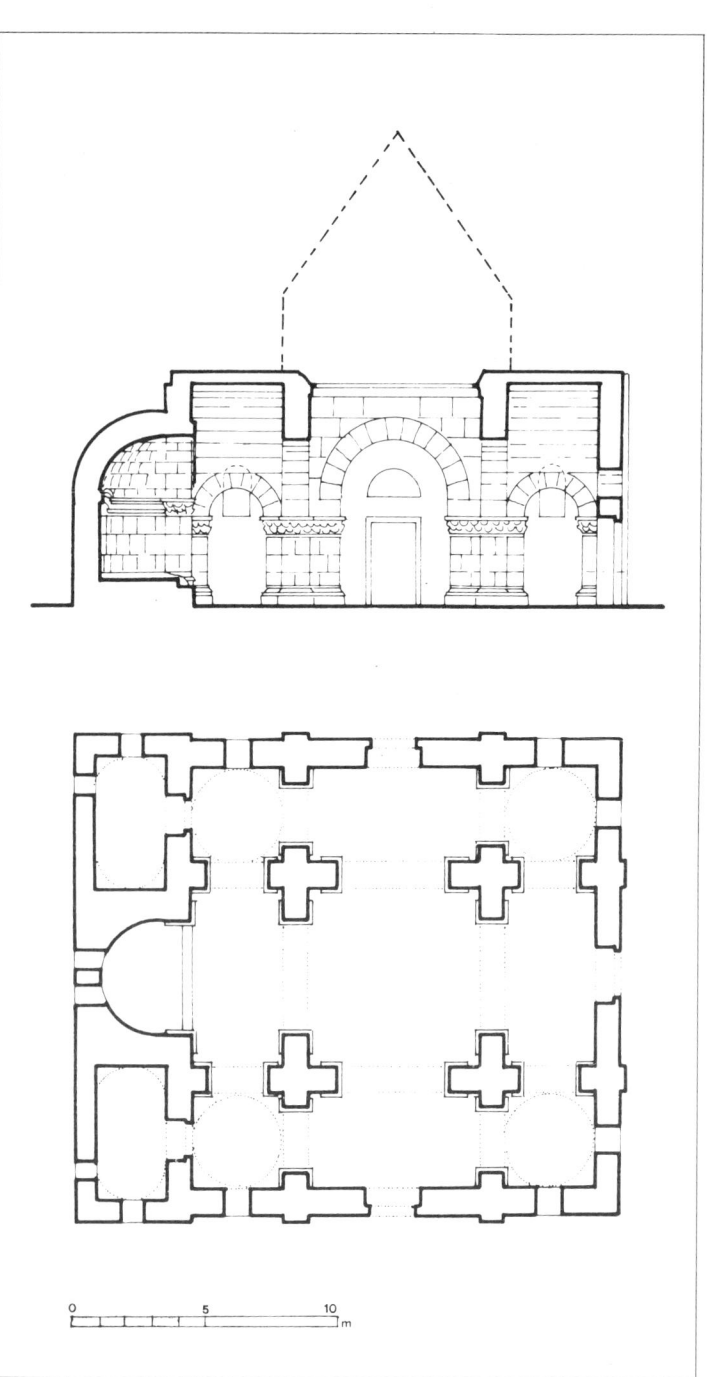

于圣节那天在雷萨菲举行过审判。[29]这座由叙利亚工匠建起的建筑物
就这样成为更高一级的统治者的接待大堂的简化版本。

　　一些学者,面对着那些所谓异样物的集中化会众教堂(例如安条克
教堂),当他们不能将其称为仪卫性建筑时,就竭力避免称他们为宫殿
教堂。至今仍没有任何证据说明在早期拜占庭时期是否存在一种独立
的宫殿教堂类别,无论是从建筑学还是从制度上来看。在西方,带有自
己牧师的贵族小礼拜堂是卡罗林基安(Carolingian)时期的一项创新;
同样,在拜占庭时期,这种制度看来是于 9 世纪时引入的,但即使在那
时也不能用来表明它是一种不同的建筑形式。从道德来看,我们不应带
着为了适应那处在预定模式中的早期拜占庭建筑的多样性的观点去创
造那些复杂精美的理论。

第五章　查士丁尼时代

公元 553—555 年间，历史学家普罗科皮乌斯(Procopius)著书立说，对查士丁尼皇帝统治时期的建筑大唱赞歌。《De aedipiciis》书中对查士丁尼一世(518—527 年)的统治的描述基于这样的前提，即查士丁尼在当时虽未即位(公元 527 年正式即位——译者注)，却早已大权在握。因此，"查士丁尼时代"延续了近半个世纪(518—565 年)。如果算上查士丁尼二世(565—578 年)的统治，时间就更长了。毫无疑问，查士丁尼时代代表着早期拜占庭建筑的高峰；在许多方面可与路易十四王朝相提并论。

当我们跨越 14 个世纪的时空反思过去，了解到查士丁尼的宏伟蓝图在他去世后的几十年间便一一化为泡影，而留在我们印象中仅仅只有拉韦纳的圣索菲亚大教堂和圣维塔莱教堂这几座建筑物时，我们很容易对这位皇帝的建筑活动产生误解。细读《De aedificiis》这本书也许可以纠正我们的偏见。我们一开始对其恣意挥霍的惊奇马上变成一种理解：查士丁尼的一切努力都出于防御的需要。继首卷中有关君士坦丁堡的描述之后，普罗科皮乌斯带我们巡游了伸展辽阔的边疆地区。从最敏感的地区，美索不达米亚的达拉开始，由西向南进入叙利亚；然后北上亚美尼亚边界到黑海，巴尔干国家和色雷斯(Thrace)；再到巴勒斯坦，并从北非一直到大西洋(意大利不包括在内)。查士丁尼在各处加固原有的防御工事或建造新的防御，并为此铺设水道，增建蓄水池，建筑桥梁，甚至使河流改道。这一伟大的加固工程始于阿纳斯塔修斯皇帝，到查士丁尼时期，范围更广，规模更大。查士丁尼拥有当时世界上最好的工程师以及最先进的建筑工程技术。通过在重构的帝国边疆构筑一道如此的"马奇诺防线"，当时的查士丁尼一定认为他的帝国将千秋万代安全稳固。正如普罗科皮乌斯在其著作的结尾处写道："任何人都不会怀疑，查士丁尼皇帝不仅用防御工事，也用驻守军士巩固了他的国家。从东到西，由南至北，这些工事成为罗马主权的界限。"[1]

最精心建造的防御工事通常都在东部边界，特别是美索不达米亚和叙利亚边界。因为帝国在此所面对的波斯是其最难对付的对手，也是拥有高度文明的惟一的真正对手。今天看来，当时的波斯帝国在技术上并非像拜占庭那般先进，即使如此，同波斯的战争仍然是一场围城战，其间必须采用各种计谋并将各种供水系统，地道，火炮乃至活动木塔等设施派上用场。因此，这里需要高度复杂的先进防御系统。巴尔干和北非边界的情况则不需如此，他们所面对的是军事策略完全不同的落后蛮族部落。正是在与波斯交界的前沿阵地，查士丁尼麾下许多主要建筑师们得到了锻炼，这也许可以说明他们既大胆又实际地解决问题的方法以及偏爱东方形式的原因。这些在叙利亚日积月累的工程专业知识和技巧在下一世纪传给了阿拉伯征服者。当然这是另一个话题了。

图 76　君士坦丁堡，圣波利乌科托斯　图 77　君士坦丁堡，圣波利乌科托斯
　　　教堂，墩柱头　　　　　　　　　　　教堂，拱墩柱头

图 78　君士坦丁堡，圣波利乌科托斯
　　　教堂，壁龛头（伊斯坦布尔考
　　　古博物馆藏）
图 79　威尼斯，圣马可广场，阿克利
　　　塔尼柱之一

今天，当我们提起查士丁尼时期建筑时，出现在我们脑海里的并不是达拉和芝诺比阿地区遥远的防御工事，而是教堂，特别是建在君士坦丁堡的一些教堂。这里我们必须留意这样的讯息。本章中将要研究的最著名建筑多半都是圆顶的。勿庸置疑，圆顶形式已越来越多地用在颇具影响的建筑物上。然而，只要我们对公元 6 世纪内建造的所有教堂作一次统计，就会发现绝大多数教堂仍然是巴西利卡式。这也是不争的事实。据统计资料显示，巴勒斯坦境内公元 6 世纪建造了 56 座教堂和礼拜堂；另有 14 座建于 5 世纪或 6 世纪，70 座教堂中没有一间是集中样式的。[2]

令人迷惑的是，查士丁尼统治之初，仍然可见富有的阿尼契尔·朱丽安娜公主于公元 524—527 年间在君士坦丁堡主持修建的圣波利乌科托斯（St. Polyeuktos）教堂。最新的考古发掘表明[3]，这是一座很庞大的建筑，170 英尺见方（1 英尺＝0.3048m——译者注）还不包括前厅和突出的半圆室。教堂耸立在高起的平台上，有台阶与前院相连。遗憾的是，尚未发现任何建筑物上层构件，因此，其建筑的形式仍然只能是猜测，从方形的设计和中厅与两侧廊间隔墙基非同寻常的厚度来看，教堂是圆顶式的。再者，从文献资料中得知，还有 6 个半圆室和步廊。除此之外，还发掘出大量的装饰材料：各种各样的彩色大理石、镶有玻璃和紫晶石的立柱以及地面和墙上的马赛克等。特别重要的是其非凡的雕刻部分，既丰富多彩又节制有度。支撑步廊的连拱拱肩上刻满了葡萄藤饰，与此同时，开屏的孔雀栖立在神龛内彼此跨拱相望。特别值得一提的是出现了完整形式的柱冠，花纹刻刀较深，装饰图案中有很多母题取自萨珊王朝（Sassanian）。在 11 世纪时，被弃的圣波利乌科托斯教堂被洗劫一空，许多雕刻部分（包括所谓的 Pilastri Acritani）在第四次十字军远征后传入威尼斯。虽然朱利安娜公主作为一位家世显赫的女子来说，其趣味未免过于俗艳，但她强大的经济实力却为拜占庭社会和艺术的发展提供了重要的资源。

另外一些幸存的查士丁尼时期在君士坦丁堡修建的教堂是皇家捐赠的结果。一般认为，圣塞尔吉乌斯和圣巴克乌斯（Sts. Sergius and Bacchus）教堂是圣索菲亚教堂的先兆，但却找不到证据。我们知道，圣塞尔吉乌斯教堂于公元 527—536 年间建在霍米斯达什宫中（the Palace of Hormisdas），狄奥多拉皇后（Theodora）把它变成了基督一性论教徒的寺院。其实，霍米斯达什宫中本有一座教堂，即建于公元 518—519 年间的巴西利卡式的圣彼特和圣保罗（Sts. Peter and Paul）教堂，但显然没有发挥其作用。因此，在旁边重建了一座教堂奉献给圣雷萨菲。今天，只有重建的教堂尚存于世。[4]虽然规模不大，但内部空

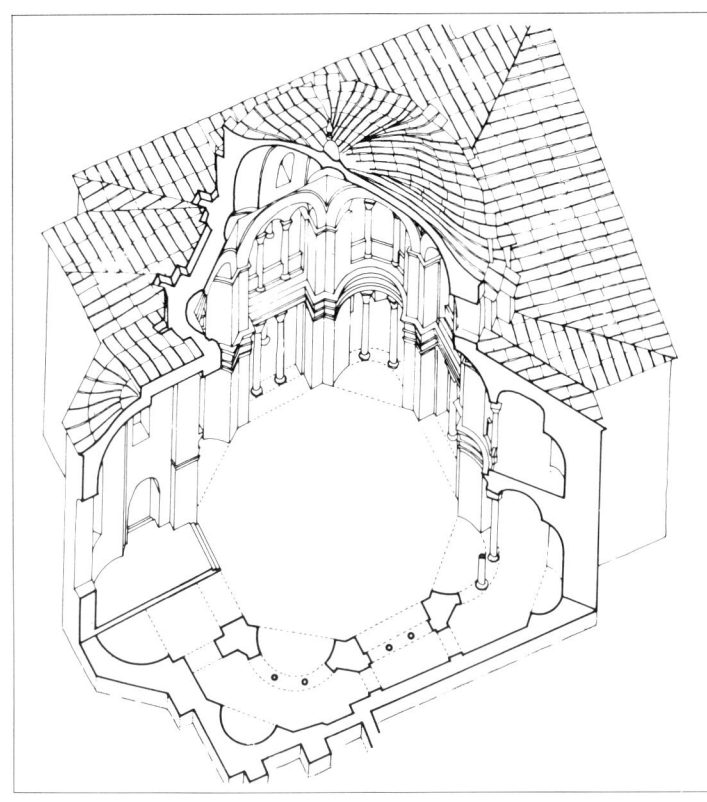

图 80　君士坦丁堡，圣塞尔吉乌斯和
　　　　圣巴克乌斯教堂，轴测图
　　　　（P. Sanpaolesi 绘，1961 年）
图 81，图 82　君士坦丁堡，圣塞尔吉
　　　　乌斯和圣巴克乌斯教堂，从东
　　　　边所看到的外观和柱头之一

间却予人以崇高广阔之感。教堂内壳为八角形。对角相连地通向半圆室。除中心空间对着坛的东面外，其他方向每对窗间墙之间有两根立柱，柱头有精雕细刻的瓜形冠饰。立柱承托的水平檐部上雕纹丰富，并刻有一句长长的隽语以示对皇帝和皇后的敬意。廊厅平面布局大致相似，不同的是，柱头冠饰为爱奥尼式，立柱上承托的是拱。教堂内八角形空间一直上伸到圆顶底部而没有过渡性的帆拱。圆顶本身的结构也相当复杂，由 16 个平面与弧面交替的楔块组成。平面楔块由窗户承托，而弧面楔块则与八个角相含，并借助弹性稍稍置后以免下垂。

从地面图中我们已经看到灵巧的设计与草率的工程构成显著的对比。当初受先存结构的制约，教堂不得不建在一个相当有限的空间内，这是事实，然而却难以解释其不规则的原因。即便如此，也没有理由说明为什么在外部方壳的情况下八角形内壳要明显地歪斜。八角形本身也很不规则，东边比西边宽出许多；东边的两个半圆室也比西边的两个跨度长。很难相信，这些不规则之处都是有意而为的，或者说一个能欣赏对称美的建筑师在前厅与中厅之间设计了 5 扇空间不等的门，其中透过两扇居中的门只能看到西面窗间墙的背面而看不到内部的任何地方。我认为，结论只有一个：当一位有才华的建筑师构想出基本蓝图后，便将工程委托给不负责的建筑工匠。工匠们在地面标出一边高一边低的施工图后，便不得不边建边作临时修改。

这样的现场补救在像圣塞尔吉乌斯和圣巴克乌斯这样的中等规模的教堂（圆顶跨度为 49 英尺）建造中是可能的。但是建筑物越大（这里指拱券建筑），不规则的处理而引发的问题越严重。即使在施工初期审慎小心，随着建筑物的增高，仍然会出现歪斜。这是拜占庭砖石灰浆砌体工程中固有的缺陷。即使是代表着查士丁尼时期，当然也代表着整个拜占庭建筑艺术最高成就的圣索菲亚教堂也不例外。

对于查士丁尼同时代的人来讲，圣索菲亚大教堂的建造显得荒唐愚蠢；而对后代人来讲，圣索菲亚大教堂是一个传奇，也是一种象征。自此之后，在拜占庭国家内，没有一座建筑在规模上能与圣索菲亚大教堂相媲美，即使是一半的规模都没有。它是衡量以后几个世纪技术和经济衰退的天平。圣索菲亚大教堂的建造完全是一个奇迹，只有天助才能完成的一项奇迹。不过，应该补充一点，圣索菲亚大教堂同时也成了国家的累赘——高昂的维修费用，而且，对中世纪逐渐减少的人口而言，它也太浩大了。

最早的一座圣索菲亚教堂（仅以“大教堂”之名而著称）是由君

图 83　君士坦丁堡,圣塞尔吉乌斯和
　　　　圣巴克乌斯教堂,穹顶内部

士坦丁皇帝修建的(君士坦提乌斯二世的可能更大),并在公元 360 年建成。这是一间木顶的巴西利卡式教堂,在公元 404 年被烧毁。第二座教堂建成后也在公元 532 年的 1 月尼卡的暴乱(Nika Riot)期间毁于大火。在第二座圣索菲亚教堂(415 年建成)的废墟中,还残留着部分的门廊——即一排立柱,顶上有雕刻的额枋。[5]公元 532 年的大火灾将整个城市的中心化为灰烬。不仅大教堂被烧毁,圣伊林娜教堂,宙克西普斯浴室以及皇宫的部分建筑也被烧毁。火灾给查士丁尼带来了他所寻求的机会,碎砖瓦砾一清扫,新圣索菲亚教堂就开始动工。5 年半以后,就在公元 537 年 12 月 27 日这一天,教堂举行仪式庆祝完工。建筑师是来自特拉勒斯(Tralles)的安特米乌斯(著名的数学家、怪才)[6]和来自米利都的伊西多尔。可以想像,选择这两位建筑师一定是因为他们能把高深的理论知识与实际经验相结合。但事实上,我们并不知道他们过去曾设计过任何建筑物的情况。

圣索菲亚教堂的设计没有先例,它是当时各种流行因素的集合体。就我们所知,这些因素先前并不曾以同样的方式结合在一起。在后来的几个世纪也不曾被人效仿,直到 6 世纪奥斯曼清真寺出现,情况才有所改变。圣索菲亚大教堂的独特性使我们很难将它归类。长期以来,它一直被称作圆顶的巴西利卡,因为它有纵向的轴线,中厅两侧有两排柱。但是,这样的命名并不能充分反映其基本的建筑因素。根据另一种分析,圣索菲亚教堂的设计是把圣塞尔吉乌斯和圣巴克乌斯修道院分成两半,在两半之间嵌入中心圆顶后获得的。这句话倒过来讲也许更有意义。因为,假如我们把圣索菲亚教堂与毗邻的圣伊林娜教堂(当然抽象因素在 8 世纪时被引入圣伊林娜教堂)相比较[7],就会发现圣伊林娜教堂更应该被称之为圆顶的巴西利卡,而圣索菲亚教堂的独特确切地说就在于它是 "圣塞尔吉乌斯和圣巴克乌斯教堂两个半边"的结合。

圣索菲亚大教堂的主要问题在于它的规模。拜占庭的建筑师们具有长期建造圆顶的丰富经验,但建造一个不靠墙面承托"悬在空中"的直径为 100 英尺的大圆顶却是他们前所未闻的新鲜事。公平地说,当时还没有一位建筑师能计算出,或大致算出同等大小砖石圆顶移动的侧向压力。安特米乌斯和伊西多尔意识到精确的重要性:地面图设置相当精确(主要长方形内围为 229 英尺×245 英尺)。主要承重部分窗间墙用石块砌成,即使用当地较软的石灰石,也不会如砖灰那样伸缩变形。由于结构功能是次要的,因此,建筑物的外壳很薄(31.5 英寸宽),不过这里使用了高约 23 英尺的大石块。当工程进行到主拱的起拱点时,困难出现了。

图 84　君士坦丁堡，圣索菲亚教堂，
　　　平面图（R.L. van Nice 绘，
　　　1967 年）
图 85　君士坦丁堡，圣索菲亚教堂，
　　　纵剖面图（R.L. van Nice 绘，
　　　1967 年）
图 86　君士坦丁堡，圣索菲亚教堂，
　　　从东南方向所看到的外观

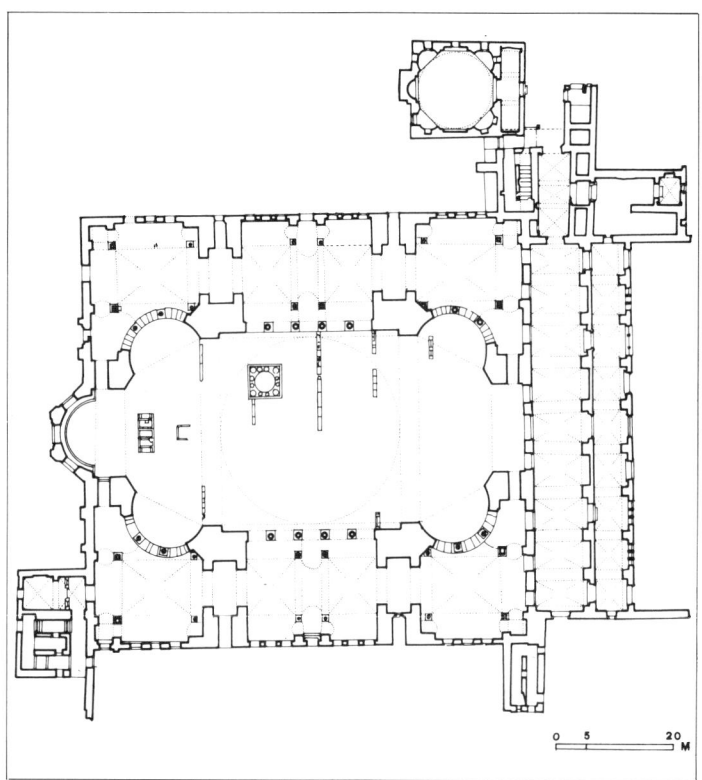

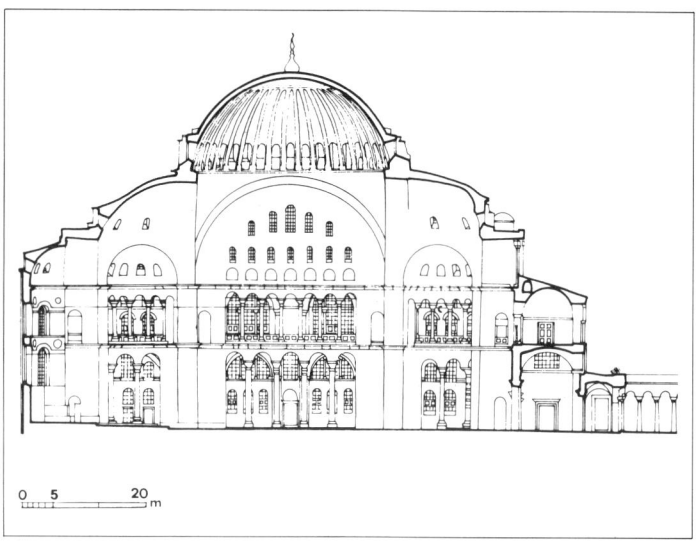

普罗科皮乌斯为我们生动地描述了工程进展中发生的一些意想不到的危难，建东面主拱时，还没到拱顶，承拱的窗间墙便开始向外倾斜（今天其垂直斜度为 23.5 英寸）。吓坏了的建筑师们把难题呈报给皇帝，皇帝自信地指挥他们把拱券砌完，这样就不会塌下来。北面和南面的拱遇到的问题则不同。当砖石未干，下面的门楣中心墙面受压太大以至于中心门楣窗和步廊的立柱开始剥落。皇帝再次插手指挥将拱券下方的幕墙拆掉，直到拱券完全干燥为止。[8]

不管这些轶事有多少真实可言，有一点很清楚：建筑物在工程施工中开始变形。当建到圆顶的底部时，覆顶的空间已超出当初的预算。即使是这样，圆顶还是建成了，不过，它只存在了 20 年。公元 553—557 年间君士坦丁堡发生的一连串地震使大圆顶在公元 558 年坠毁。

据史料记载，安特米乌斯最初设计的圆顶比现在的圆顶大约矮 20 英尺。大圆顶的设计一定是个完美的圆形，但由于横向墙体倾斜，导致圆顶的南北长度比东西长度多出 6.5 英尺，因此，圆顶实际上被建成了椭圆形。[9]当我们试图想像当初预计的效果时，思想上必须有这样的准备。遗憾的是，我们没有掌握最初设计的圆顶形式的有关资料。很有可能，在圆顶底部肋架和甬道的设计上与现在的相似，最初设计中的另一个特点是光线充足。用普罗科皮乌斯的话来讲，光线看上去并非来自室外，而是在室内。中心门楣墙最初可能是由巨大的窗户承托，就像现存的西面大窗户一样。从窗门涌入的光线通过大面积的金碧辉煌的马赛克进一步反射出来。

今天，圣索菲亚大教堂内神秘的半阴影——即在早晨和傍晚由于阳光的斜射而遮住的半阴影，应归因于窗户的不断堵塞以及马赛克的不断剥蚀。

最初圆顶设计的失败是横向支撑设计不当造成的。建筑师们在公元 532—537 年工程施工中意识到这一缺陷，并把四面巨大的外扶壁加高，几乎与圆顶的底部持平。

公元 558 年圆顶崩塌后，一群专家被招来商讨对策，其中包括小伊西多勒斯（Isidorus the Younger）。小伊西多勒斯曾在东部边界从事建筑设计工作（而此时两位原设计师已经去世）。讨论的结果是把南北拱的内面从拱腰到拱顶进一步加宽，以便使中心空间更接近于方形，并在略微缩小的顶基上建起了更为陡峭的圆顶。这基本上就是我们今天看到的圣索菲亚大教堂的大圆顶。在后来的几个世纪，圆顶曾局部倒塌和重

建——公元 989 年，40 条肋架中有 13 条重修；公元 1346 年[10]，又重新修葺了另外 13 条肋架。但是，对小伊西多勒斯的设计并未作大的改动。

在长达 14 个世纪的历史长河中，圣索菲亚大教堂历经沧桑变换，其保存的情况也不乏神奇。圣索菲亚大教堂之所以有今天的面貌归因于土耳其人对它的敬重和定期的修葺［最后一次维修是在 1847—1849 年由瑞士建筑师加斯帕雷·福萨蒂和朱塞佩·福萨蒂（Gaspare and Giuseppe Fossati）主持完成的］。当然还有许多的改变和损失，特别是所有与基督教礼拜有关的附属物，我们必须加以考虑，尤其在我们想了解它的内观以及它是如何发挥作用的时候。在半圆室里有非常像保存在伊琳娜教堂中那种供牧师就座的七级台阶的"辛斯罗农"。在"辛斯罗农"前面，升起有金字塔顶的华盖遮蔽着的祭台。由 12 根列柱隔开的圣职席占据了东边半圆顶覆盖的大部分空间，由圣职席的厅门向东伸展，是一条被称为祭台（solea）的有大理石板护栏的通道，这条通道通向椭圆形的诵经台，这一纪念性建筑置于教堂偏东的纵向轴线上，用于诵读圣经的诵经台有两条长长的踏步，如同卡拉巴卡（Kalabaka）的诵经台一样。在这些附属建筑上用了大量银片以增添室内的光彩。

教堂内多彩的大理石"草地"（中世纪作家们喜用的词语）依然可见，唤起人们一些有趣的思考。很显然，重新采用的惟一材料是当时已不再开采的埃及的细纹硬石（斑岩石）。半圆凹室内的 8 根斑岩石立柱尺寸各不相同。为了使立柱高矮一样，建筑者们并未削长适短，而是通过变化基座的高度来达到目的。斑岩石在当时是如此珍贵以至于一些护墙土的石料被切成几毫米厚的薄片。无论何时拼接小薄片都会将薄片的四周磨成波浪形以掩盖接口的不雅，其他大多数大理石都是定做的，与塞萨利（Thessalian）绿石立柱相适应。中世纪的人们传言这些都是从以弗所的狄安娜神殿搬来的，这种传言显然是荒谬的。惟一值得一提的是它反映了晚期拜占庭人心理的另一面：古代建筑中这样高大的立柱竟然无人劫掠，简直难以置信！虽然塞萨利立柱是为圣索菲亚教堂专门定做的，但在尺寸上仍有些变化（主要的柱式直径约 6.25 英寸），而且也不十分圆——这是标准降低的象征。柱头与立柱相当匹配。主要柱式的柱头上有繁复的卷涡，并完全被镌刻很深的莨苕叶饰所覆盖，而不与中厅相对的廊柱则是爱奥尼风格的柱头冠饰。立柱的底部雕刻简单，与柱础合为一体。

斑岩石立柱的高低不匀不过是忽视传统标准的一个小小例子而已，其实，这种忽视在圣索菲亚教堂内比比皆是。在中厅柱廊中，地面层上的立柱为 4 根，而顶上的步廊则为 6 根。其结果是上层的立柱空间

图 87　君士坦丁堡，圣索菲亚教堂，
　　　　狄奥多西门廊
图 88　君士坦丁堡，圣索菲亚教堂，
　　　　鱼眼所看到的拱

与地面的空间没有呼应，即使是从建筑的结构来看，也不够坚固。前厅的外门，除中间一扇外，其他五扇并不直对九扇内门。从外墙的壁柱上伸出的横向拱与内墙的连接也不相关。由于整个设计的指导思想宽泛概略，变化和临时的改动无穷无尽，有时甚至出现歪斜，这便使这座建筑充满活力，充满意想不到的神奇。另一方面，它又使尊奉古典传统的人们深感不安。因此，对于18世纪和19世纪初的旅行者们在发现圣索菲亚大教堂原来很"哥特式"时所流露出的失望，我们也就不难理解了。

下面两位旅行者的反映非常典型。约翰·霍布豪斯是拜伦伯爵（Lord Byron）的旅伴。他说"我总的印象是，100名建筑师的技术，上万名建筑工人的劳动，帝国的财富以及人们的创造力，建起了一座体积庞大却又极为普通的纪念物，它不同于古典时期建筑的完美，是典型的6世纪时期的建筑。"[11]浪漫主义运动则使人们对圣索菲亚大教堂产生不同的观感。霍布豪斯之后50年，狄奥菲尔·戈蒂埃（Theophile Gautier）则认为圣索菲亚教堂是他以前从未见过的最美的教堂。[12]

圣索菲亚教堂的内部如此令人关注以致其外观常常被人忽略。我们今天很难对教堂的外观产生好的印象。因为，且不说那令人遗憾的水泥外墙以及漆上去的淡黄色（黄色近来已遍布整个砖石结构）。从四周斜靠建筑物的沉重的扶壁，奥斯曼帝国苏丹的墓群和四座伊斯兰教宣礼塔，就足以分散我们对其建筑形式的关注。整个外观呆板沉重，过去是这样，现在依然如此。早在6世纪，教堂就已经被各种附属建筑包围了。

在分析另外一些早期拜占庭大教堂时，笔者曾注意到这一现象。它同样适用于圣索菲亚大教堂，教堂的南面被大主教的宫殿遮挡——这是一个浩大而又复杂的建筑群，其高度与教堂的步廊比肩相连，北面也同样拥挤，因为我们今天仍然可以从许多破损的券拱来推断，这些拱券一定是把教堂和其他建筑物连在一起的。礼拜室和其他附属建筑也拥挤地连在东面。然而在西面，有一个柱廊围绕的中庭，部分构件直到上个世纪依然存在。这里的地面陡然下落，因此，当初很可能有阶梯通达中庭。登上中庭，观者便置身在一个大约197英尺×130英尺的大院内，大院中心有喷泉。从这一点来看，或者说仅从这一点来看便可推断，其铺上斑岩石块的正面也是拥挤不堪的。在中世纪时，不知何故，西面的入口被关闭，取而代之的是现在的不考虑任何纪念性建筑因素的南门。

尽管圣索菲亚教堂在查士丁尼时期都城建筑中只占少部分，但在短短的5年时间里，人力和物力的组织调动仍然让我们感到不可思议。

图 89　君士坦丁堡，圣索菲亚教堂，
　　　内部
图 90，图 91　君士坦丁堡，圣索菲亚
　　　教堂，步廊柱头和内部，北柱
　　　廊

图 92　君士坦丁堡，圣索菲亚教堂，
从北边看过去的门廊

普罗科皮乌斯列举了 32 座教堂，其中神圣的使徒教堂，圣伊林娜教堂和圣莫契乌斯教堂 (St. Mocius) 都堪称规模宏大，此外，还有 6 个接待所、宫殿、港口和其他许多公共建筑等……我们可以大致看看查士丁尼统治时期的一些实用建筑，特别是君士坦丁堡的两座最大的有盖顶的蓄水池。

　　在圣索菲亚教堂西南不远处，有一个与门廊相接的宽敞大院，这便是所谓的巴西利卡，其用途广泛，既可用来审判，也可用作商务，还可作为文化场所。查士丁尼开掘了这座院落以及最南边的 4 个廊柱，建起一个地下水池，称作蓄水池教堂（土耳其语为 Yerebatan Sarayi，即"沉陷的宫殿"）。[13] 水池长 453 英尺，宽 213 英尺，有 28 排廊柱，每排 12 根，总共 336 根。每一根立柱都承托着交叉的拱顶。98 根柱头上完全一样的 5 世纪风格的莨苕叶冠饰说明了这是过时的建筑师的陈腐搬用。另外，还采用了其他各种古怪的形式，其中包括一个饰满眼睛的柱子，看起来像是一根锯掉枝丫的树干。当然，在不是为审美目的而设计的建筑中，这样对各种材料的即兴利用是很平常的，无论如何，巴西利卡水池（迄今仍贮存有水）几个世纪以来一直是君士坦丁堡的主要景点之一，其消失在洞穴般幽暗中的柱林给人以强烈的印象。

　　菲洛克塞努斯蓄水池（宾比尔·迪雷科蓄水池，或者叫一千零一根立柱蓄水池）比巴西利卡水池小（210 英尺×184 英尺），但在建筑上却更加大胆。[14] 为了加大水池的深度，建筑师只是将一组柱子置于另一组之上，每组有柱子 224 根，彼此通过上下两面都有圆形凹陷的石鼓连接。之所以出现这种冒险式的设计，是因为在一定的尺寸标准下可使立柱做起来更容易也更省钱。这样，一个深达 50 英尺左右（从底部量到拱券的顶部）的蓄水池建成了。今天我们已完全看不出这样的深度，因为蓄水池被泥土填去了三分之一。为了使建筑更加稳固，柱头都用木箍连在一起。查尔斯·迪尔 (Charles Diehl) 以菲洛克塞努斯蓄水池在工艺技巧上的优点将其与圣索菲亚教堂比较时，也许太过热情冲动，他认为这里的柱头反映了其最早的面貌，这一结论肯定是错误的，因为迄今尚未有证据说明蓄水池是公元 528 年间的产物。[15] 不过，宾比尔·迪雷科蓄水池确实是建筑上的伟绩，确实反映了查士丁尼时期工程师们大胆而又实际的创造精神。

　　很遗憾，我们对拜占庭君士坦丁堡的有关供水情况知之甚少。但是，可以肯定贝尔格莱德森林地区［位于博斯普鲁斯 (Bosporus) 海峡的欧洲海岸］的输水系统就在现今的土耳其。该系统中包括被称为拜占庭工程杰作的"查士丁尼水道"，实际上它始建于 16 世纪。[16] 而可与之相比的拜占庭古迹是横跨在桑格里乌斯河（萨卡里亚河）上的大桥，

图 94　君士坦丁堡，蓄水池教堂"沉陷的宫殿"　（Yerebatan Sarayi）

图 93　君士坦丁堡，宾比尔·迪雷科蓄水池

这座桥完全可能就是建成于公元 560 年的查士丁尼的大桥。当普罗科皮乌斯撰写他的《De aedificiis》时，大桥尚未完工。但他却又说明从前河上没有一座桥梁。自桥建成后，桑格里乌斯河改变了河道，大桥今天仍然耸立在一块田间，深深地扎根在大地上。这是一座巨型建筑，长 469 码，用巨大的琢石砌成，桥体由 7 个半圆拱组成，每个拱的跨度为 75 英尺。该桥当时一定是安纳托利王公路上的一个主要驿站和制控点。因为在大桥的东头有一座半圆形的建筑；桥的西头过去曾有一个仪卫性的门楼（现在已不存在），楼高 33 英尺，有一面隔墙上有螺旋梯。惟一对这座古建筑进行过查勘的是查尔斯·特谢尔，他在 1839 年的著作中写道，假如有更多的人了解这座建筑的话，它就会像帝国其他地区沿着罗马大道修建的伟大建筑物一样著名。[17]可惜，桑格里乌斯桥并没有引起人们进一步的关注，其他拜占庭时期的桥梁也是如此。特别引人注目的是现存在土耳其东部埃拉泽地区的一座单拱驼形桥，桥拱跨度 56 英尺，桥高 33 英尺。拱是尖顶的，在拜占庭建筑史上这当然非常特别。然而整个帝国瓦解了，因此，查士丁尼的建筑功勋就成了对过去辉煌的记忆。由于后来的建筑无法与其相比，查士丁尼时期的建筑便成为后代永久效法的形式法则，并且这种效法因财源大大减少只能存在于较小规模的建筑之中。一眼望去，令人想起土耳其和巴尔干等地的奥斯曼式桥梁，但是桥拱楔块上的希腊刻辞最晚也不会晚于 6 世纪。

对这些省内的查士丁尼时期建筑物作一番扫描（我们把话题重新回到教堂建筑上）后显示，时髦的圆顶形式并没有到处采用；地方传统常常较为普遍。在这方面，拉韦纳的例子虽然复杂，却有指导意义。人们习惯于把这个城市里古代建筑（包括 5 世纪和 6 世纪建筑）看作是拜占庭建筑，并真的认为他们是早期拜占庭艺术最完美的典例。可是，究竟是怎样形成这种拜占庭风格的呢？拉韦纳的古代建筑史在早期基督教时期通常分为三个阶段：第一阶段始于公元 402 年，西方皇帝将其官邸从米兰搬到这个到处是沼泽和礁湖的阴暗城市时，结束于 493 年，拉韦纳在一次长时间的围困后被西奥多里克占领。第二个阶段是东哥特的统治时期延伸到公元 540 年贝利萨留斯将军重新占领该城市的那一天。第三个阶段，也就是拜占庭时期本身，拉韦纳成为具有特色的意大利东罗马帝国总督管区的首府，尽管在查士丁尼统治之后这里并没有修过任何重要的建筑物，但其地位却一直保持到公元 751 年。三个阶段中，每一阶段的建筑都有遗存。[18]尽管这些存留下来的古建筑仅仅是过去建筑的一个代表，但是当我们纵览这些古迹时，留给我们印象中的与其说是他们彼此之间的分别，不如说是彼此间的连续性——即地方传统的连续性。

图 95　桑格里乌斯河（萨卡里亚河），
　　　查士丁尼桥（19 世纪时的素
　　　描）
图 96　埃拉泽（Elaziğ ）附近的卡拉
　　　玛格拉（Karamağara）桥

图 97　拉韦纳，加拉人普拉奇迪亚之
　　　墓，外观
图 98　拉韦纳，东正教洗礼堂，外观

笔者相信，没有人会把真正意义上的拜占庭与第一阶段的古建筑联系在一起。大大改变了的圣乔瓦尼的福音传道者（S. Giovanni Evangelista）的巴西利卡；所谓的加拉人普拉奇迪亚（Galla Placidia）陵墓（圣克罗切十字形巴西利卡的附属建筑）；附属于大教堂（现已毁）的东正教洗礼堂以及乌什阿纳（Ursiana）的巴西利卡等，所有这些建筑不仅在形式上而且在建筑技术上都是意大利风格。筑墙的砖头很厚，拱顶由陶管建造。在东哥特时期，也没有什么明显的变化，因为建于 490 年的新圣阿波利纳尔（S. Apollinare Nuovo）教堂也只是另一种完美标准样式的意大利巴西利卡。这座教堂原本为圣马丁（St. Martin）而建，是西奥多里克（Theodoric）统治时期最雄心勃勃的一项建筑工程。教堂内采用的科林斯柱头和从普罗康涅苏斯进口的大理石立柱都不能从根本上影响这一判断。新圣阿波利纳尔教堂令人称道的只有马赛克装饰的中厅两旁的殉道行列与下方立柱的排列呼应，以及在侧高窗之间站立的先知们的雕像，这样的处理，加强了形式上的垂直感。这座教堂建筑如今鉴赏起来颇难，因为 16 世纪时，地面抬高了 4 英尺，遂使建筑的比例失衡，原有的连拱廊也换成了较低矮的文艺复兴时期风格的拱廊。而教堂的半圆室也是现代的建筑。[19]

拜占庭统治的到来可使君士坦丁堡的建筑形式大量引进。在某种程度上就像圣维塔莱教堂所显示的一样，但是，如果我们检讨 6 世纪所有的建筑，就会看到圣维塔莱教堂在拉韦纳一直是个例外，也就是当地巴西利卡的典范。9 世纪时的编年史家阿格尼鲁斯（Agnellus）曾强调过这座教堂的特异性："尽管对这座建筑进行过大量的考察研究，许多根本的问题仍然没有解决。"[20]第一个问题基于这样的事实：圣维塔莱教堂是在埃克列修斯任主教（521—532 年）时期开始建造的，他的一幅肖像以创建者的装束出现在半圆室的半圆顶上，这意味着仍然在东哥特的统治之下。如果像一般人所认同的那样，这是发生在拜占庭的政治影响在拉韦纳正与日俱增的阿马拉伸得摄政期间（526—534 年）的话，那么，问题在于这一宏伟的建筑是否意味着在传递拜占庭最高统治权的信息。另一个问题是赞助人的身份问题。我们已经提起过，银行家尤利奥努什（Julianus）捐资 26000 solidi 修建圣维塔莱教堂，并资助另外几座教堂的建设，像克拉西的圣阿波利纳尔教堂，在阿非里切斯科（Africisco）的圣米哈伊尔教堂，或许还有圣玛丽亚·马焦雷（Sta. Maria Maggiore）教堂，我们可以肯定的是，他是个讲希腊语的东方人。不过，凭借他令人迷惑的性格和真正浩大的建筑活动，一些学者把他想像成查士丁尼在拉韦纳的秘密代理人，甚至认为他就是圣维塔莱教堂马赛克窗画中站立在查士丁尼和马克西米安主教之间那个相当肥胖的官员。[21]

图 99　拉韦纳，东正教洗礼堂，内部

图 100　拉韦纳，新圣阿波利纳尔教
　　　　堂，内部

图 101　拉韦纳,圣维塔莱教堂,平面图(G. Gerola 绘,1913 年)
图 102　拉韦纳,圣维塔莱教堂,从北面看到的外观
图 103　拉韦纳,圣维塔莱教堂,向着半圆形后殿的内部

我们还可以进一步提出问题。在教堂的内殿出现皇帝的肖像以及众所周知的教堂与宫殿之间亲近是否表明在某种意义上这是王权的领地?答案是否定的。就我们目前所知,这是一个殉道者圣祠,是 5 世纪前一座相同建筑的替代品。

那么,教堂的施工图的运作情况又如何呢?也就是说,公元 540 年被再次征服以前,这座建筑在大约 526 年的时候实际完成了多少呢?我们今天所知道的只是,工程在乌尔希鲁斯(Ursinus)主教(534—536年)和维克托(Victor)主教(538—545 年)任职期间进行,两位主教名字的起首字母出现在副柱头上。公元 547 年,马克西米安(Maximian)主教任职期间完工。

虽然这些类似的问题或许永远都没有最后的答案,但教堂仍然耸立在我们面前。很显然这和圣塞尔吉乌斯和圣巴克乌斯教堂相似,却并非由它而来。这不仅因为两者间有相当大的差异,还在于圣维塔莱教堂并不需要成为两者中的后者,与圣维塔莱教堂构造极似的另一座建筑是君士坦丁堡皇宫内的金殿。据史料记载,这间有皇帝御座的金殿共有 8 个拱,或者说 8 个壁龛,一个朝东的半圆室和由 16 个窗棂支撑的圆顶。[22]这座建筑也不可能是圣维塔莱教堂的模式,因为它是查士丁二世(565—578 年)统治时期的建筑,但却显然属于同一个建筑体系。

由此可见,圣维塔莱的基本设计是真正的拜占庭风格,这样的风格还体现在大理石工程上,特别体现在丰富多彩的截锥形柱头的设计和宽敞的八角形柱础设计上。有些构件甚至有希腊石工的痕迹。墙体砌砖工程也与拜占庭的习惯一致。就像拉韦纳其他 6 世纪的建筑一样,这里也是用相当宽的灰浆接缝连接薄薄的砖块,而不是意大利北方流行既短又厚的砖块。另外,建筑是委托给当地工匠施工的,以圆顶建造为例,他们不是用砖,而是沿着水平线铺置陶管。[23]

我们还应当把教堂对垂直线的强调归之于地方建筑师的努力。也许,这是圣维塔莱教堂和圣塞尔吉乌斯和圣巴克乌斯教堂最显著的差别所在。即使我们知道圣塞尔吉乌斯和圣巴克乌斯教堂的路面已稍稍地提高了。在君士坦丁堡,圆顶的曲度从 8 个拱顶上的窗户的底部开始。而在拉韦纳,有一个由两个区域构成的中间鼓座。首先是在八角形结构的角边上方托起一组突角拱,然后在之上或之间有 8 扇大窗。只是在窗顶部分,圆顶才开始向内弯曲。这样,视觉效果就很不一样。在圣塞尔吉乌斯和圣巴克乌斯教堂,观者对看上去很危险的悬在空中的巨大圆顶感到不安。这也许正是查士丁尼时期建筑师有意追求的效果,

图 104　拉韦纳，克拉西的圣阿波利
　　　　　纳尔教堂，内部

因为他们见证过圣索菲亚大教堂最初的圆顶。而在圣维塔莱教堂，观者的视线被导向更高处，穿过相关的半圆影，视线落在鼓座窗上射进的光线上，然后再移向圆顶，这样便不会有圆顶要塌下来的感觉。

上文已经讲过，圣维塔莱教堂是拉韦纳建筑中的一个例外。与它同时的克拉西的圣阿波利纳尔教堂（始建于公元 534—536 年间乌尔希鲁斯主教任职期间，成于马克西米安主教任职期间的公元 549 年），则又是一个平常的意大利风格的巴西利卡。这是现存最宏伟的巴西利卡式教堂建筑之一。富丽堂皇的普罗康涅苏斯排柱上纹理丰富；立柱建在长方形的基座上，柱顶上是风中叶冠饰。宽敞半圆室上方透过顶部的十字架可看到繁星点点的天空。这种地方建筑传统占优势现象还可以从许多已经毁掉的教堂中得到进一步证明。像圣斯特凡诺（S. Stefano）教堂，阿非里切斯科的圣米哈伊尔教堂和圣玛丽亚·马焦雷教堂等。拉韦纳吸收了引进的拜占庭影响，除了东方殖民地以外，拉韦纳在拜占庭时期一直是一个拉丁语言文化的城市。[24]

在叙利亚以及美索不达米亚和巴勒斯坦的一些周围地区，建筑的地方传统特色更加突出。70 多年前，霍华德·克罗斯比·巴特勒（Howard Crosby Butler）在他的书中写道，“6 世纪叙利亚北部的建筑和君士坦丁堡的建筑达到其顶峰，但这些建筑的风格与拜占庭风格的关系并不比其与亚历山大大帝统治时期的希腊建筑风格的关系更为紧密。”[25]

作为地方传统特色的最好说明，我们可以 5 世纪时的卡尔伯洛什荷（Qalbloseh）的巴西利卡式教堂为例。这座建筑与周围的村庄并不关联；另外，建筑过程中的小心谨慎使我们推定这是一座朝圣者的庙堂。[26]这里呈现了特别有趣的典型的叙利亚建筑的两大特点：一是将立柱换成砌体窗间墙。叙利亚的工匠，自 4 世纪以来，一直在教堂中用连拱廊替代额枋，他们大刀阔斧地削减支承的数量以便使中厅和侧廊完全连成一体。在平常尺寸的柱上，他们也不愿意使拱的跨度大于 11.5 英尺。通过采用更宽大的间墙使拱加倍拓宽。在卡尔伯洛什荷教堂两边各有 3 个拱，使教堂内部实际变成了一个空间。中厅用木建顶，相对较窄的侧廊顶部是平整的石块。

第二大特点与建筑物的立面处理有关。立面包括一个中央敞廊和两侧的塔楼。这些塔楼内有阶梯通往西边的敞廊（现已毁），也有通过进入侧廊的石顶。这一特点在叙利亚相当普遍。有时只有一个塔楼，而且并非总是立面的附属。有关这一特点的目的已经进行过多次的讨论，

图 105　卡尔伯洛什荷,巴西利卡,从
　　　　西边所看到的外观
图 106　卡尔伯洛什荷,巴西利卡,内
　　　　部,南耳房

图 107　卡尔伯洛什荷,巴西利卡,向
　　　　东看过去的内部

从一些围起的彼此隔离的教堂中,比如像卡尔伯洛什荷教堂,其立面对称塔楼的审美价值是显而易见的。然而,很难相信这些塔楼有什么特别的功能。极有可能的解释是它们用来祈求忠诚祷告的,不管是通过传令员(在穆斯林教徒中这已经成为习惯),还是用木槌敲击悬梁,也有可能是要通过敞廊向那些不能住在教堂内的会众讲话。[27]

卡尔伯洛什荷教堂的例子显示,叙利亚北部的建筑是一种刻石建筑,受古典建筑的影响,这里的建筑内外到处都充满着雕刻装饰,最突出的特点是模子做出连续的带形遮盖窗户,尾端呈涡卷状。另外,叙利亚工匠对拱顶以及相关的柱头等不感兴趣。

最著名的伊本·伍德宫教堂是叙利亚北部查士丁尼建筑风格的重要例证,实际上也是惟一的例证。该教堂坐落在沙漠的边缘,上面刻有 561—564 年这样的纪年。[28]这一古代建筑整体上包括一个大约 165 英尺见方的宫殿;一个与宫殿面积几乎完全一样的兵营(现已大部分损毁),以及一座教堂。这座建筑可能是当时某个重要军事指挥官的官邸,也可能是在同时建造的。最扎眼的是其不同凡响的砌石工程形式:一排排砖石和玄武岩石大小交替排列,拱顶也完全由砖石砌成。砖石的利用并非像某些学者所臆断的那样史无前例。在叙利亚我们还可列出其他几座与此大约同时的建筑作为例证,雷萨菲的蓄水池,芝诺比阿的城墙,苏拉城墙和巴利什城墙。公平地说,伊本·伍德宫的砌石工程除了石块有更严格的比例外很容易让人联想到 6 世纪君士坦丁堡的建筑。

设计这些神秘建筑的建筑师们肯定与大都市的拜占庭风格有联系,然而,对君士坦丁堡而言,这里的许多因素难以解释。首先,以教堂为例,地面图上显示的是一个长方形(49 英尺×61 英尺),并有一个突出的楼梯塔通向步廊。这通常——如果这是错误的话——被称为圆顶的巴西利卡。由东面平整的墙上伸出的半圆室在叙利亚是标准的建筑,而与君士坦丁堡的建筑毫不相关。无论如何,这座教堂的立面显示出奇异的特点。整个建筑内核的比例极高,其结构性主拱不是半圆而是钝角的尖顶。再者,任何一位拜占庭建筑师都会在大拱顶上直接建圆顶,而伊本·伍德宫教堂则不同,这里拱顶上是一个外边八角形的鼓座,从方形过渡到圆形的帆拱由鼓座内而非从鼓座下伸出。另外,对角线上的四扇穹顶窗户也横跨于帆拱的两边。没有一个君士坦丁堡的建筑师会有如此怪异的设计。至于雕刻,拱门的两侧和过梁雕刻相当粗糙,具有本土风格,柱头冠饰则是叙利亚工匠对拜占庭模式的精心仿造。只可惜现在已破碎不全了。

图108 萨曼堡，南巴西利卡，东墙

宫殿也是一座相当有趣的建筑，它分为上下两层，如今只有中心部分（大约是建筑物正面长度的一半）仍然保留着。建筑的基本面貌是一个四叶形（可能是三叶形）的大厅，有两间伸出的边室，其总长达82英尺。这很可能是个观众室。有迹象表明，宫殿也是座圆顶建筑，其跨度（21英尺10英寸）与教堂圆顶跨度一致。所有四叶形主拱都是尖顶，而且上层比底层更加引人入胜。

与伊本·伍德宫的讨论相关的是布斯拉（Bosra）主教宫殿遗存。一般认为，这座宫殿建于6世纪早期。方形设计，中有庭院；在屋角的一条轴线上还有一间三叶形的观众厅。这些基本的设计后来在乌马亚王朝（Umayyad）早期的姆沙塔（Mshatta）宫殿中得以重现。[29]这些比较进一步肯定了这一观点，即伊本·伍德宫的建筑师并不是君士坦丁堡人，而是谙熟拜占庭当代建筑潮流的叙利亚人。就像圣维塔莱教堂的建筑师一样，极有可能是一位意大利人。

正如我们上文所言，伊本·伍德宫无论如何是建筑中的一个特例：直到7世纪20年代前后，叙利亚建筑一直沿着自己的道路发展。这一点可从一大批有年代记载的古迹中得到印证。然后，在乌马亚国王的统治之下继续发展。乌马亚王朝为这一繁荣的地区带来比从前更为广泛的经济来源。然而，其建筑形式受征服者的影响是如此之小，以至于学者们长期都在争论，像姆沙塔宫殿这样重要的古迹是伊斯兰建筑还是前伊斯兰建筑。

不仅仅是叙利亚建筑受君士坦丁堡的影响甚微，其本身的辐射力北到小亚细亚东部和亚美尼亚；南到西奈半岛。公元548—565年间，由皇家建立的西奈山修道院（后以圣凯瑟琳命名），不仅是这方面，而且在其他方面都相当有趣。[30]这是一座设防的寺院，不但保护寺内的僧侣，而且作为驻守检查站，查核阿拉伯部族人对巴勒斯坦的侵犯。在6世纪，除了在边境地区，像美索不达米亚的图尔·阿卜丁（Tur 'Abdin）之外，设防的修道院十分罕见。然而，却预示着一种情形，这种情形后来在中世纪时期变得相当普遍。

在西奈山不规则的四边形围墙内，耸立着一座由本地玄武岩石建造的巴西利卡，建筑师的名字也有记录可循。他就是艾拉的司提芬[Stephen of Aila，在阿卡巴（'Aqaba）湾]。同内盖夫（Negev）风格比照，他更具有叙利亚的风格特色。教堂屋顶端头有山墙，两座塔楼分布在西边立面两侧；此外，便是一个没有伸出的半圆室。临场雕刻的中厅排柱柱头形式各异，其中一些冠饰典型地反映了叙利亚工匠对科林

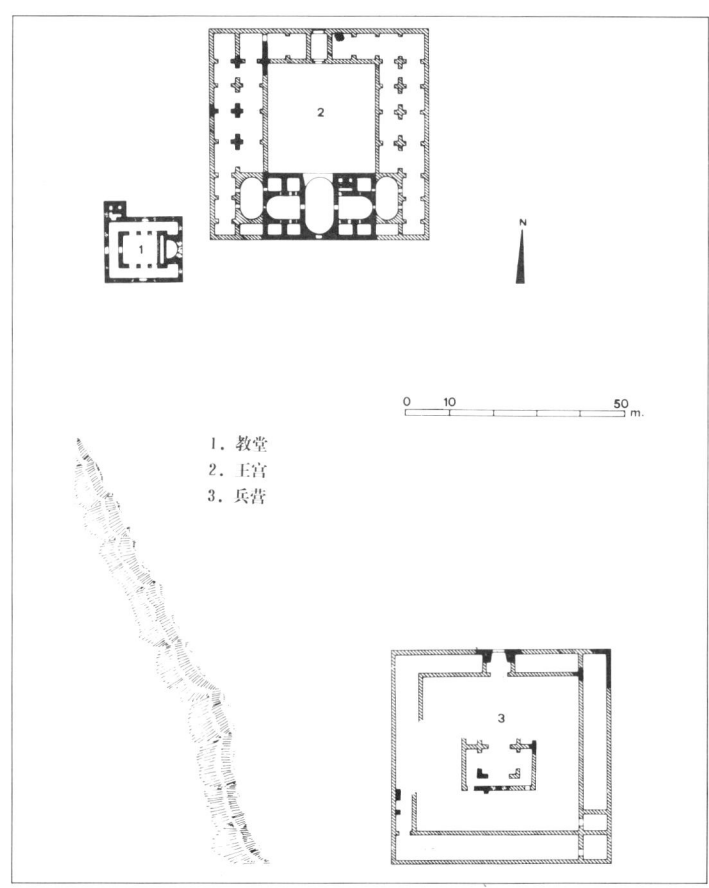

图 109 伊本·伍德宫，纪念建筑群
        的总平面图（H. C. Butler
        绘，1929 年）
图 110 伊本·伍德宫，教堂，纵剖面
        图（H. C. Butler 绘，1929
        年）

1. 教堂
2. 王宫
3. 兵营

斯柱式的大胆剪裁。该教堂另一独特的设计是两边各有 5 个通向侧廊
的礼拜室。然而最值得注意的还是西奈山的重要祭祀物体——伯尔林
·布什（Burning Bush），这里早在 4 世纪便吸引了众多的朝拜者，它
又是整个建筑的起因（raison d'être）却没有任何建筑设置，而是置于
巴西利卡的半圆室后任其增长。如果艾拉的司提芬有意使现代研究殉
道的理论家们满意的话，他就会建一个圆形建筑物或八角亭将此围起。

查士丁尼统治时期，曾希冀帝国统一而又充满活力。然而为时已
晚，这时的帝国正逐渐失去其凝聚力。不管人们对这一历史现象作出何
种解释，许多边远省区正越来越乐于按自己的意愿行事。6 世纪时，因
雅各布·巴拉丢乌什（Jacob Baradaeus）的努力而复苏的基督一性
（Monophysite）异端说在叙利亚、埃及和巴勒斯坦的流行；还有作为文
献表达工具的叙利亚文字和柯普特语（Coptic）文字的出现常常被引用
说明分裂主义者，甚至是民族主义者的分裂倾向。这当然应归于查士丁
尼帝国的见解。这一点在建筑中同样具有说服力。

事实上，为查士丁尼带来声望的建筑风格的传播相当有限。不用
说，像圣塞尔吉乌斯和圣巴克乌斯教堂和圣索菲亚教堂这样复杂而又
精美的建筑是受其影响的代表，当然也还有一些其他简单一点的建筑，
比如：圣伊林娜教堂，其基本特点是一个砖石砌成的圆顶和由立柱支撑
的步廊。这类规模较小的建筑还可以在小亚细亚西部和希腊地区找到，
尽管它们形式多样，但都打上了查士丁尼时代的烙印。我们还可以提到
始建于公元 548 年前的以弗所圣约翰十字形大教堂，它是君士坦丁堡
阿波斯图斯教堂的模仿，而后来建在威尼斯的圣马丁教堂也可看到阿
波斯图斯教堂的影子。[31]此外，还有菲利皮（Philippi）的巴西利卡 B 和帕
罗斯（Paros）岛上的卡塔波利阿尼（Katapoliani）的巴西利卡，两者的
袖廊均设计为长方形，但却以圆顶覆盖。[32]克里特（Crete）岛戈尔提纳
（Gortyna）的圣提多（St. Titus）教堂基本上是十字形设计，西翼有一个
步廊，中央交叉部分和祭坛隆起得像一只三角大海螺（triconch）。[33]

一旦我们承认典型的查士丁尼风格在建筑中并没有广泛的追随者
时，我们有理由提出，为什么要把这一时期看成是讨论问题的中心点
呢？我们可以从两个方面作答。

首先，应当看到，6 世纪时，在大城市里，几个世纪以来曾经支配
着建筑设计的许多古典传统正在消亡，古典样式已经过时。5 世纪仍然
相当流行的对科林斯柱式过分的精心和滥用最终被柱头上的拱基所代
替，有时被饰有叶饰的平格框架遮挡，即使是这样细微的与过去的联系

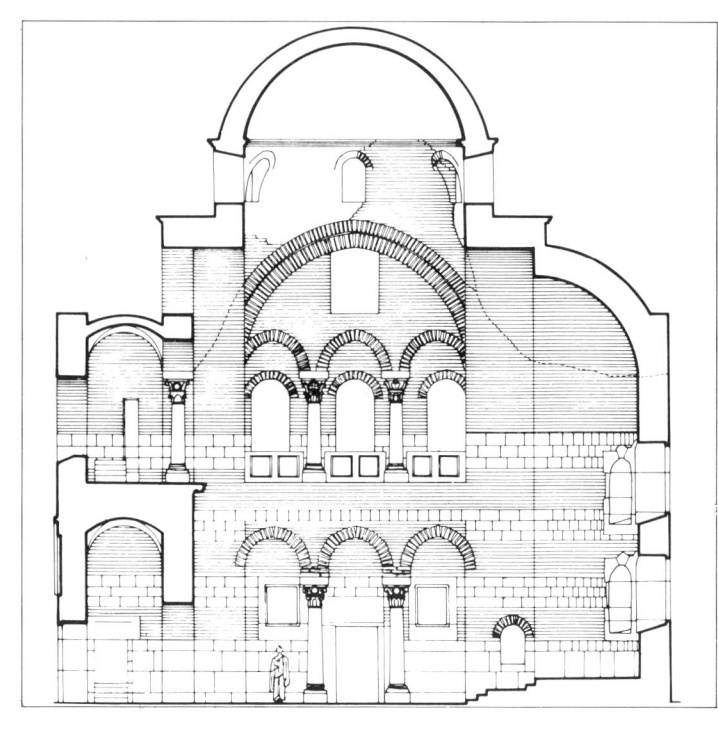

图 111 伊本·伍德宫,教堂,从东边
所看到的外观
图 112 伊本·伍德宫,教堂,向北看
过去的内部

图 113 伊本·伍德宫,宫殿,从南边
所看到的外观
图 114 伊本·伍德宫,宫殿,向西看
过去的内部

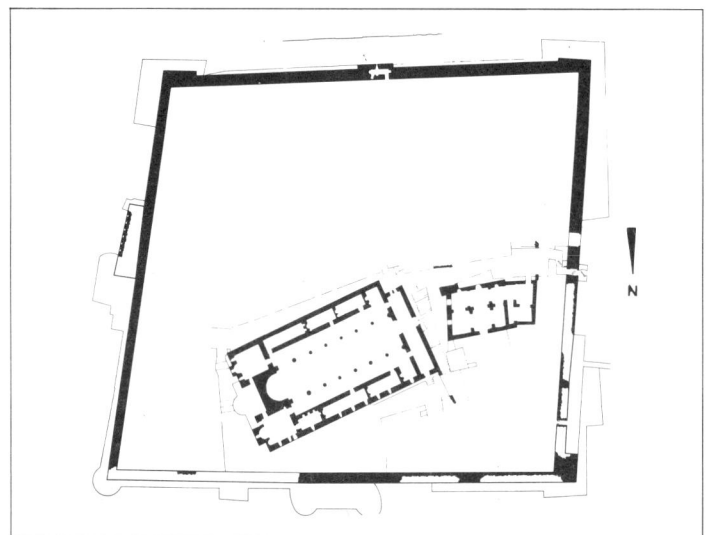

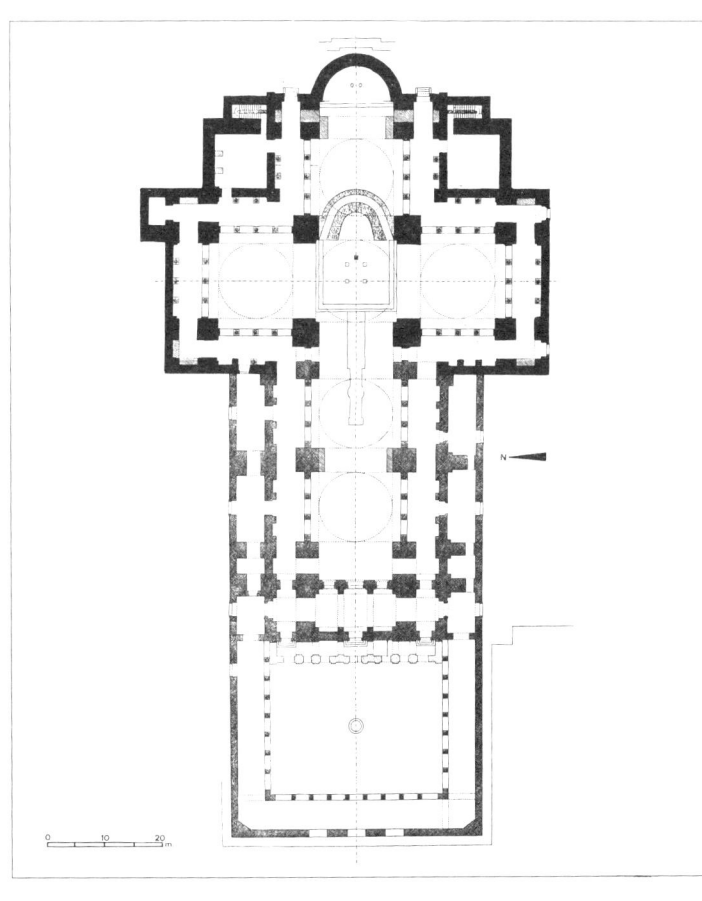

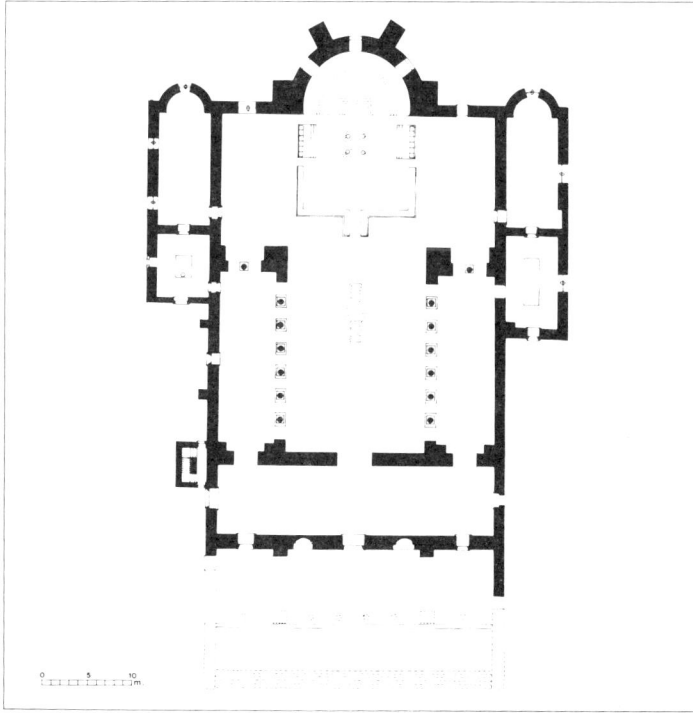

图 120　以弗所，福音传道者的圣约
　　　　翰教堂，平面图（J. Keil 绘，
　　　　1951 年）

图 121　菲利皮，巴西利卡 B，平面图
　　　　（P. Lemerle 绘，1945 年）

图 122　帕罗斯，卡塔波利阿尼的巴
　　　　西利卡，平面图 （H. H. Je-
　　　　well 绘，1920 年）

图 123　戈尔提纳，圣提多教堂，轴测
　　　　图 （A. Orlandos 绘，1926
　　　　年）

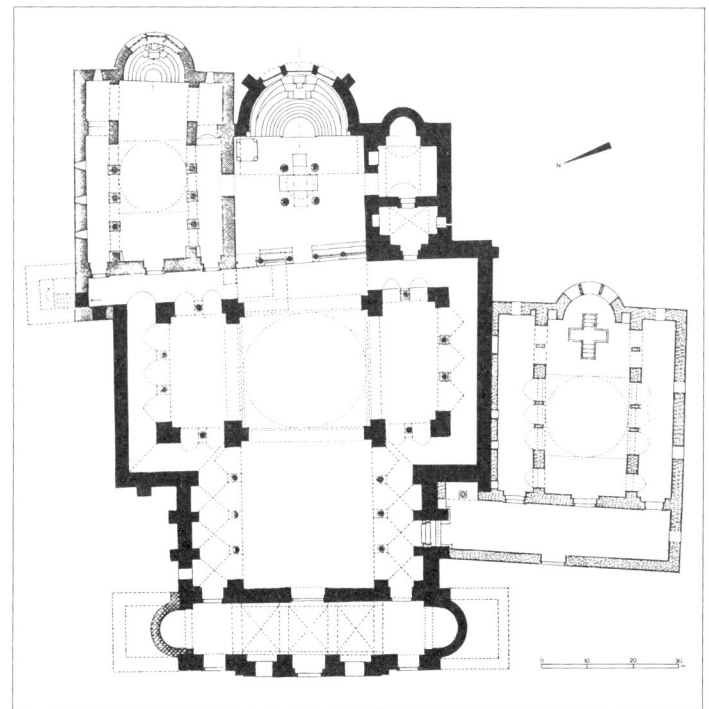

都常常是多余的。早已与拱基融为一体的爱奥尼柱式也越来越没有特色；水平的檐部最后出现在圣塞尔吉乌斯和圣巴克乌斯教堂；6世纪末，嵌装图案的过道被抛弃，并且在拜占庭的建筑中再也没有出现。取而代之的是由平整的大理石块和嵌小块马赛克形成的几何图案。最后，也是最重要的一点，因巴西利卡而永存的"多柱厅"传统在查士丁尼的重要建筑中消失了。在这些建筑中，承托步廊的立柱只是附属装饰，建筑的结构框架是石块砌成的。

其次，从历史发展的眼光来看，6世纪拜占庭建筑（被认为是"宇宙"帝国的建筑）代表着古代建筑长期发展的一个终结。查士丁尼时期的建筑师们竭尽全力去掌握各种建筑技巧，即使遇到圣索菲亚教堂那样的难题也不退缩。正如查士丁尼自己为了实现帝国的梦想而过度挥耗国家的资源一样，假如这样的帝国长期下去的话，其结果在拜占庭建筑史上当然非常特别。然而，整个帝国瓦解了。查士丁尼的建筑功勋成了对过去辉煌的记忆。由于后来的建筑都无法望其项背，查士丁尼时期的建筑便成为后代永久效法的形式法则，并且只能在财源大大减少的情况下重现在较小规模的建筑物之中。

第六章　黑暗的世纪

帝国的分裂在查士丁尼掌权时就开始了。虽然他的直接继承人勇敢地试图遏制它，但分裂最终不可避免且导致了一系列的灾难。我们所了解的灾难主要是军事和政治方面的内容：580 年对多瑙河地区的破坏以及 20 年后的完全废弃；斯拉夫人在巴尔干半岛南至伯罗奔尼撒半岛上的定居；与波斯人进行的史诗般的战争，开始于 605 年，在 626 年君士坦丁堡被围时达到顶峰；伊斯兰旗帜下的阿拉伯人的兴起；7 世纪 30 年代及 40 年代时，最后丧失了巴勒斯坦、叙利亚和埃及；对整个北非远至直布罗陀的征服；君士坦丁堡在 674—678 年和 717—718 年两次被阿拉伯人围攻。我们了解这些灾难性事件的概况，但对于使灾难变为可能的潜在发展却知道得很少。我们可以指出其中的一个因素，即一个稳定的人口衰退的过程。衰退随着 542 年黑死病的流行而开始。据说那场瘟疫仅在君士坦丁堡就夺去了 30 万人的生命，占当地居民人数的一半。人口衰退又由于长期的旱灾和一系列的破坏性地震而加剧。这场人口危机很可能就是查士丁尼的拥有漫长边界的帝国不能统一的主要原因。而且它还影响了整个地中海盆地。6 世纪中叶的意大利曾被形容为"荒无人烟"。

这些灾难性事件的后果是很容易想像的，但我们不必依赖于想像。有大量来自曾是帝国统治区域（实质上是小亚细亚和希腊的一小部分）的考古证据显示，城市生活在很大程度上已被破坏。连局部差异都算在内，整个局面有着惊人的一致性。黑暗约在 580 年降临希腊。在这之后，只有几个沿海地区像塞萨洛尼卡、雅典、科林斯和莫奈姆瓦夏还在拜占庭的手中，而整个国家已被斯拉夫人占领。在雅典，南部城区已被丢弃。据一个发掘雅典公众广场的挖掘者讲："有一段时期，这儿几乎完全废弃了，直到 10 世纪，才重新作为居住地区而被占用。"[1] 科林斯的情况与此相似[2]，塞萨洛尼卡人在它的城墙后面坚持抵抗，但不知在城墙庇护下的生活还能否说是城市化的。据记载，在 617 年，阿瓦什和斯拉夫人发动袭击的时候，许多居民在城墙外收割庄稼时被俘，换句话说，他们采取了一种乡村的生活方式。同样值得注意的是，除了塞萨洛尼卡和帕罗斯（一个在 9 世纪就已废弃的海岛），没有一座早期拜占庭的教堂能保存下来。

小亚细亚的情况虽有所不同，但结果却非常相似。在这里，没有外国势力占领农村地区；相反，它遭受了近两个世纪的每年一次的阿拉伯人的破坏。许多城市一起消失，另外一些则退到它们的设防要塞里。这些要塞在危险的时候作为庇护所。但只能为很小的一部分人提供住所。

没有人可以很肯定地说出拜占庭建筑在 610 年至 850 年间的发展。功利性的建筑，比如防御工事和供水系统，大部分是在已有的设施上进行改造的。举个例子，君士坦丁堡在 740 年发生强烈地震后，不得不对地墙（Land Walls）进行大规模的修缮。另一方面，从进化的角度上来看，我们在把晚于 6 世纪而早于 10 世纪的教堂划归于这个时期时应非常谨慎。这种想法，特别是建立在地面图对比的基础上时，很容易产生误导。以下的两个例子就是最好的说明。位于君士坦丁堡的肖拉救世主教堂的修道院主教堂（卡里耶清真寺）长期以来一直被认为是 7 世纪早期的建筑。而实际上它不会早于 11 世纪。[3]同样，以土耳其名字卡兰德尔罕纳清真寺而闻名的教堂曾定为 9 世纪中叶的产物，而后来证明它是属于 12 世纪晚期。[4]可以肯定，属于两个半黑暗世纪的教堂的数目是非常有限的。我们可以先谈一下君士坦丁堡的圣伊林娜教堂的部分重建工程。工程在前面提及的 740 年地震之后开始。侧廊拱顶起拱点以上的大部分上层建筑是在那时重建的。通过砌体工程就很容易把它和尚存的查士丁尼时期修建的部分区别开来。这是一个改造工程，由于教堂的规模，毫无疑问工程是很艰难的，但却没有什么创新。中厅的西开间上覆盖着没有窗户的近乎椭圆形的拱顶。拱顶由东西两侧大致呈椭圆的拱支撑着。主穹顶与通常认为的 6 世纪的形式相比显然加高了，其效果无疑是粗笨的。

塞萨洛尼卡的圣索菲亚大教堂属于 8 世纪晚期。[5]这是个巨大的教堂（外部尺寸 115 英尺×141 英尺），它的建造很可能是基于政治上的原因。教堂内祭坛上的马赛克题记谈到伊林娜皇后和君士坦丁大帝六世联合执政期间（780—797 年），拜占庭对在希腊的斯拉夫人发动了一次成功的袭击。这次攻势赢得了巨大的名声。783 年在君士坦丁堡庆祝凯旋标志着它的结束。即使攻势没有将斯拉夫人完全消灭，但也极大地动摇了他们在全国的统治。因此我们可以把圣索菲亚大教堂看成是这次袭击的纪念碑。

教堂的设计并非原创且施工拙劣。就像被称为"压缩式圆顶的巴西利卡"的圣伊林娜或伊本·伍德宫教堂一样，它基本上也是 6 世纪的设计。[6]圣伊林娜教堂的砌石工程与墙壁厚得毫无必要，达 6.5 英尺。穹顶被围在一个巨大的正方形鼓座当中。这使得每边三扇的窗户呈筒形，由中心向四周发散。教堂内部结构也同样厚实，有许多隔墙和小的开口。中厅的侧廊被中间的方柱截断，方柱打破了拱门的起伏。立柱及其柱头（一种 5、6 世纪的混合类型）是掠夺来的。尽管底层的砌石非常厚，但侧廊以及前厅上的步廊都是木质顶盖，就像残留的挑檐显示的那样。没有必要把圣索菲亚大教堂看成是地方性的作品，它可能是 8 世纪时拜占庭所能建造的最大的，也是最好的教堂。

图 124　君士坦丁堡，圣伊林娜教堂，
　　　　向西看过去的内部

一大批相当重要的教堂与塞萨洛尼卡的圣索菲亚大教堂属于同一个建筑类别。其中，有尼西亚（伊兹尼克）的多米逊教堂，欧洲土耳其人的比齐（维泽）大教堂，安卡拉的圣克雷芒教堂，米拉的圣尼古拉教堂和吕基亚的德雷阿兹教堂遗址等。这些教堂都没有确信的建筑年代。由于全部位于今土耳其境内，也就是经过大规模入侵之后的拜占庭帝国的残留部分内，这些教堂可以被认为代表了 6 世纪模式在中世纪的延续，虽然我们不应排除它们之中有些本来就属于 6 世纪建筑的可能性。

尼西亚的多米逊教堂（原来是海京托斯修道院）不幸在 1922 年被毁，但从更早前的图片和出版物中可找到大量的参考资料。[7]今天，只有墙体的下半部过道和一些大理石构件保留了下来。教堂有一个十字形的中厅，由 4 个巨大的方柱围着，顶部是一个直径仅 20 英尺的穹顶。只比塞萨洛尼卡的穹顶直径的一半大一点。中厅和侧廊被一条拱廊隔开。拱廊并非立柱支持，而是由长方形的大理石间墙撑着。当初侧廊上还有一个步廊。在研究现存的有关该建筑的历史资料时，我们必须记住，它的相当一部分是在 1065 年灾难性地震之后重建的，尤其是门楣中心穹顶的基部和前厅。穹顶本身建于 1807 年。但原先的教堂是何时建的呢？祭坛上著名的马赛克装饰（曾被反对崇拜偶像者破坏过，843 年又被复原）表明它应完成于大约 730 年。残存的墙的砖砌部分很普通，大理石壁柱上的雕刻朴素而整齐，柱头上面刻有创立者海京托斯的题词。这一切都表明了建造时间可能不会晚于 6 世纪末。

尽管米拉（德姆勒）的圣尼古拉教堂被保存了下来，但同样难以确定其真正的建筑年代。[8]这是一个相当大的有穹顶巴西利卡，步廊由砖砌的间墙而非由立柱支撑。半圆室内包含了一个在座位下有环状过道的"辛斯罗农"。就像在君士坦丁堡的圣伊林娜教堂那样。但是，根据本世纪初的记载，诵经台被移动过。1862 年，俄国政府下令实行了一个野蛮的重建工程，结果使教堂的外形彻底改变。大部分上部结构是在那时重建的，穹顶也被换成了交叉穹窿形的拱顶。据记载，在 6 世纪圣尼古拉教堂有一个殉教墓，部分现存的建筑可能就是那时建的。重建工程像是在 9 世纪进行的（那是一个对圣尼古拉的崇敬非常盛行的时期）。公元 1043 年，以及 12 世纪时又重建了一次。这座综合建筑的平面设计很复杂：两个与南边侧廊相邻的停尸间，和其他各种各样的附属建筑。这一切都反映出需要一个重要的朝圣中心。即使在圣者遗骨于 1087 年被转移到巴里（Bari）后还继续发挥作用。最近，将这建筑埋于地下 26 英尺深的沉积层已被清理掉，是对它进行比现在更彻底的考查的时候了。

图 127 尼西亚（伊兹尼克），多米逊　　　图 129 尼西亚（伊兹尼克），多米逊　　　图 131 米拉（德姆勒），圣尼古拉教
　　　教堂，平面图（T. Schmit 绘，　　　　　 教堂，1912 年时从东南方向　　　　　堂，向东看过去的内部
　　　1927 年）　　　　　　　　　　　　　 所看到的外观
图 128 尼西亚（伊兹尼克），多米逊　　　图 130 米拉（德姆勒），圣尼古拉教
　　　教堂，内部，南走廊　　　　　　　　　 堂，平面图（Y. Demiriz 绘，
　　　　　　　　　　　　　　　　　　　　　 1968 年）

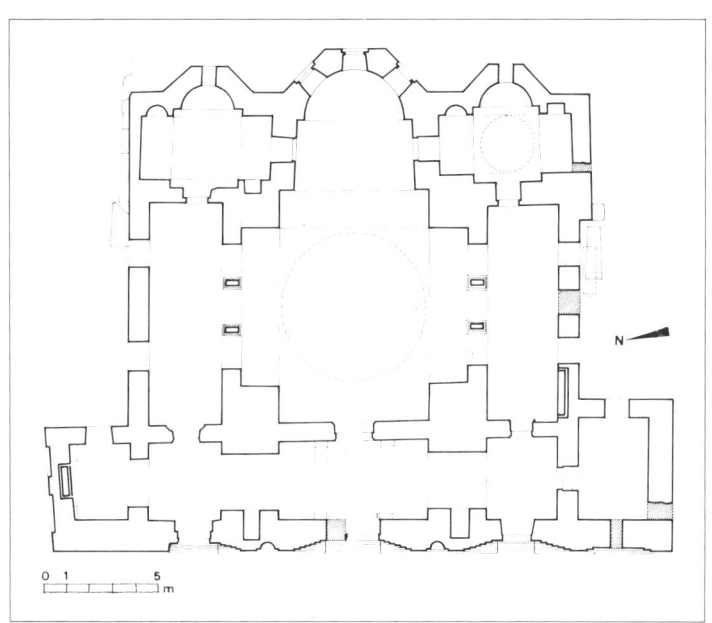

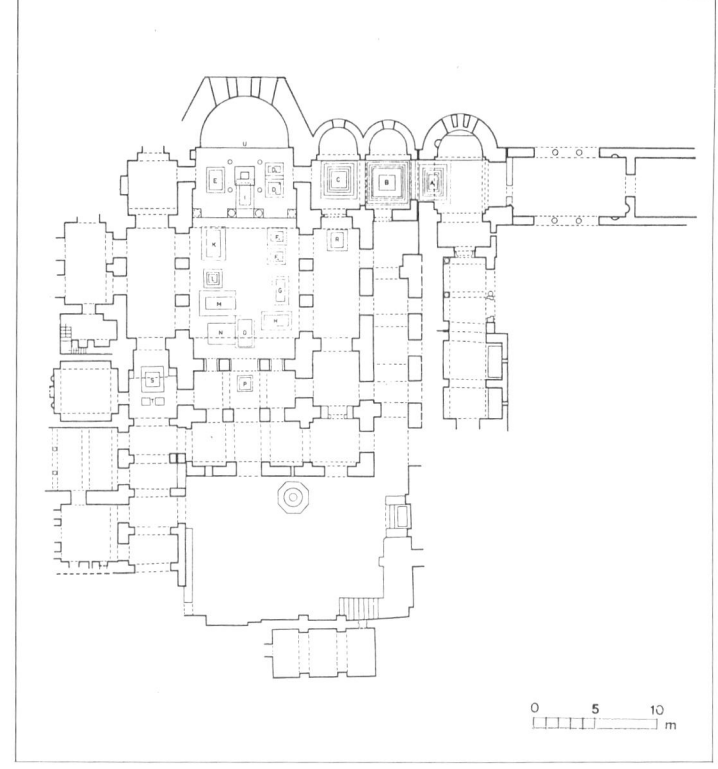

图 132 安卡拉,圣克雷芒教堂,轴测
　　　 图 （G. de Jerphanion 绘,
　　　 1928 年）
图 133 比齐(维泽),圣索菲亚教堂,
　　　 向东北方向看过去的内部

图 134 比齐(维泽),圣索菲亚教堂,
　　　 从南边所看到的外观
图 135 德雷阿兹,教堂,平面图(H.
　　　 Rott 绘,1908 年)

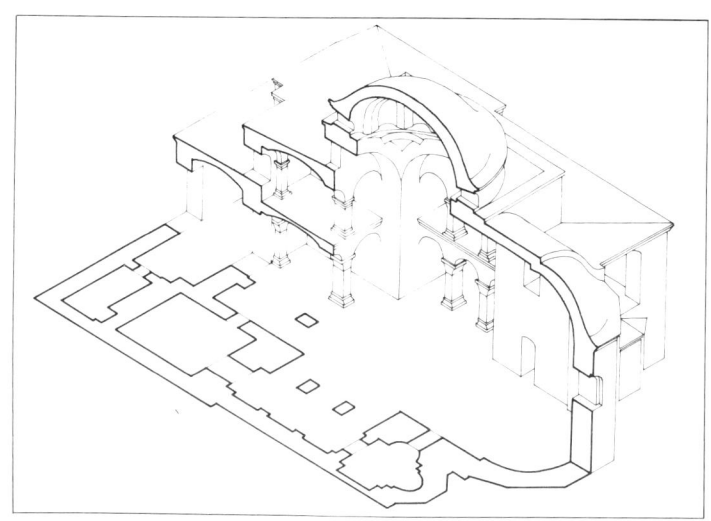

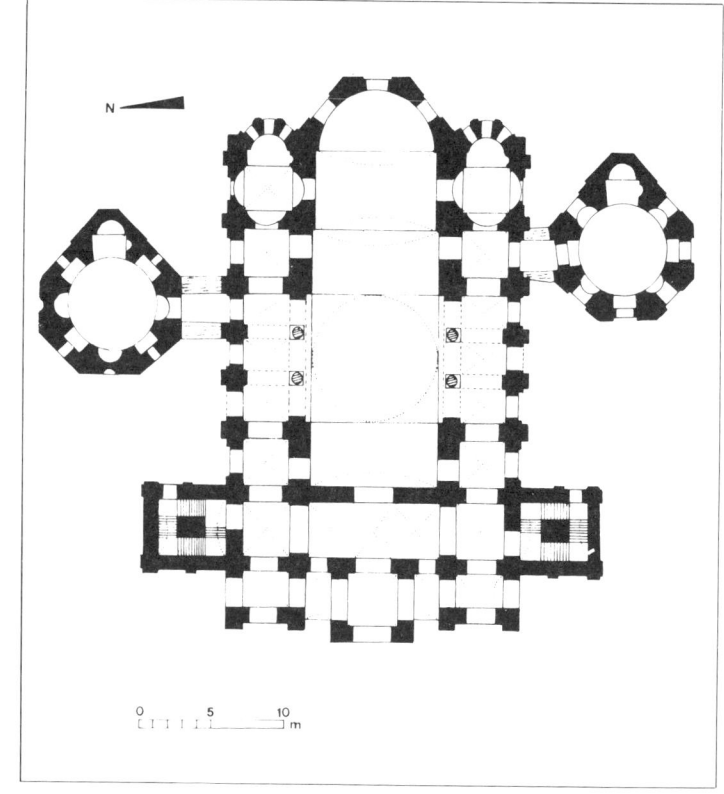

图 136　德雷阿兹，教堂，向东北方向
　　　　看过去的内部

图 137　锡盖,大天使教堂,向东看过
　　　　去的内部
图 138　特里伊,法提赫清真寺,从西
　　　　北方向所看到的外观
图 139　特里伊,法提赫清真寺,向东
　　　　北方向看过去的内部

　　多米逊教堂的许多特征在另一个被毁的建筑身上也得到了体现,
即安卡拉的圣克雷芒教堂。我们只能通过一些旧图片和 1927 年进行的
一次勘查去了解它。[9]这也是一个相当小的十字形教堂,在侧廊和前厅
上有步廊。步廊由每边各两个大理石间墙支承。楼廊上的间墙也是这样
排列的。穹顶建在突角拱上,但没有鼓座。它的外壳是扇形的,被肋架
分割成 12 个凹扇形的部分。只有 4 扇窗户可以采光。主要建筑结构完
全由砖砌成。而其他地方,则是砖层与不规则的粗石层相互交替。方柱
柱头以及步廊上飞檐全是为教堂定做的,而且有恰到好处的雕刻。雕刻
的主题是在 5、6 世纪拜占庭建筑雕刻中很常见的"拱门和标枪"。教堂
粗短的比例,尤其是雕刻的风格表明教堂属于 6、7 世纪的一个在大规
模破坏神像之前的时候。

　　位于维泽的通常被称作阿雅苏弗亚的清真寺(圣索菲亚大教堂),
可能属于 8 世纪晚期或 9 世纪。笔者曾在其他地方暗示过它止建于 10
世纪。[10]现存的建筑破烂不堪甚至有点危险。笔者认为它是比齐的大教
堂,这才能解释它的相当大的规模。它的平面是底层的巴西利卡(穹顶
下 4 根角柱在晚些时候被加厚),和十字形设计的楼层。由帆拱支撑的
穹顶设计上呈椭圆形,它有一个 16 边的鼓座和 16 扇窗户。整个建筑大
部分由粗石砌成,施工粗糙,建筑的外观显得平板僵硬。

　　位于吕基亚的德雷阿兹教堂遗址是我们所研究的建筑中最新的一
位成员(9 世纪晚期?)。[11]对于该建筑的历史我们一无所知,因此我们对
在米拉西北约 15 英里处的偏僻的山庄竟有一座精美的教堂没法提出
一个合理的解释,除了一种可能,即这里是一个朝圣的地点。保留下来
的废墟中有一个十字圆顶的巴西利卡和两个未确定地点的八角形结
构。两者都有两个朝东的半圆室,一个在北,另一个在东南。主教堂
(外长 128 英尺,中厅宽 69 英尺,穹顶跨度 26 英尺)有 U 形的步廊建
在前厅和两边侧廊的上方,与带有楼梯的两座小塔楼相通。此外,还有
一个单层的外前厅。南北两侧,圆顶之下的回廊想必是有一对圆柱支撑
着,圆柱曾被移动。墙壁上的马赛克碎片显示出当初装饰的华丽,即使
在现在看来,德雷阿兹教堂遗址还是显示出中期拜占庭建筑比早期更
注重外观。特别值得注意的是,西立面以及八角形附属建筑立面上呈梯
状凹入的处理。

　　上面这一组十字穹顶的巴西利卡通常被认为是 6 世纪建筑向 9、
10 世纪过渡的标志。更确切地说,它们代表了一种查士丁尼时期的类
型。它适用于多人集会的教堂,因为它们通常都有一个步廊。这种教堂
在 9 世纪后因为没有进一步需求无人采用了。它允许有折扣,就像锡盖

图 140 特里伊，佩勒卡特的圣约翰
　　　　教堂，向东看过去的内部

（在马尔马拉海南岸）的大天使教堂那样。一个19世纪的题词将教堂确定为780年的作品。[12]这么说吧，在这里我们只有十字圆顶巴西利卡的核心，减掉侧廊和横梁拱顶：一个几乎被穹顶完全覆盖的统一空间。然而，这样一种方案并不流行，也许是因为穹顶得不到足够的横向交接。相反，拜占庭的建筑家们采取了另一种形式，十字方场形或四柱形教堂。这种形式在拜占庭的教会建筑中一直占据统治地位直到中世纪结束。

在谈到十字方场形这种设计的起源时，我们应该把进化的方式放在一边。因为这种方式需要一个循序渐进的、一步一步的外形的改变，且无论如何也不能仅由几处连年代都没确定的建筑来证实。我们也必须抛弃这种设计是由什么突然发展来的想法，比如说由伊朗的拜火神庙等。在接近8世纪末、9世纪初的时候，当拜占庭的建筑师们引入十字方场这种设计时，他们从未听说过所谓的拜火神庙，也不清楚2世纪在叙利亚穆斯米亚的执政殿。由于执政殿的屋顶由4个独立的立柱支撑，它也成了争论的对象。建筑师们更不可能知道雷萨菲的艾尔·蒙齐尔觐见厅。这种想法非常简单而且完全建立在拜占庭根深蒂固的构造基础传统之上，即穹顶在4个筒状拱顶之上，这样安排以便形成一个希腊十字形。从外面可以清楚地看到，这个系统在内部支柱那可能是圆柱或石砌方柱的帮助下稳稳地嵌在方场上，4个角上的开间被十字拱圆拱，甚至一些更小的圆顶覆盖着。这样，使中厅的安排更为集中、更为对称，一个由三部分组成的讲台被加在东面。后道常以3个祭座终止。

十字方场式教堂的一个基本特色就是它的规模很小。我们观察到，叙利亚的建筑师们并不会勉强地把一个跨度大于11.5英尺的石砌拱门置于独立的立柱上，木质圆顶的巴西利卡同样如此。而拜占庭的建筑师们虽然使用了一种更轻的材料——也就是砖——但还是面临同样的问题。在一般的十字方场式教堂中，主拱的跨度很少会超过13英尺，而且一般与穹顶的直径相等。当然，从理论上来说，如果拱廊的两端充分坚固的话，一根当时标准的大理石立柱（比如说，直径为20英寸）是可以支撑起一个更大的拱门的。不过，我们这里说的是那些单凭经验就行事的建筑者。因此我们可以肯定，那由立柱支承的十字方场式教堂是被刻意设计成那么小的，它只能容纳大约100人的聚会。十字方场式教堂的另一个重要特色，就是它没有任何的内部结构细分：整个中厅是一个独立的空间，因此，并未给人造成视觉上的分离。笔者从这些观察中推断十字方场式教堂是在修道院的背景下产生的。一间拜占庭修道院通常有一个20到100人的修士会，并且按规定是"男女皆

宜"的。

在反省的时期里，修道院制度经历了一场巨大的复兴，尽管或可能是由于帝王的反对。那些爱破坏圣像的帝王，尤其是君士坦丁五世（741—775年），他对当时的修道士加以迫害，仅仅因为他们对圣像膜拜仪式的忠诚。但他的打击是毫无作用的，修道院制度在这些考验下反而得到了增强，而一批新的殉教者和神父又美化了它。拜占庭修道院制度的中心如今位于比提尼亚，大约是奥林匹斯山［或乌鲁达山（Uludağ）］东面与古代基齐库斯（Cyzicus）废墟西面之间的地方。那是一个富饶的地区，不但如此，在它的山斜面更提供了足够的隐蔽的地方。它还是小亚细亚遭受阿拉伯人侵袭的少数地区之一。8世纪后半叶和9世纪前半叶期间的拜占庭修道院的领导者圣安东尼或圣西门教堂的修行者并不一样。他们不但是受过教育的狂热者，而且当中还包括一些当时最有教养及最富有的人：斯图迪特的狄奥多拉，他的叔叔普拉东（Platon），神迹笃信者，美多迪乌斯和尼塞塔斯贵族，他们全部都属于处在统治地位的官僚阶级，而且在比提尼亚拥有不动产，建了许多修道院。我们有丰富的文献证据表明修道院是在比提尼亚萌芽起来的，特别是在伊林娜女皇统治时期（780—802年），她推翻了前任帝王的圣像破坏政策而对修道士表现出极大的好感。

我们讨论中的一些修道院保存了下来，只是它们没有受到人们的注意。笔者曾见过一组四柱式教堂，它们在一个叫特里伊（Trilye）的很小的乡村里或附近，位于马尔马拉海的南岸。它们之中的两座已经被鉴定为佩勒卡特修道院和梅加斯·阿格罗斯修道院（"大田野"），在圣像破坏时期扮演着重要的角色；不幸的是这些保存得最好的建筑，其拜占庭名称不为人所熟知。特里伊的法提赫清真寺正是如此。[13]佩勒卡特修道院大约在764年时被圣像破坏者所毁坏，后又在7世纪末重建；而梅加斯·阿格罗斯修道院大约建于785年。以我们目前所掌握的材料，还不能明确地断言这些保存下来的教堂在以后时期里，也就是在10世纪或11世纪期间，没有再被重建过；无论如何，最好还是由考古研究而不是参照总的趋势去证实为好。在这工作完成之前，我们必须接受这种假定，那就是十字方场式教堂的建筑形式在8世纪被运用于比提尼亚的修道院，并且这可能对教堂里圆柱的使用，或更准确地说是再使用，作了一点说明。当有一段时期不再生产这样的圆柱时，要获得四根统一规格的大圆柱和四个固定的柱头，可能就没那么容易了，但在比提尼亚古代基齐库斯废墟却可以提供几乎取之不尽而且还带有雕刻的大理石圆柱。对于像提欧潘尼斯神父（Teophanes Confessor）这样有教养的人，他是梅加斯·阿格罗斯修道院的奠基人，用过去时代留下

的遗物来装饰他的教堂似乎有一种特别的吸引力。

在我们告别黑暗时代之前,我们应该到亚美尼亚短暂游历一番。在此笔者的意图并非给大家呈现一个在亚美尼亚及邻近的格鲁吉亚发展起来的卓越的建筑流派的全面概况,这流派不能单单被认为是拜占庭建筑的一个地方流派,而需要分开来看待。另一方面,笔者也不同意约瑟夫·斯奇戈夫斯基及其追随者那言过其实的主张,他们认为亚美尼亚是建筑观念的主要创制中心,依他所说,这些观念发源于伊朗人的世界,并且后来更散布在整个信奉基督教的欧洲。[14]

我们这次远足的原因是为了更系统地论述史实:让我们先从 6 世纪后期开始,当时亚美尼亚构件在拜占庭社会中非常显著,当然,那时候有许多的亚美尼亚人居住在拜占庭帝国内,尤其是小亚细亚东部;他们一大群人或是自愿移民或是被迫从他们的祖国迁离,因为那里一直是波斯帝国与拜占庭帝国的战场。后来他们被征做士兵,开始支配拜占庭帝国的军队;每当帝国被迫全面军事化起来时,军队就掌握了社会前进的钥匙。在黑暗时代出现的拜占庭贵族在很大程度上都是亚美尼亚人;并有几个亚美尼亚人登上了帝王的宝座,是从伟大的希克略(Heraclius)开始的。[15]此外,亚美尼亚人从好几个世纪的独立战争中获得了一种坚韧的个性,他们总是不愿让自己彻底地"拜占庭化"。在这种情形下,我们去查究一下这些亚美尼亚人的出现是否对拜占庭建筑产生了点影响是十分合理的。

最早期的亚美尼亚基督教建筑要追溯到 5、6 世纪,它们都是半圆筒形拱顶的巴西利卡,以两排石砌方柱为支撑。[16]拱门通常是马蹄形的;教堂里带有雕刻的装饰虽然稀少和低档但却十分古典,更特别的是来自叙利亚。只有在美索不达米亚西部图尔·阿卜丁及再向西一点安纳托利亚高地的宾比尔教堂(Binbirkilise)("一千零一座教堂")[17]上发现的巴西利卡可与之相比。我们可从埃雷伊科的巴西利卡中发现亚美尼亚与叙利亚的巴西利卡最接近的相似之处,尽管那里的巴西利卡是支撑在 L 形方柱之上,且看上去是木质圆顶。它有一堵平坦和洁净的墙,敞开的横向柱廊和一个正立面,两侧是两座矩形的塔。里面的细节同样是典型的叙利亚风格:三角顶的门廊支撑在相互啮合的圆柱上;一串串齿状装饰和 U 形装饰板条形成窗户的边框。亚美尼亚的建筑师们从他们的南面邻国中寻求建筑的样板,这完全是十分自然的:因为正是从同样的地区即埃德萨和萨摩沙特,亚美尼亚接纳了(它的)基督文化和文字。通过加入一性论者阵营,亚美尼亚教堂使这种关系得以永久存在,而这也是当时地理环境和政治势力相互利用的结果。

巴西利卡在亚美尼亚没有延续下来,而且在将近 6 世纪末时让位给圆顶教堂。在亚美尼亚建筑的第一个伟大时期,大约在 610 年到 670 年间,这些圆顶教堂制作之精美达到一个惊人的程度。这些纪年意义深远:亚美尼亚建筑蓬勃发展起来,而恰恰此时,基督教叙利亚建筑却停滞不前;此外,当时拜占庭帝国正步入它的黑暗时代。毫不夸张地说,7 世纪时亚美尼亚建筑领导着整个东方基督教建筑。不过那只是短暂的辉煌:阿拉伯人对亚美尼亚的侵略给这次非凡的发展划上了句号,而且只有到两个世纪后,亚美尼亚的建筑者才得以在教堂建筑上延续他们的工作。

随后的建筑类型或多或少都同时出现在亚美尼亚。首先,半球形的四角穹顶,它通常被围绕在一个矩形内。[18]这种类型在亚美尼亚和格鲁吉亚都十分普遍,如在亚美尼亚埃里温附近的阿万教堂(609 年前),以及在埃奇米阿津(Echmiadzin,618—630 年)的阿拉默斯、锡西安、圣里普西默斯教堂等;在格鲁吉亚,还有姆茨赫塔(605 年前)附近圣十字(朱亚里)教堂,阿提尼教堂及其他地方的一些教堂。在四叶形到矩形的过渡中产生了一个棘手的内部设计问题,也就是,如何把 4 个外角连接起来。有一个解决的办法,那就是在四角穹顶的大祭室之间插入 4 个较小的马蹄形的龛,这些龛对角放置,而且通向角室,而这些角室在阿万教堂中是圆形的,其他教堂中则是矩形的。那么假如它的内部遭受到破裂,而另一方面,它的外部却得到较好的保存;4 个正立面实际上是一样的,但每个面都被一双锲状壁龛割出很深的锯齿,产生了深深的阴影。圆顶通常是石砌的,且支撑在一系列内角拱上:4 个龛上的大内角拱,和 8 个小内角拱,小拱要比大拱高一点,目的是形成从八角堂到圆底鼓座的过渡。

其次,八角堂,以两个相当小的、荒废了的教堂为代表,也就是在叶沃格德附近的佐拉沃教堂(662—685 年)和伊林德教堂。这些教堂由 8 个发散状排列的龛构成,外面的每个半圆室都是三面的,这就产生了上面提及的锲状壁龛。整个内部空间被一个圆顶覆盖着,而圆顶支撑在一个相当高的鼓座上。

第三,双重外壳的四叶形,以一个有名的建筑为代表,那就是在埃奇米阿津附近的维吉兰特·鲍尔斯教堂(兹瓦特洛茨)(645—660 年),它是倾向希腊的纳尔萨二世(Narses II)大主教兴建的。只有墙的下半部分保存了下来,但这建筑可在合理的精确度下被重建。从外面看,它呈现出三个逐渐缩小的圆筒形的外观,而且一个搭在另一个顶部上。最底一层,它的外壳直径为 123 英尺,由于假拱的设计使它变得生机勃

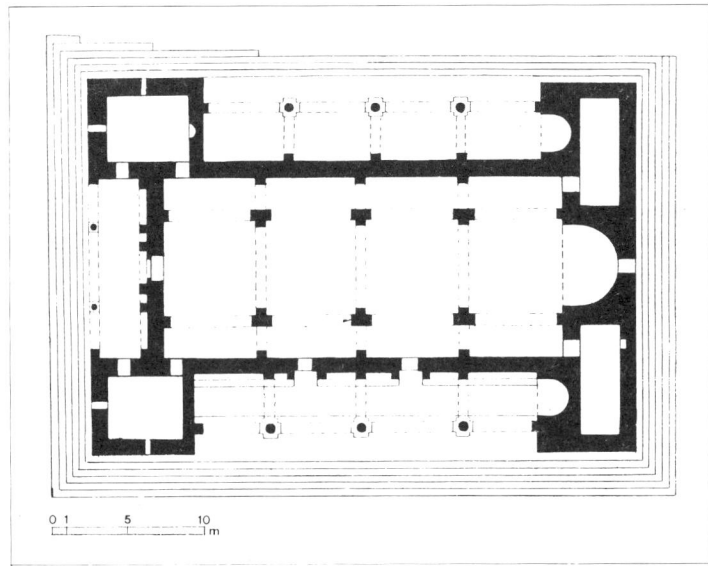

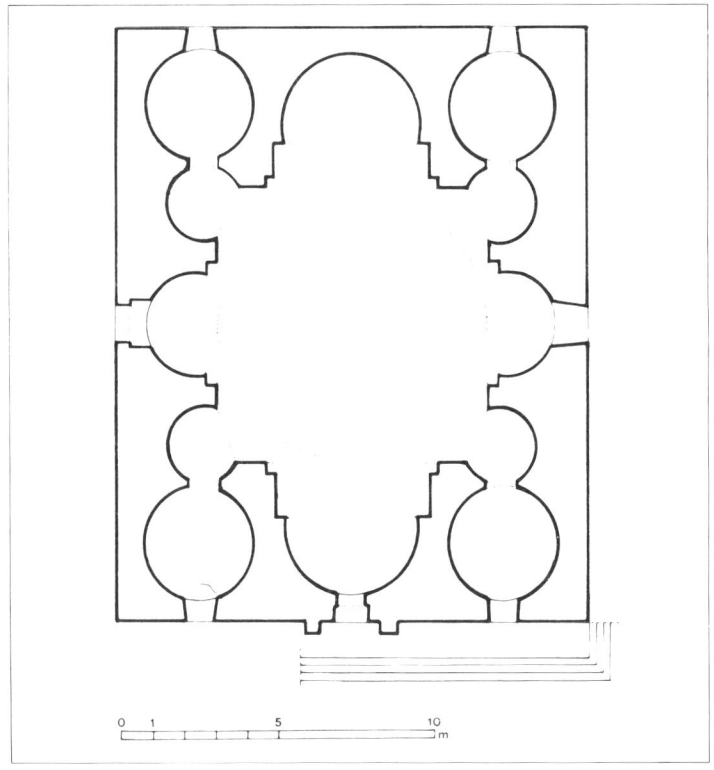

图 144　瓦加尔沙帕特（埃奇米阿津），圣里普西默教堂，平面图（J. Strzygowski 绘，1903年）

图 145　瓦加尔沙帕特（埃奇米阿津），圣里普西默教堂，外观

图 146　瓦加尔沙帕特（埃奇米阿津），圣里普西默教堂，内部，穹顶一角

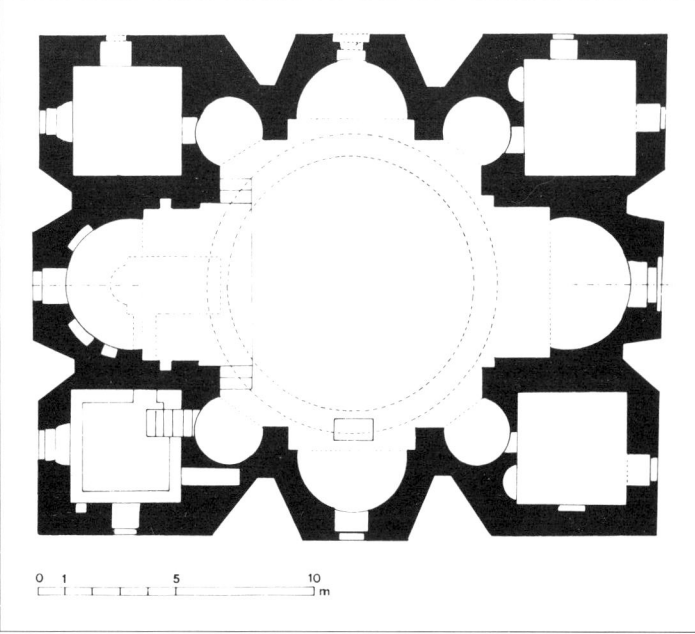

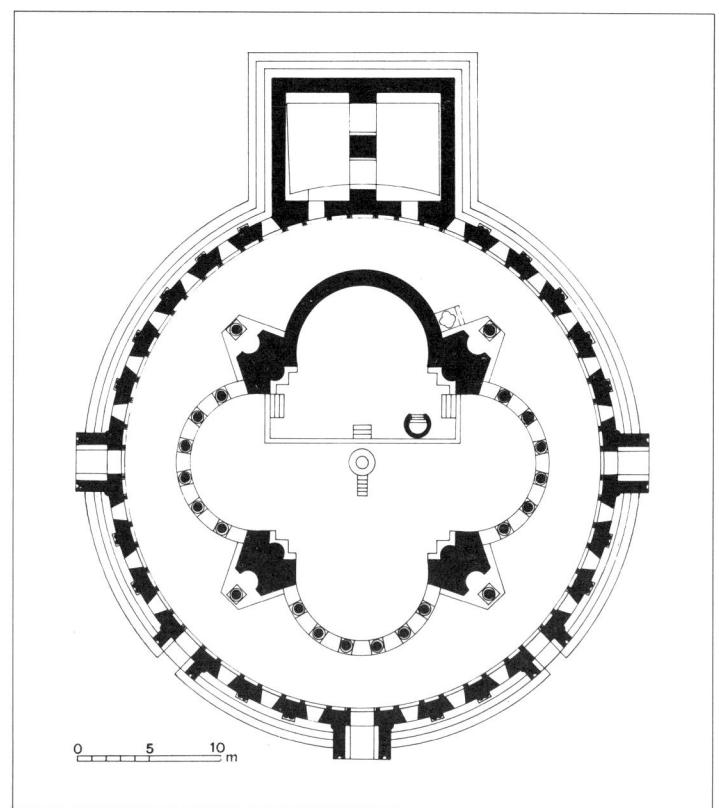

图 147　兹瓦特洛茨（维吉兰特·鲍尔斯教堂），平面图（T. Toramanian 绘，1918年）

图 148　兹瓦特洛茨（维吉兰特·鲍尔斯教堂），外观复原图（T. Toramanian 绘，1918年）

勒。在它的周界内，还有一个四叶形结构——4 间龛及每间龛对应着的 6 根圆柱，它们在 4 个 W 形的方柱之间伸展开来。这样的布置同样出现在高层的步廊中，整个上部结构最高的地方是一个圆顶，它也是支撑在内角拱上。我们可以合理地推想，这个雄心勃勃的设计是取自叙利亚人的四叶形结构，比如那些布斯拉、阿米达和雷萨菲的教堂。亚美尼亚的建筑师通常都避免使用圆柱，那些篮子状的柱头和纳尔萨的希腊组合图案全都是来自外国的灵感。

第四，一群相当大的，带有 4 个独立内部支点的圆顶教堂，它对我们的研究最具意义。它们以 3 个几乎是当代的建筑材料为代表，它们建于拜占庭建筑彻底超越了亚美尼亚建筑的时期：位于瓦加尔沙帕特的圣加扬勒（St. Gayane）教堂，是埃兹尔主教（Esdras）在 630 年到 636 年间兴建，巴加温（Bagavan）的圣约翰教堂，它们都是在 631 年到 639 年间由同一位教士委托兴建的，以及姆赖恩（Mren）教堂（就在土耳其境内），于 639—640 年间兴建。[19] 这些教堂的重要意义在于，无论从意图和目的来看，它们都体现了十字方场式教堂的建筑原理，除了在纵向有一点延长以外。在所有这 3 个例子中，圆顶都是以 4 个石砌方柱和一些内角拱为支柱的。我们可以从外面清楚地看到 4 个半圆筒形拱顶的十字梁，它们被一些带有人字形的圆顶覆盖着。在圣加扬勒教堂和姆赖恩教堂中，圆顶的鼓座是八面的，高而且雅致，而在更大的巴加温教堂中，是矮而粗的。圣加扬勒教堂圆顶的直径是 18 英尺，姆赖恩教堂是 20.5 英尺，巴加温教堂是 29.5 英尺。

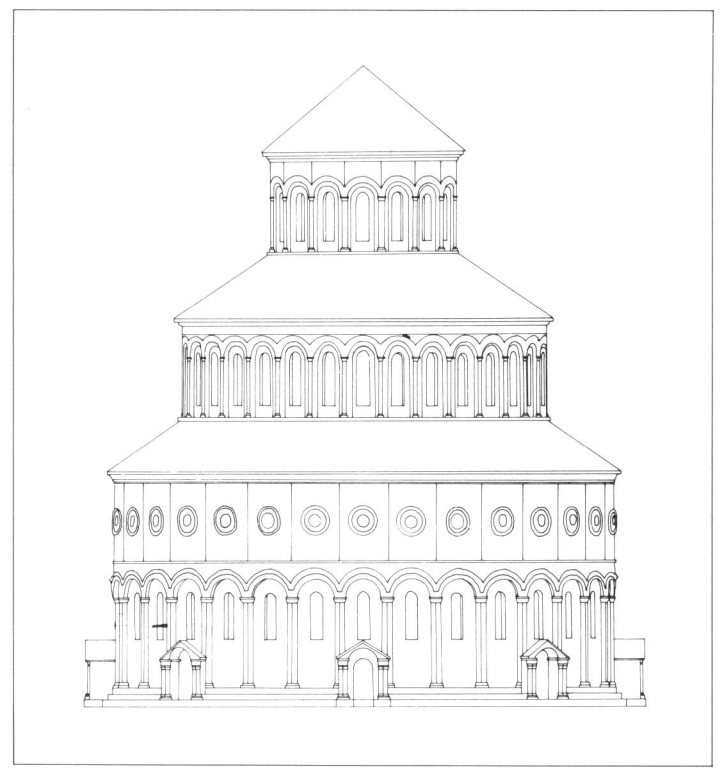

毫无疑问，7 世纪时的亚美尼亚建筑师们向世人展示了他们独特的艺术眼光，他们的独创力是难以估量的。还有一个不能被忽略的问题，笔者先前论述到的林林总总的圆顶形式，它们是突然间出现的，此前在亚美尼亚没有任何的发展历程。这可能暗示着一个有用的设想，就是灵感的中心来自北部的美索不达米亚，更确切地说，是从萨摩沙特和埃德萨（乌尔法）延伸至阿米达（迪亚巴克尔），甚至更远一点的锡尔万的马蒂罗波利（Martyropoli, Silvan）之间的地区，在那里亚美尼亚人和叙利亚人有直接联系。在这个地区，城市的建筑几乎全部消失了，这使我们找不到充足的令人信服的证据来支持我们的假设，不过，仍有大量明确的特征与我们的假设相似：内角拱上的圆顶，马蹄形的拱门以及对多叶形设计的偏爱等，全部可以在美索不达米亚找到，例如，位于图卜·阿卜丁的哈赫的维尔京教堂（Virgin）。[20] 假如我们把研究扩展至安纳托利亚中部，我们就会发现在宾比尔教堂那高耸的八角形鼓座，以及那具有典型亚美尼亚建筑风格的斗篷似的圆顶。虽然在相同的区域中，出现与亚美尼亚拱状巴西利卡如此相似的建筑，但它们肯定不是

图 149 兹瓦特洛茨（维吉兰特·鲍
尔斯教堂）

图 150　姆赖恩，主教教堂，平面图
　　　　（ T. Toramanian 绘，1918
　　　　年）
图 151　姆赖恩，主教教堂，从东南方
　　　　向所看到的外观

图 152　哈赫，维尔京教堂，平面图
　　　　（U. Monneret de Villard 绘，
　　　　1940 年）
图 153　哈赫，维尔京教堂，向北看过
　　　　去的内部

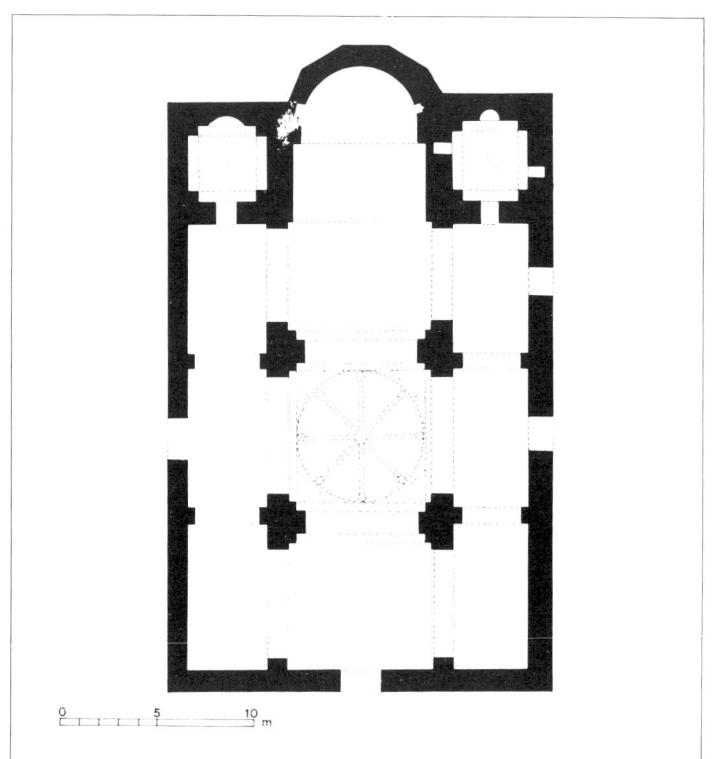

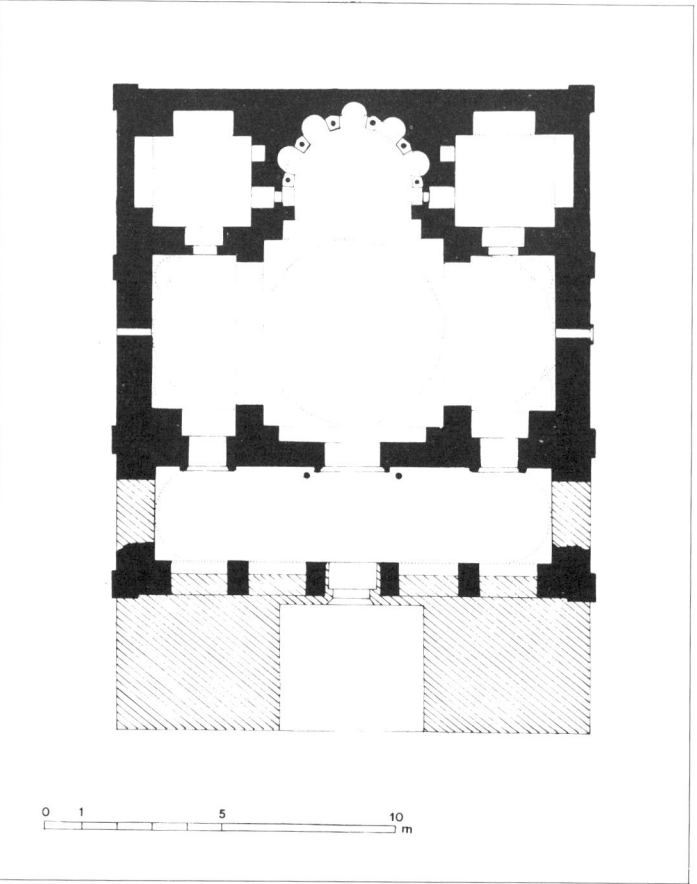

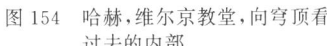

图 154　哈赫，维尔京教堂,向穹顶看
　　　过去的内部
图 155　马登斯希尔（宾比尔教堂），
　　　日常景观（19世纪时的雕版
　　　画）
图 156　马登斯希尔（宾比尔教堂），
　　　第一号教堂，向东北看过去
　　　的内部

同时兴建的。

　　假如笔者的观点是正确的话，那么亚美尼亚和格鲁吉亚建筑的重要性不仅在于它本身固有的高质量，同时它反映了在帝国东部省份其他一些鲜为人知的建筑发展历程。经过亚美尼亚，这些东方的建筑形式，在我们必须注意的时期，又重新加入到拜占庭建筑的主流中。

第七章　拜占庭中期

在 9 世纪前半叶,拜占庭帝国开始从近两百年的乌云笼罩中显现,不过,已不再是一个地中海的大帝国了,罗马帝国的领土大部分已划入阿拉伯人的版图。这时期的阿拉伯控制着从中亚到西班牙的辽阔疆域,城市也有了巨大的发展。与哈里发的领土相比,帝国的疆域显得既小而又落后:小亚细亚地区,因阿拉伯人的不断入侵而成为废墟;希腊也刚刚摆脱斯拉夫人的控制;克里米亚、南意大利和西西里等边远省区则过着事不关己、明哲保身的生活。再者,不断缩小的帝国版图再也不能控制主要的国际交流和贸易通道,成为拥有君士坦丁堡这样大城市的乡村国家,享有独一无二的艺术和文化。因此,中期拜占庭国家的建筑样式必然与查士丁尼时期有很大的差异。

我们可以具体的实例来进行这样的比较。我们刚刚对查士丁尼时期的建筑进行过一番梳理,同样也掌握着最后一位反偶像皇帝狄奥斐卢斯(829—842 年)和巴西勒一世(867—886 年)统治期间修建的许多建筑物的资料。[1]两位皇帝的建筑活动主要在君士坦丁堡及其邻近地方。除了修缮都城防海墙外,狄奥斐卢斯似乎只关心宫殿建筑。据说公元 830 年,一位前往巴格达的拜占庭特使对阿拉伯建筑的壮丽华美印象极深,回来后便力谏皇帝建一座宫殿与他在"叙利亚"见到的一模一样。狄奥斐卢斯高兴地采纳了他的建议,并在都城的亚洲郊区布里亚斯(Bryas)建起了这样一座宫殿,与阿拉伯模式惟一不同的是在皇帝寝宫隔壁增加了一间礼拜室,一间矗立在庭院中的海螺形教堂。这座宫殿的辅助建筑(可能依然保存着)包括一个大型的长方形围墙,这确实会令我们想起乌马亚和阿巴斯(Abbasid)宫殿建筑的布局。[2]不管怎样,正是在这座大宫殿里,狄奥斐卢斯完成了他最著名的屋顶装饰物,其中最主要的一个是再次完成海螺形。大约一百年后,君士坦丁七世波尔菲罗格尼丢斯皇帝收集的有关这些建筑描述的记录唤起人们对《一千零一夜》中宫廷氛围的回忆。应该说哈伦·拉希德与狄奥斐卢斯是同一个时代,并非完全没有依据。

如果说狄奥斐卢斯的艺术是一种宫廷艺术的话,在很大程度上,我们可以把巴西勒一世归入同类。巴西勒皇帝本是亚美尼亚一个出身卑微的冒险家。无论如何,重建罗马帝国的崇高理想激励着他。半个多世纪前,查理曼也曾被同样的理想所召唤。对于拜占庭的复兴不是法兰克人的复兴的回应的推测将是极为有趣的。然而,也许拜占庭人有理由相信他们的帝国正步入一个新的时代。公元 843 年反偶像主义的结束也被解释为最后的主要异端邪说——即形成基督化与信条的失败的标志。因此,基督教到达完美的最高境界。七议会教堂既不能添加又不能减少任何东西,其完美令人难以想象。

另外,真正基督教的最终重新确立恰好与一连串的军事和政治上的成功巧合。与阿拉伯之间长期的战争在公元 863 年对梅利泰内酋长(马拉蒂亚)的一次决定性胜利使战争进入了一个新的阶段。从此,由防卫战变成了侵略战争。公元 864 年或 865 年,另一个主要敌人保加利亚也被纳入拜占庭基督教的统治之中。大主教佛提乌(Photius)使自己变成中兴理想的代言人。尽管当时的皇帝米哈伊尔三世被巴西勒一世谋杀,佛提乌自己也被革职,但仅 10 年后,他又重现在主教的宝座上。复兴的理想仍然在四处散播。许多意思为"新"的字眼像 Neos,Kainos 和 Kainourgios 在当时的语汇中使用频率极高。我们当然不能把这一名词简单地解释为"新颖别致",它更意味着恢复活力,意味着对旧有一切的修复和统一。这是理解所有拜占庭文化现象至关重要的一个概念,建筑当然也不例外。

让我们回到巴西勒一世和他的建筑话题吧。在君士坦丁堡,有 25 座教堂;城郊有 6 座就是巴西勒一世翻新的结果,其中包括都城里一些最大而又最受崇敬的大教堂,像圣索菲亚大教堂,神圣的使徒教堂,圣莫契乌斯教堂和恰尔科帕拉特伊的圣玛丽(St. Mary Chalkoprateia)教堂等。我们勿需对这样的努力产生怀疑,值得一提的倒是许多著名的教堂建筑曾失修而残破不堪。巴西勒一世也在宫廷建了 8 间新教堂,最重要的一间教堂叫做内阿·艾克列西亚或新教堂,这有意味的名称定于公元 880 年。该教堂毁于 15 世纪末,因此,我们对它的认识只能凭借中世纪的文字记载和一些大概的图样。新教堂共有 5 个圆顶,十有八九是横向空间组合形式。5 个圆顶的教堂在后来几个世纪快速流播的事实证明新教堂作为楷模的重要性。新教堂圆顶嵌有闪闪发光的马赛克外面覆盖着黄铜瓦,墙体铺有各种颜色的大理石。间隔圣坛的矮屏"辛斯罗农"和祭台都以银色包覆,以金箔增添生气,饰满了宝石。过道铺的是大理石块,拼成带状的马赛克图案。教堂向西有一个中庭,内有两处喷泉;向北和南则是圆筒形屋顶的有柱门廊。

对新教堂的描述使我们想起更早时普罗科皮乌斯和保罗对圣索菲亚大教堂的描述。当我们穿过巴西勒在皇宫建造的这些厅堂亭阁时,这种印象便进一步加深。

这些建筑中最引人注目的是"新堂"(Kainourgion)。其建筑形[式]我们了解得并不详细,只知道东边有一个半圆顶,屋顶的支撑是 16 根不同材料的不同设计的立柱——一根是绿色的古物;6 根玛瑙柱上刻饰像一幅展开的卷轴画;另两根柱上则饰有螺旋形槽。除非这些因[素]会重新采用,否则,便是有意识地向晚期罗马帝国艺术形式的回归。

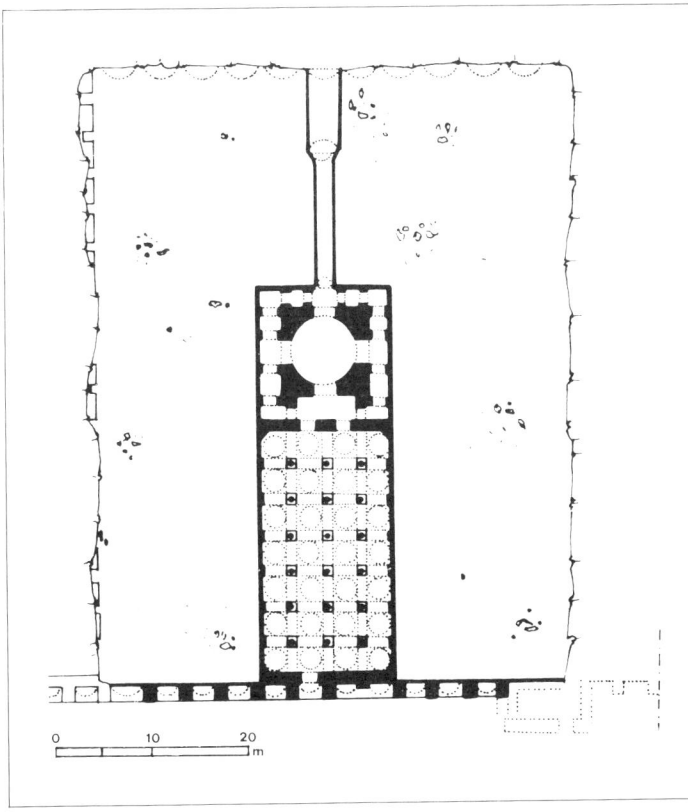

图 157 马尔泰佩，伊斯坦布尔附近，
       布里亚斯宫殿的基础结构，
       平面图（S. Eyice 绘，1959
       年）
图 158 基塞龙山，圣梅莱蒂奥斯（St.
       Meletios）修道院，平面图
       （A. Orlandos 绘，1935 年）

为有趣的装饰画，表现巴西勒在两位凯旋归来的将军护送下，登基即位（在半圆室内？）。两位将军正向他敬献夺取的城池。换句话说，这是模仿哈尔克宫殿的马赛克装饰画，在哈尔克宫殿的前厅就有表现查士丁尼皇帝的马赛克装饰画。

由此可见，巴西勒一世在建筑上的复兴是比较小规模形式的再现查士丁尼时期建筑的辉煌壮丽。但有一个重要的区别：查士丁尼时期最好的建筑都是公共建筑；而巴西勒一世的建筑，像狄奥斐卢斯一样，都是私用的。或者，更确切地说，是为那些出入宫廷的权贵们而建的。因为，宫廷艺术的社会基础受到限制，很少有赞助人去重复皇帝所做的一切。从这时起，寺院式教堂的大量基督教建筑也从真正意义上成为私有。替代了教区或由主教管辖的教堂。

鉴于寺院的建筑地盘不断扩大，我们应大致了解一下拜占庭修道制度在"物质"方面的发展情况。修道院从根本上来说是一个农业化组织，在其早期，当 koinobion 替代隐居生活时便形成了这种特性。因为，人们普遍认为隐居生活只适宜于极少数人。寺院式团体在前几个世纪有时会很大，由那些非神教的普通百姓组成。他们简单宣称与"这个社会"脱离；然后被方丈收留并成为修士。不管他们花多少时间参禅打坐，也必须参加手工劳作，以保证经济上自足。修道院因此而介入乡村生活。一般说来，修道院都建在村庄的边缘，并把周围的田地纳入己用。在建筑方面，叙利亚北部早期拜占庭修道院（5—6世纪）可作为研究的最好例证。[3]

中期拜占庭建筑的一个重要发展是越来越多的修道院摆脱了主教的控制。在主教的控制下，他们受制于恰尔斯敦的议会和查士丁尼的立法。在这方面，反偶像主义发挥了作用：曾有一段时间，隐居的牧师们被看成是异端，寺院的僧众不得不组成一个自由的地下组织，僧侣们胜利了。在尝到权力的滋味后，他们不希望受制于政府直接委派的神父、牧师。

如果这种解释有其合理性的话，它也可以解释两种并行的发展：一方面是隐居牧师们的穷困，寺院也在不知不觉中没有了经济来源（由此，教区和主教教堂建筑减少）；另一方面，寺院需要在富有的捐助人的帮助下构成另一种社会结构。这一新的组织结构名为 charistikē，其最后的结果直到11世纪才出现。可以肯定，其过程是漫长的。在此，我们且不论这种变化的道德影响，而事实上，许多修道院被分给了一些杰出的凡人，他们既可以传承，也可以交换，甚至可以出售。[4]寺院常常

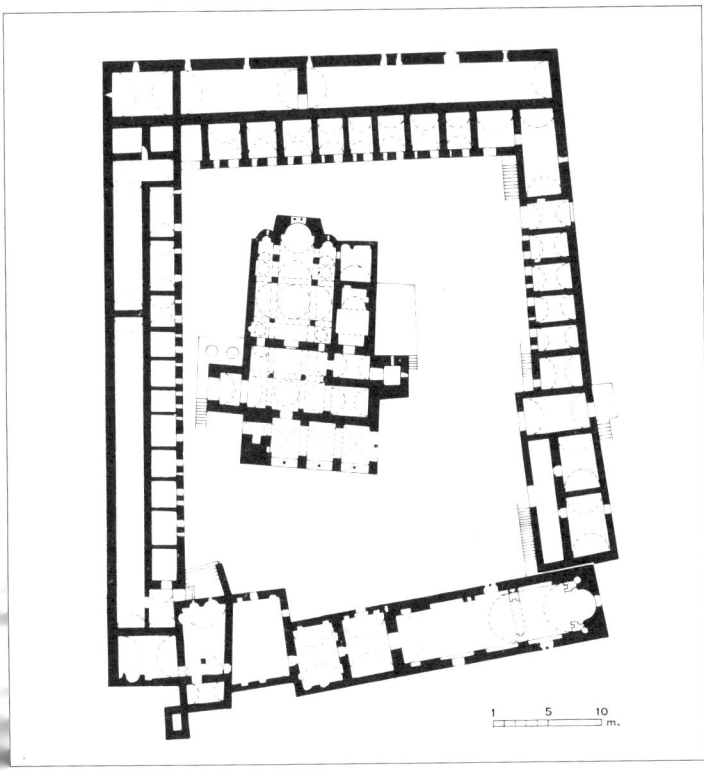

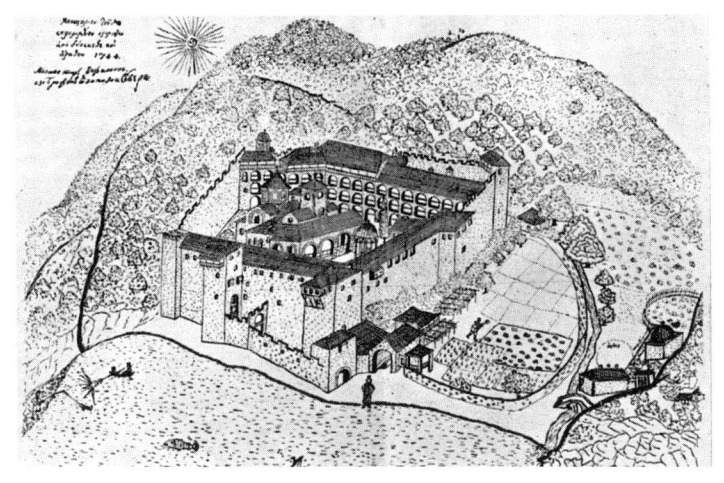

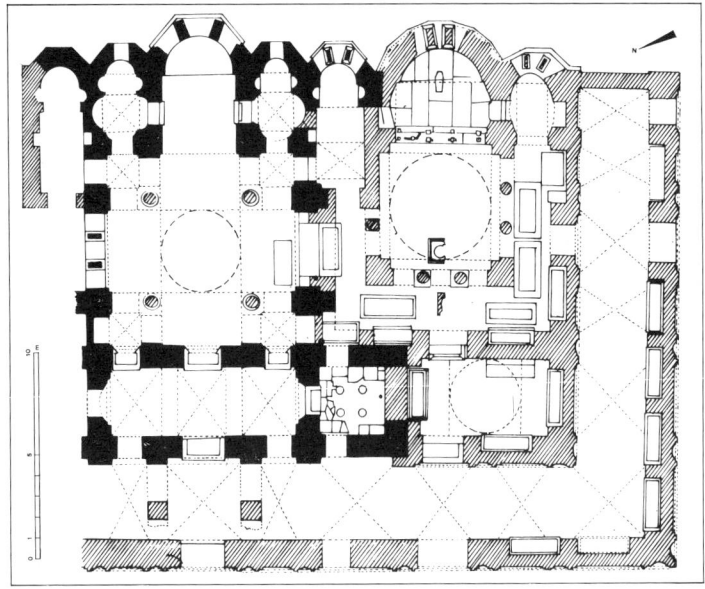

图159 圣山，埃斯普格默伦修道院
（18世纪的素描）

图160 君士坦丁堡，君士坦丁的利
普斯修道院（费纳里·伊萨清
真寺），两座教堂的平面图
（A.H.S.Megaw绘，1964
年）

图161 君士坦丁堡，君士坦丁的利普
斯修道院（费纳里·伊萨清真
寺），北教堂，从西北方向看的
外观复原图（A.H.S.Megaw
绘，1964年）

图162 君士坦丁堡，君士坦丁的利
普斯修道院（费纳里·伊萨清
真寺），北教堂，内部，中厅
半圆形后殿

因为有了一位身居高位的保护人而受益。这些保护人把他们的钱财投进寺院，对他们来说，不但可以收取额外的利润，而且寺院是他们祷告并希望灵魂可以得到拯救的地方，是他们自己和代理人休憩避难的地方，也是家庭成员的安息之所。从现存的建筑古迹来看，拜占庭中、晚期的建筑活动主要是私人拥有的修道院建筑。

这里，需要提到另外一种发展，即修道院在城市的确立。早期的僧侣们为寻求孤独，逃避世俗生活而被吸引到乡村；这一点城市修道院例外。但是，随着城市人口的减少，越来越多的寺院建在城市。这在君士坦丁堡尤为明显，这样，有影响的人物不仅得到了方便，也许还可以把自己的寺院建在都城来炫耀其显赫的地位。与此同时，保证僧侣们生活的地产则在近郊，甚至在更偏远的省区。反过来说，一些重要的省区修道院在都城有了依靠，僧侣们去都城办事也有了落脚的地方。

拜占庭中期的修道院以其相当显著的特点展现出建筑的复杂性。[5]通常有一道高墙将寺院围起，装饰精美的正门边有时会放置一些长凳，乞丐们围在这里接受施舍。从理论上讲，进入寺内是有限制的，儿童和异性会被严厉拒绝。一进正门，眼前是一个敞开的大院，教堂耸立在院子中央，可从四面观看。教堂的孤立与早期拜占庭的教堂设置大相径庭，由此也导致了对教堂外观的精心处理。僧侣们的住所沿围墙分布四周，长方形的密室通常为圆筒形穹顶。一般情况下，密室都是一层或两层建筑，前面有一个敞开的连拱廊。在教堂旁边最重要的建筑物是餐厅，既可独立，又可以成为居住区的一个组成部分，这是一个伸长的半圆室结构，里面摆有很多长桌和长凳，厨房与餐厅很近，有一个抬起的灶台和出烟的敞口圆顶式的吊灯。贮藏室设计得很标准，内放许多大陶罐，罐内装满了谷物、豆类、酒和油。其他辅助性建筑还有喷泉、面包房、客房，有时会有一个浴所以及澡堂（除生病以外，一般一年只允许洗3次澡）。

僧侣用木槌敲击木梁或铁梁召集僧众祷告，这个梁有时就悬挂在塔楼上。自响铃从西方引进后，塔楼便成了钟塔。葬礼一般在寺外举行。寺院创建者或捐助人例外。他们的尸体会放在石棺内葬于中厅或前厅。简单地讲，修道院就是一个自我封闭的微型城市。在大多数情况下，寺院式建筑的复杂性已荡然无存，留下的只是教堂建筑；或者有些寺院今天仍然在发挥功用，圣山便是一例，但居住和实用建筑物通常都是重建的，即便如此，仍可作为一个拜占庭修道院总体布局的有力说明。

当我们把目光转向教堂建筑的演变时，我们会注意到，君士坦丁堡

图 163　君士坦丁堡，米尔纳伦修道
　　　　院（博德鲁姆清真寺），平面
　　　　图 （A. van Millingen 绘，
　　　　1912 年）
图 164　君士坦丁堡，米尔纳伦修道
　　　　院（博德鲁姆清真寺），从
　　　　南边所看到的外观

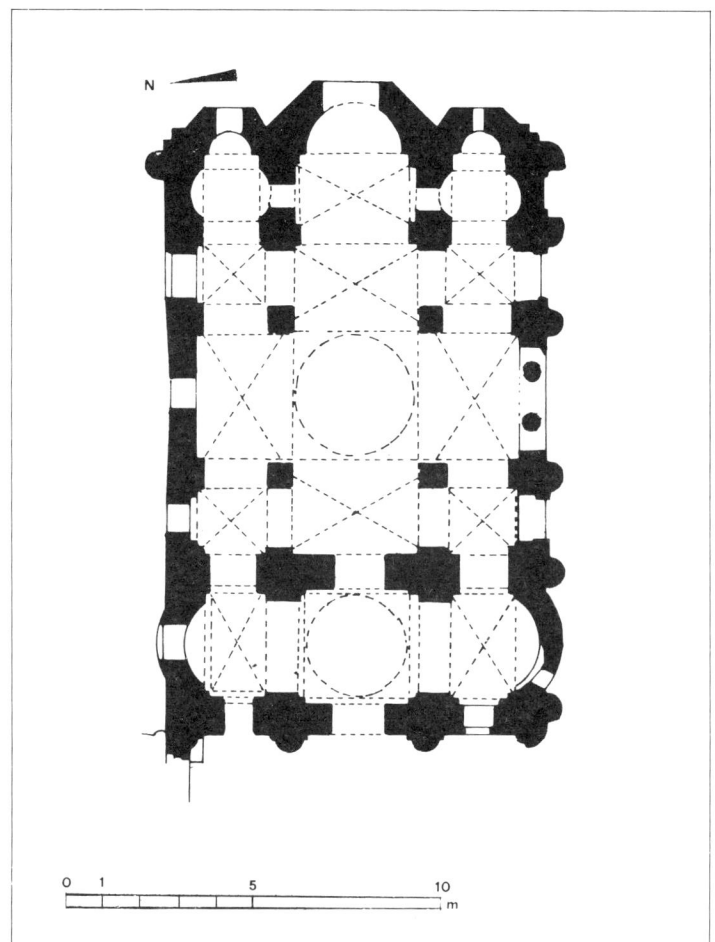

中期拜占庭建筑发展的第一阶段与四柱式建筑规划有关。我们可以从
公元 907 年的利普斯修道院的北教堂和大约公元 920 年的米尔纳伦修
道院（博德鲁姆清真寺，Myrelaion Bodrum Camii）教堂说起，这两座
建筑都有明确的纪年，也都值得认真的对待。

费纳里·伊萨清真寺（Fenari Isa Camii）修道院的北教堂[6]是由君
士坦丁的利普斯贵族修建的。皇帝利奥六世曾被邀请参加这座教堂的
落成典礼。由此可以肯定，我们正在讨论的这幢建筑属于当时社会的最
高层。尽管该教堂毁损严重，特别是去除了 4 根立柱和重建了圆顶，但
仍然可以较为具体地想像其当初的面貌和装饰。虽然教堂面积不大（圆
顶的跨度为 12.5 英尺），但整个建筑相当精美。从平面图上我们可看到
十字方场中心部分增加了两个礼拜堂；扇形边饰的"帕斯托弗里亚"中
厅采光的横向大窗以及与前厅相接的梯塔。塔楼的阶梯通向屋顶，顶上
还有另外 4 个礼拜堂，分别覆盖着小圆顶，4 个礼拜堂分布在长方形的
四角，两个在前厅之上，另两个在"帕斯托弗里亚"上，东边两个礼拜
堂不知如何进入，很可能当时挑檐上支撑着一条悬臂过道。

从外面看，这是一座五圆顶式教堂建筑，与 27 年前的内阿·艾克
列西亚一样。两座教堂的另一相似之处是礼拜堂的多样化处理。我们碰
巧知道内阿·艾克列西亚教堂是献给基督、圣母、天使长米哈伊尔和加
布里埃尔、以利亚以及圣尼古拉，这意味着如果算上两位天使长，至少
也得有 4 个礼拜堂，因此，利普斯教堂是现存的与内阿教堂关系最密切
的一幢建筑。再者，其内部装饰也非同寻常的丰富而质量上乘。在这里，
马赛克消失了，但大量的雕刻依然存在——半圆窗户上细长的直棂，中
厅北面的大窗、檐口、挑砖以及七分大砖上充满了各种各样的装饰。题
材有萨珊的棕榈饰；形状复杂的花束；玫瑰花饰、孔雀和鹰等，所有雕
饰刀法干净明快。另外，雕刻在教堂中所占的比例也很恰当：刻有 6 只
飞鹰的圆顶檐口比下面的檐口更突出，刻线也更深。按照拜占庭的标
准，与雕刻同样优秀的是两个有趣的事实：其一，教堂里的许多大理石
都是从基齐库斯罗马晚期公墓搬来的重刻过的墓碑；其二，主要雕刻构
件也同样被重新采用。对于 4 根主要立柱的柱头装饰我们不能确定，但
由拱券连接的 8 根承重壁柱是 5 世纪时的柱头，小心地分割成两半，甚
至还有修补的痕迹。

利普斯教堂还采用了另外两种装饰手法：镶嵌和瓷砖。大量的镶嵌
圣像和圆形饰物与碎片，包括一件完整的圣欧多西亚的圣像（现藏在伊
斯坦布尔考古博物馆）显示了这一点。有些带有白色矿脉的大理石镶有
彩色材料，而带有黑色矿脉的则嵌入了白石灰石。至于陶砖，看来是用

于边饰和框饰的。这种新的装饰可能是受了穆斯林建筑的启发。自1909年始,当一系列相似的瓷砖以及公元900年的有些是装饰性的、有些是构成圣像的瓷块在古代保加利亚的首都普列斯拉夫附近的帕特莱纳(Patleina)被发现时,这似乎是一个空前的发现,并引发人们的胡思乱想。有人问,美索不达米亚匠人作坊是以什么样的方式搬到普列斯拉夫的?[7]他们可能是在亚洲向巴尔干半岛迁移中被保加利亚部落横扫过的伊朗人吗?后来在君士坦丁堡的发现足以证明:在9世纪到10世纪时瓷砖在都城广泛流行。这些瓷砖有不可靠的萨珊装饰,我们在费纳里·伊萨清真寺中已经看到过。也许是这种后来被拜占庭艺术家抛弃的技术通过拜占庭与穆斯林艺术之间的接触而受到鼓舞的缘故。这在狄奥斐卢斯统治时期是有文字记载的。无论如何,应该看到,除了典型的库菲克手稿中的一些例子外,拜占庭瓷砖的装饰语汇并不是从阿拉伯装饰语汇找到灵感的。

米尔纳伦修道院(博德鲁姆清真寺)是另一座地位更高的寺院式教堂[8],是附属于战队司令罗曼努斯·勒卡珀鲁斯(Romanus Lecapenus)府邸的建筑。罗曼努斯生于亚美尼亚,公元919年,登基成为皇帝。不久,将自己的住宅改成女修道院,公元922年,其妻狄奥多拉便葬在那里。由此,可以假定教堂大约建于公元920年。如今,教堂只留下了一个外壳,几年前一次庸俗的修复进一步损毁其外观。该建筑建在一个很高的下部结构上,在设计上与上文所提到的教堂相似。其意图或许是为了让教堂和毗邻的勒卡珀鲁斯住宅在高度上相当,教堂与下部结构的抬高使其看起来像一座高塔,教堂四周环绕着狭窄的露天过道,与利普斯教堂飞檐上的阳台形式一样。

教堂本身并不大,都是用非常整齐的砖块砌成,没有一层是石料。窗间墙代替了4根立柱,半圆室的3扇大窗很可能在土耳其统治时期就已被封堵,8个扇形组成的弧形圆顶保留着原有的面貌,教堂内部装饰有马赛克、大理石铺面、陶檐。今天看来,该建筑最著名的特点是其外观。前厅的边墙微微向外呈弧形,边墙上的6根圆形壁柱可使人联想到室内的大致结构,这些壁柱是用专门制造的圆砖砌成,工序复杂,它的灵感来自石料建筑,就其可塑性而言,博德鲁姆清真寺代表了在费纳里·伊萨清真寺基础上的一种进步。

一个世纪以后,从建于1028年的塞萨洛尼卡的铜匠的圣玛丽(帕那吉尔·顿·卡尔克安)教堂中,我们看到在已经论述过的君士坦丁堡两座建筑上体现出的建筑观念的进一步发展。[9]这很可能也是一个修道院,但我们并不知道它的原名。正门上方的刻辞中提到捐建者隆戈巴尔迪亚(Longobardia)总督(南意大利拜占庭的一个省)的名字;还有他的妻子、儿子和两个女儿。换句话说,这是一件家事,南边侧廊里的拱形墓穴(Arcosolium)很可能用于存放捐建者的石棺。

从平面图看,这是一座普通的四柱式教堂建筑,同费纳里·伊萨清真寺一样,楼层的前厅上有两个圆顶开间。实际上共有3个圆顶,而不是5个。由于前厅上的一对圆顶相当高,中央圆顶也不得不相应提高。具体办法是加高由两层窗户承托的鼓座。这种效果使顶看起来很重,另外,由于窗户减少,使室内边有些沉闷。费纳里·伊萨清真寺空气的流通归因于半圆室和边墙上大扇窗户以及窄细的间隔窗棂。在塞萨洛尼卡半圆室内有两层小窗;门楣中心有3层。

建筑的外观虽然并不完美,但却显示了一些有趣的进步。如同米尔纳伦修道院一样,该建筑也完全用砖料并又一次出现了圆形壁柱。不过不是从地面开始起柱,而是檐口以上为圆形壁柱,檐口以下是长方形壁柱。这样,从外形上便强调了两层的分割。建筑师有意如此,就是不想拉长建筑高度的比例。同时,他也没能使教堂的两端与建筑主体融为一体:前者采用皱褶边缘顶线;后者则有山墙装饰。不同的是,各个平面在不断缩小,这代表着11世纪的一般倾向。所有拱廊和假券都有2到3个,甚至4个setbacks。前厅上方的小圆顶有很深的假龛,与窗户交替排列,具有一种雕塑的效果。建筑师还通过在屋檐和檐口下采用大牙饰带和一排有库菲克图案的瓷砖使各个立面充满生气。尽管帕那吉尔·顿·卡尔克安(Panagia ton Chalkeo)的设计在某些方面显得笨拙而缺少技巧,但毕竟表现出对新效果的努力追求。

11世纪的前半个世纪真正是拜占庭建筑革新的年代。在巴西勒二世(976—1025年)统治期间,拜占庭帝国达到权力的顶点:连年不断的战争,使前线推到了多瑙河,因此,使拜占庭的统治遍及整个巴尔干半岛。与此同时,在东方其影响从亚美尼亚扩展到叙利亚海岸。可是巴西勒二世是个严肃不苟的军人,不会把国家的财富浪费在建筑工程上。没有建筑物与他的名字相联系。甚至有报道说,当他迫使他的首相——宦官巴西勒下台时,他试图毁掉后者修建的壮丽的修道院。[10]巴西勒皇帝聚敛了大量财富,却被沉溺于享乐、奢侈、虚浮的继承者们不费吹灰之力便耗干荡尽。从公元1025年直到1071年塞尔拉克土耳其人(Seljuk Turks)侵入小亚细亚,这一时期是拜占庭建筑史上硕果累累的时期之一。

由于保护不当的原因,今天,绝大多数与这一复兴艺术活动相关的

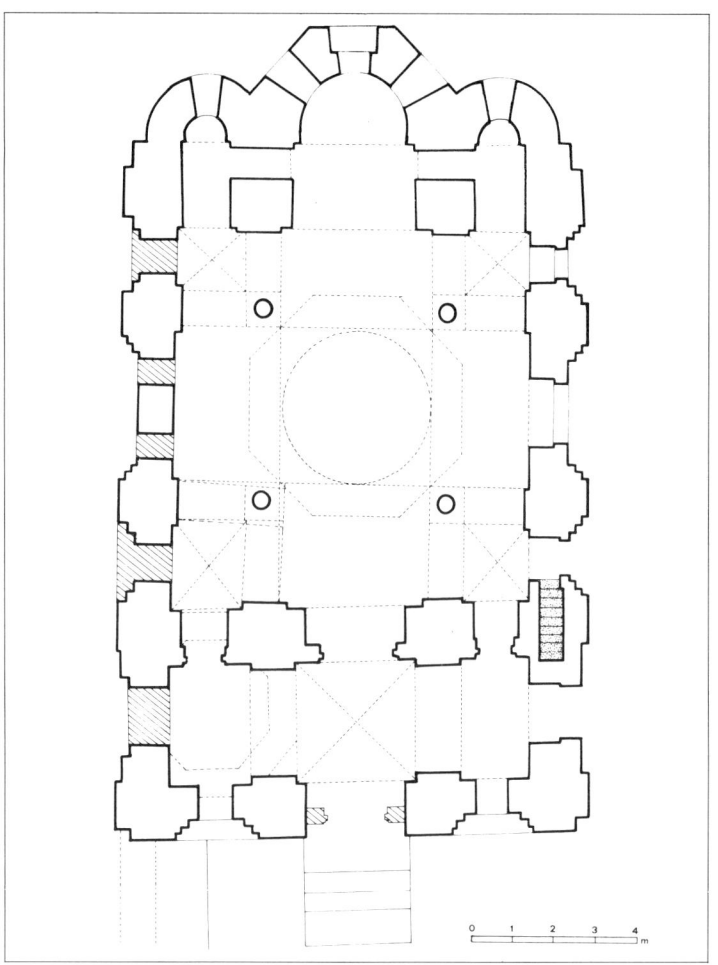

著名建筑都只能在欧洲大陆和希腊岛屿上看到。考虑到在这一点上希腊领土的日益重要性，我们有理由暂时偏离主题，转入枝节。今天，在希腊共保存有 230 座拜占庭教堂，足以提供一个大概的统计。[11]所有教堂中，有 53 座拜占庭早期的建筑（大多为发掘出的废墟）；一座建于黑暗时代的教堂，即塞萨洛尼卡的圣索菲亚教堂；9 世纪有 4 座；10 世纪大约有 15 座；11 世纪有 33 座；12 世纪有 49 座。正如这些统计数字所显示的一样，大约在公元 800 年，拜占庭帝国重新确立其在希腊的统治后，东正教的发展依然很慢，直到 10 世纪和 11 世纪才获得了推动力。

9 世纪的前半叶无论怎样并没有留下什么令人难忘的建筑。而在后半叶的建筑中我们首先注意到佩里斯特赖的圣安德鲁教堂（St. Andrew），它坐落在塞萨洛尼卡东南的 20 英里外，严格地说，是在拜占庭希腊省区的控制范围之外。这是一座寺院式教堂，由小亚细亚的加拉西亚人圣小优锡米乌斯建于公元 870—871 年。优锡米乌斯的故事告诉我们这位隐士自己是怎样同三四个工匠一起建造教堂，其间又不得不克服此地出现的一大批魔鬼的反抗。[12]的确，教堂建得比较粗糙，也没有任何装饰。但设计却很有趣：四叶形的建筑物上覆盖着 5 个圆顶。其中一个在中心方场上，另外几个圆顶则置于臂状物翼上。东翼比其他两翼稍长，圆筒形拱券，祭品台和圣器分置两侧。没有前厅。[13]在亚美尼亚可找到与此相似的设计，包括没有前厅的教堂。

维奥蒂亚（Beotia）的斯克里普教堂建于 873—874 年，是由皇室高官、当地地主利奥修建的。[14]其主要设计是十字形结构带圆筒形拱券的臂翼。有圆顶（18 世纪时重建）。侧廊很矮，前厅则稍高，与其他部分的连接也很糟，整个教堂用的是旧石料，且大部分石块都来自古建筑遗存。设计上的笨重在某种程度上因建筑内外丰富的雕刻装饰而得以弥补。同费纳里·伊萨清真寺的雕塑相比，这里也许不尽人意，但它同属于君士坦丁堡流播开来的东方趋向。[15]另外，外观装饰雕刻的采用也使人想起与亚美尼亚的某种联系。

斯克里普的例子显示了拜占庭基督教会建筑在希腊本土上的缓慢进展。这种现象不仅可解释为国家的原始和倒退，也可以说是希腊所隶属的国家对其不断入侵的结果。驻守在克里特岛、北非、西西里的阿拉伯人不断掠夺希腊海岸地区，而在北方，又有保加利亚人和匈牙利人的入侵。细读斯泰里什（Steiris）的圣路加的故事，我们会对 10 世纪前半叶希腊居民面临的重重危险留下深刻的印象。拜占庭于公元 961 年对克里特岛的征服很大程度上归因于局势的改变，这种局势在 11 世纪

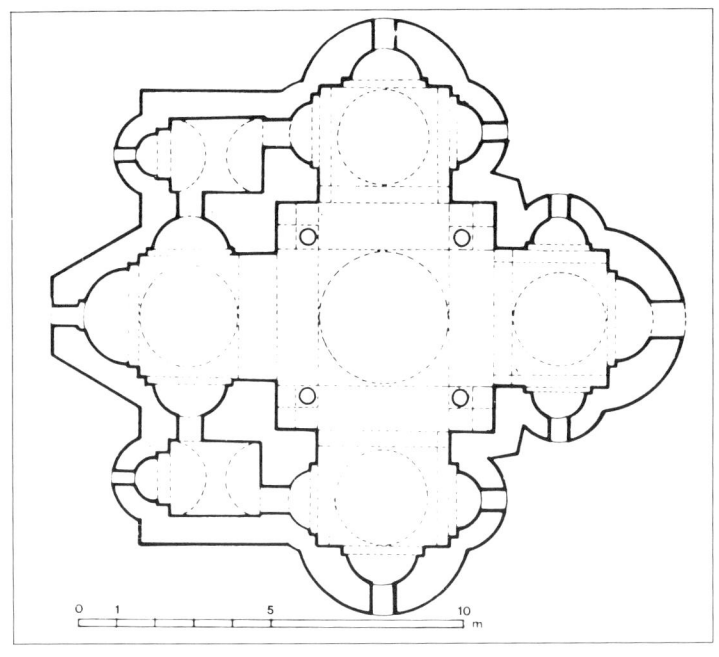

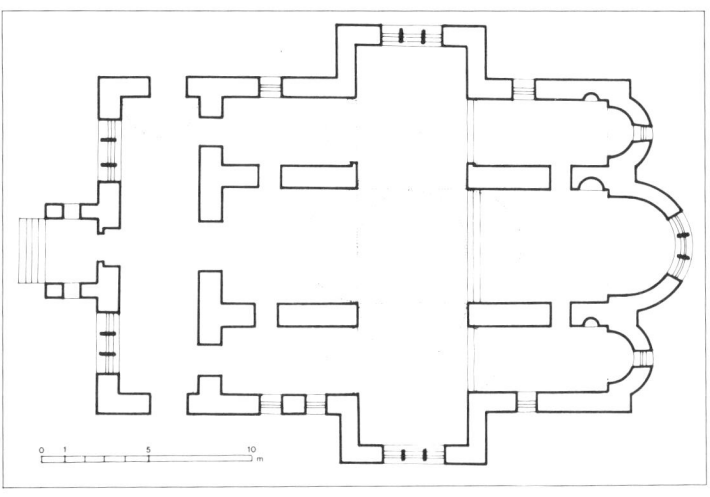

图 167　佩里斯特赖，圣安德鲁教堂，平面图（A. Orlandos 绘，1935 年）

图 168　斯克里普，多米逊的教堂，平面图（M. G. Soteriou 绘，1931 年）

图 169　斯克里普，多米逊的教堂，从东北方向所看到的外观

初又因保加利亚的毁灭更加稳定。正是在这种更为和平且不断繁荣的条件下，希腊建筑才有了发展。

在 10 世纪后半叶，十字方场设计从首都引进到希腊，最杰出的代表便是霍西奥斯·卢卡斯的圣路加（St. Luke Hosios Loukas）修道院的塞奥多科斯教堂。最近有证据显示该教堂比邻近的卡托林肯（Katholikon）教堂更古老。[16]如果和圣人故事中所提到圣巴巴拉（St. Barbara）教堂一样的话，它应该建于公元 946—955 年之间。这样，它很可能就是后来成为典型的希腊"学派风格"某种特征的最早的代表。这些建筑并不关心君士坦丁堡建筑中的内部设计，而注重建筑外观的处理。所有的墙面都采用"景泰蓝"技巧——即单层的石块横向和纵向分别有砖块边框。檐口水平线以上的墙面不时插入纵向排列齿饰带并且装饰在窗拱周围。更为奇特动人的是以库菲克（Kufic）字母为基础的装饰母题大量地出现在墙上。最后，圆顶（其下方的三角顶被重建）的外观也覆盖着一层雕刻的大理石板。就我们所知，这种装饰性的外墙处理与当时君士坦丁堡的艺术毫无关联，而伊斯兰建筑的影响却很明显。不过，我们并不清楚它是通过什么途径进入希腊建筑的。

受伊斯兰建筑装饰影响最显著的地方是从 10 到 12 世纪，相当多的希腊教堂立面都有库菲克字母出现在砌砖上。阿提卡、维奥蒂亚和阿戈利德教堂更是如此。此外，这些字母还用于绘画和雕塑中。在同样的建筑中[17]，还时常出现马蹄形拱。[18]的确，人们对这种装饰形式是否受东方影响感到迷惑，因为，用砖拼图案使外观充满生机的装饰意念在后期拜占庭建筑中极为普遍。希腊和巴尔干半岛比君士坦丁堡更多（君士坦丁堡 11 世纪时才出现这种装饰）。这种装饰样式的使用在早期阿巴斯建筑中也可找到例证，比如，拉卡（Raqqa，772 年）和巴格达大门；以及几座在同一时期建造的乌海迪尔（Ukhaidir）宫殿等。[19]

与希腊建筑的发展迥然不同的是圣山的一些修道院建筑。这些建筑，继公元 961 年的圣阿塔纳修斯的大拉夫拉（St. Athanasius the Great Lavra）建成之后逐渐取代了比提尼亚的奥林巴斯（Olympus）并成为拜占庭修道制度的主要中心任务。遗憾的是，我们对阿多尼特教堂知之不详，因为对其建筑方面并不曾有过认真的研究。[20]在这个半岛上最早的教堂是首府卡里斯的普罗塔顿教堂。这是一个有相当规模的几乎成正方形的十字式建筑。虽然没有圆顶，但仍然在某些方面与斯克里普教堂相似。带有侧高窗的高顶是现代人加上去的。除了普罗塔顿教堂之外，其他所有的阿多尼特教堂实际上都是同一个形式——即三叶形的设计。这种潮流很可能始于拉夫拉的卡托林肯教堂，据说，是在公元

图 170 福基斯,霍西奥什·卢卡斯,
两座教堂的平面图
(E. Stikas 绘,1970 年)
图 171 福基斯,霍西奥什·卢卡斯,
塞奥多科斯教堂,从东边所
看到的外观
图 172 福基斯,霍西奥什·卢卡斯,
塞奥多科斯教堂,向东边所
看到的内部

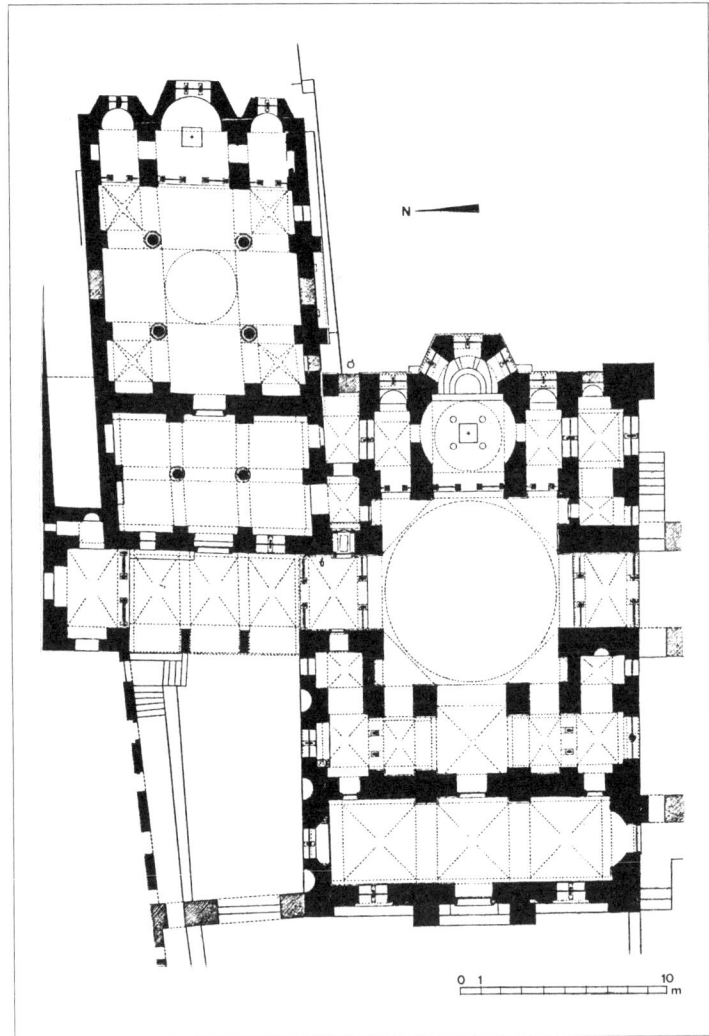

961 年后不久由阿塔纳修斯自己建造的。

　　瓦托佩迪(Vatopedi)和伊夫朗(Iviron)的教堂的年代相对较晚。其设计同佩里斯特赖明显相似。其中包括与中心广场四角很近的 4 根立柱的安排,从视觉上缩小了圆顶覆盖的空间(这些在拉夫拉是没有的,其大圆顶建在角间墙上了,当然,阿多尼特的教堂还有其他一些显著的特征,比如,被称之为 Lite 的很深的前厅,厅内可举行一些礼拜仪式。门厅通常由两根内柱分隔成 6 个拱形开间。引入这些特征的时间并不清楚。当圣山被奉为神圣时,阿多尼特的教堂样式在东正教影响范围内广泛流行,甚至在君士坦丁堡覆灭之后依然如此。

　　最迟始于公元 11 世纪 40 年代的一系列宏大而又奢华的建筑并不是在希腊以及我们曾经简单提到的周边地区马其顿建筑发展基础上一蹴而就的。这些建筑以其相对宽大的圆顶为特色,穿顶的支撑是突角拱而非帆拱。也就是说,穿顶建在八角形结构的底部。从结构上看,这些建筑可细分为两种:简单结构和复杂结构。所谓简单结构是指穿顶直接由外墙支撑;而复杂结构则指中心被次要空间所遮蔽。[21]

　　最早的一座简单结构的教堂是希俄斯岛上的内阿·莫尼(Nea Monil)(即新修道院),是一座卡托林肯教堂。这是一座有纪年(1045年)的建筑,而且我们有幸知道一些当初的真实情况。[22]教堂的创建者是两个希俄斯修道士尼克塔斯和约翰,他们具有预言的天才,并预言流放中的贵族君士坦丁·摩纳马科斯(Constantine Monamachos)将来一定会成为皇帝。当 1042 年预言成为现实时,康斯坦丁为两位修道士建造了一座富丽堂皇的修道院并大量地赏给他们礼物:一系列的金牛法令(君主法令)详细地说明了新修道院从同一个皇帝那里得到的捐赠、免税和其他各种好处。尼克塔斯和约翰经常住在君士坦丁堡,享有压倒强有力的米哈伊尔·克鲁拉欧斯大主教的优势。当时有谣言说,他们玩弄魔法,通过一位乔装改扮成男子的年轻女人之口讲出他们的预言。不管这些在当时很流行的传说有多少真实可言,在两位修道士来说,这场骗局的受害人可能只是慷慨而又易于上当的君士坦丁九世。而他们却因此获取了财富并拥有他们自己的修道院。后来的传说进一步证明新修道院的建筑工匠都是从君士坦丁堡卡托林肯教堂派来的,不论其意义何在,是模仿神圣的使徒教堂而建造的。考虑到两位修道士的背景以及他们对拜占庭社会最高层领导的了解,无疑,新修道院是真正意义上的君士坦丁堡建筑艺术的体现。

　　卡托林肯教堂的地面层是一个方形中厅,没有侧廊,也没有其他建

图 173　圣山，拉夫拉，卡托林肯教堂，从东北方向所看到的外观

筑。当我们攀上下檐口时，可见中心方场的四角有 4 个半圆形龛室，两边还有另外 4 个更宽但却稍浅的龛室。四角龛室上覆盖着突角拱，形成一个八角形的基座支撑着环形檐口滴水板，也许可看成是 8 个帆拱的整合。穹顶很大也很合比例（跨度正好是 23 英尺）。其跨度实际上是整个中厅的宽度。教堂的内部装饰表面波动起伏，与十字形方场教堂相比显然是巴洛克效果，含有一些外来因素，比如下层区域的低位拱和显示八角形结构中 8 个角的二层瘦细而成对的列柱。墙体精致的大理石铺面，马赛克装饰，还有铺成图案的地面都显示出修道院初始时的富有。教堂的外观现在饰有壁柱，由于主穹顶的比例失调，看上去有些头重脚轻。幸好墙面上的假券装饰和置于有半圆形边墙的外前厅上的 3 个小穹顶使外观多少有了一些生机。

　　新修道院的设计成为希俄斯许多教堂模仿的对象，并在几座塞浦路斯教堂中再现了某种模式。最早的一座是 1090 年赫里索斯托莫斯修道院的卡托林肯（毁于 19 世纪末）。[23]这种模式直到 12 世纪还在广泛应用。从安提芬尼提斯和阿普新得提萨（这里八角形减少到六边形）以及塞浦路斯的修道院中可见一斑。

　　由突角拱支撑穹顶的复杂结构从霍西奥斯·卢卡斯的卡托林肯教堂中可见一斑。可能这是希腊现存的最重要的拜占庭建筑。[24]该教堂的中心方场也相当大（跨度近乎 30 英尺），几乎与穹顶的跨度相等。中厅四周都有辅助性的跨拱建筑空间支撑着一个步廊。这些建筑不能算是侧廊，因为有厚厚的横向墙体将它们隔散。墙体上有支撑穹顶的扶壁。内部装饰比新修道院严谨；外部因穹顶与整个结构比例适当而更加谐调。

　　令人惊奇的是，从文字记载中找不出一座建筑能像霍西奥斯·卢卡斯的卡托林肯教堂那样规模宏大，那样富丽豪华。其著名的马赛克装饰，昂贵的大理石铺面，雕刻的大理石以及装饰抹灰等都无可比拟。然而情况就是这样。因此，我们不知道它的年代，也不知是何人创建的。除此之外，该建筑在早先的塞奥多科斯教堂旁边，作为朝拜中心的圣路加神墓的不断上升的名望一定会影响到它的建筑。[25]11 世纪前半叶，在风格化的地面上，马赛克通常是过时的。

　　在相关的建筑物中，只有雅典的帕那吉尔·雷科得默（Panagia Lykodemou）留下了大致的建筑时间。这是中世纪时雅典所有教堂中最大的一座。上面记录着哀悼创建者在 1044 年去世的刻辞。[26]继帕那吉尔·雷科得默（1847 年被剧烈地改变了）之后，可提到的教堂还有特里费尼亚（伯罗奔尼撒）的克里斯蒂亚诺教堂；古埃莱夫西斯（Elevsis）附近著名

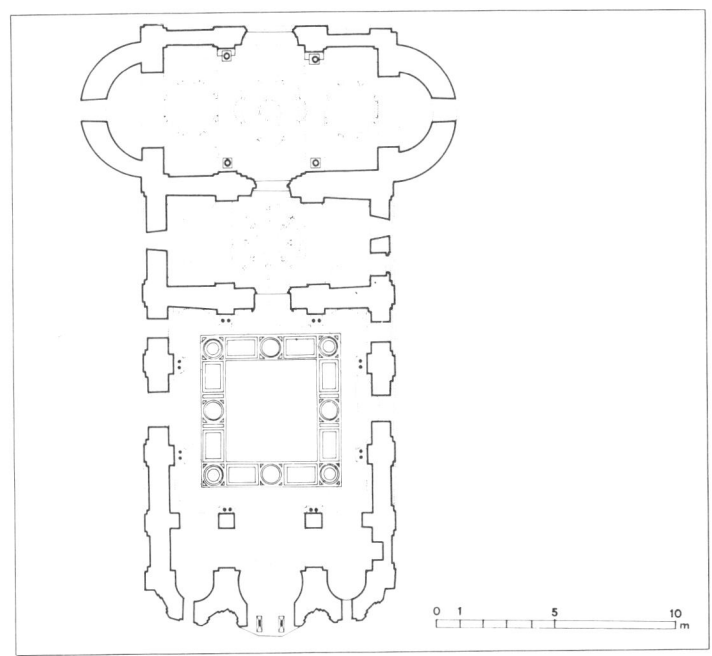

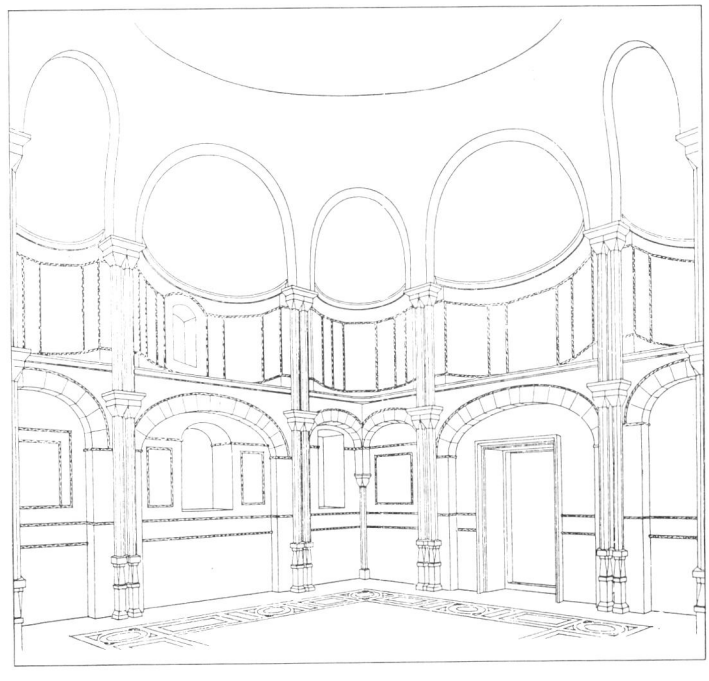

图 174　圣山，卡耶斯，普罗塔顿教堂，从东南方向所看到的外观

图 175　希俄斯，内阿·莫尼，卡托林肯教堂，平面图（A. Orlandos 绘，1935 年）

图 176　希俄斯，内阿·莫尼，卡托林肯教堂，内部透视图（A. Orlandos 绘，1935 年）

图 177　克里斯蒂亚诺，教堂，透视截
　　　　面图（E. Stikas 绘，1951
　　　　年）
图 178　福基斯，霍西奥斯·卢卡斯，
　　　　卡托林肯教堂，向东边所看
　　　　到的内部
图 179　福基斯，霍西奥斯·卢卡斯，
　　　　从西南所看到的卡托林肯教
　　　　堂外观

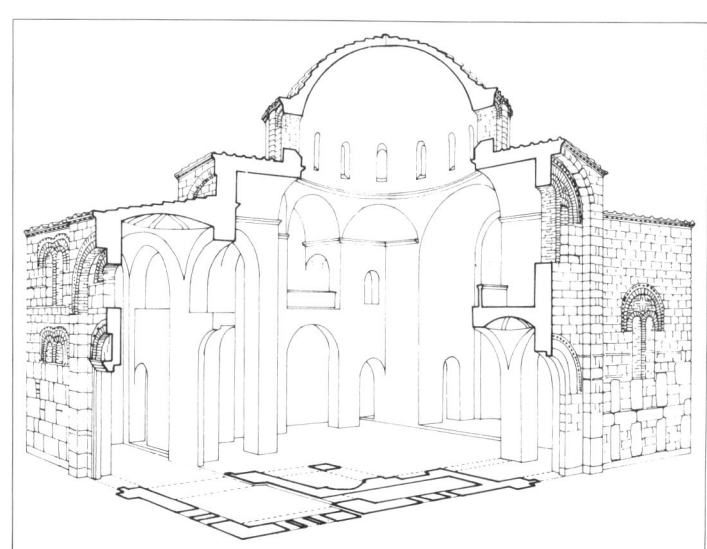

的达佛尼（Dapphni）修道院；莫奈姆瓦夏（Monemvasia，12世纪?）的圣索菲亚以及米斯特拉（Mistra，13世纪末）的圣狄奥多罗伊（Sts. Theodoroi）。帕那吉尔·雷科得默和克里斯蒂亚诺都像霍西奥斯·劳卡斯教堂一样有步廊，达佛尼和后来的一些教堂则没有。克里斯蒂亚诺教堂（现已大部分修复）是个例外——即过去（或者说一直）都是个主教教堂，是在克里斯蒂亚诺普里斯晋升为市级都市（1086年前）时建造的。达佛尼修道院没有纪年，但学者们一致认为它应该建于11世纪的最后25年间。[27]

毫无疑问，在突角拱上支撑穿顶的设计意念使教堂内部结构整体合一，并依靠8个而不是4个支撑来使穿顶增大。长期以来，人们一直认为（笔者本人也持这一看法）这种设计想法是从亚美尼亚经君士坦丁堡传来的，因为在希腊本土不可能会有这种设计，而亚美尼亚早在7世纪便已经出现了。最近，人们又在讨论海伊贝利岛·哈尔基（Heybelia-da Chalki）岛上（君士坦丁堡附近王子群岛中的一个岛屿）的一座很小的教堂，它融四叶形与突角拱设计于一身，且十有八九建于11世纪。[28]这座教堂的价值在于证实了我们主要从希腊建筑中了解到的一些建筑观念在君士坦丁堡同样被采用。然而，建筑物本身规模太小巧玲珑因而不能作为中介来进一步讨论。

另一方面，我们仍然有好的机遇从10世纪到11世纪君士坦丁堡大型皇家建筑中找到连接的依据。的确，有人提到皇帝罗曼努斯二世极尽挥霍钱财之能事修建的佩里布列普托斯的圣玛丽（St. Mary Peribleptos）寺院式教堂（1028—1034年）可看成是这种连接的例证。该教堂很久以前就荡然无存，但一位名叫冈萨雷斯·德·克拉维霍（Ruy Gorzalez de Clavijo）的西班牙大使于1403年就为我们留下了该教堂的文字资料。他说教堂的中厅有侧廊三面环绕，中厅和侧廊共有一个同样的天顶。[29]很遗憾，这样描述相当含糊不清以至于对我们的研究帮助不大。因此，我们可以考虑历史资料为我们提供的其他著名的建筑物，像宏伟的救世主教堂，在公元972年后不久由约翰一世齐米什科斯（John I Tzimiskes）建在皇宫大门的附近；君士坦丁堡近郊科斯米迪恩（Cosmidion）的科斯马斯（Cosmas）和达米安（Damian，1034—1041年）修道院，米哈伊尔四世（Michael IV）曾耗巨资重建这座寺院。[30]最为重要的是曼加纳（Mangana）的圣乔治修道院，它是君士坦丁九世创建的。据说，君士坦丁九世很想与圣索菲亚教堂一比高下，因此，花巨资投入教堂的设计并一再被推翻，直到第三次才满意。使国家的财源大受损害。[31]所有这些已毁掉的建筑中有我们寻找的可作为连接的中介吗？

哈尔克（Chalke）宫殿门旁的救世主教堂在君士坦丁堡沦陷后变成了驯兽场，后来又改成苏丹王宫宫廷画家们的住所，最后在1804年被毁。[32]当我们把各种零碎的证据，包括许多旧图纸收集起来时，可得到以下几点结论：这是一座两层楼的教堂，在某种程度上与博德鲁姆清真寺相似。两层都有马赛克装饰。顶层有穿顶置于一个高高的鼓座上，而鼓座则由12扇窗户支撑。根据现存的一些遗物可知，这里是创建者约翰·齐米什科斯的埋葬地，不过，特别令我们感兴趣的是在建筑物的南北两边都严重毁损的情况，教堂仍然残存有一个穿顶和两个半穿顶。1795年，一位名叫科西莫·科米达斯·德卡尔博尼亚诺（Cosimo Comidas de Carbognano）的意大利通译把它看成像圣索菲亚教堂那样。[33]在拜占庭中期的教堂建筑中，两个半圆顶的出现几乎不可思议。这使我们怀疑当初一定有4个穿顶。因此，我认为救世主教堂是四叶形结构，与1537—1538年的土耳其细密画（Turkish Miniature）完全一致，在小画像中四叶形得以展现。再者，我们知道该教堂是皇帝亲自设计的，[34]而约翰·齐米什科斯是个亚美尼亚人。

至于在塞拉格利奥尖的曼加纳的圣乔治教堂，我们了解得更具体一些，因为1922—1923年在君士坦丁堡对其进行部分发掘的是来自法国的专业队伍。在公开出版的发掘报告中，[35]有关建筑物上部结构的材料甚少，但其所提供的仅有的几张图片却引起人们极大的兴趣。按照拜占庭的标准来看，这是一座大教堂，主体结构大约为75英尺×108英尺（这是包括前厅在内的外结构尺寸）。首先是一个前院，中有一个八角形的喷泉。圣堂是一个十字形方场，四角都有小隔间，中心区域直径为33英尺。令人注意的一个特点是穿面的间墙呈弧形。这是极不寻常的一种处置，它证明了穿顶可以不置于尖细帆拱上，与其相似的处理方法在亚美尼亚的阿特阿马尔（Aght'amar）教堂（915—921年）中可以见到。这里，中心方场弧角的开阔是通过将高拱的豁口藏入小间室后的结果。[36]

圣乔治教堂还具有其他一些特点：外墙上有砖石图案，前庭的边墙通过龛室和壁柱的安排而充满生气。这些龛室和壁柱用砖料砌成，但显然受到石刻的启发。到此，我们对亚美尼亚的影响也要提出质疑，因为圆形和棱形交替排列的集合形式也出现在阿纳（Ani）主教堂（988—100?年）和其他同时代的亚美尼亚建筑上。我们还应该记住阿纳主教堂是建筑师特尔代特（Trdat）的设计，他还负责君士坦丁堡圣索菲亚教堂的重建。在公元989年的地震中，圣索菲亚教堂西面主拱和部分穿顶坍塌。[37]

因此，我们有充分的理由相信希腊地区所尊奉的东方特色是由？

图 180 达佛尼，卡托林肯教堂，从东
      边所看到的外观
图 181 达佛尼，卡托林肯教堂，内
      部，穹顶一角

图 180 达佛尼，卡托林肯教堂，从东边所看到的外观

图 181 达佛尼，卡托林肯教堂，内部，穹顶一角

都君士坦丁堡传播过去的。这些特点出现在 10 世纪末和 11 世纪都城的许多著名的皇家建筑上。即使只凭借历史材料，也可以看到希腊和小亚细亚以及高加索之间的联系。阿多尼特（Athonite）的圣阿塔纳修斯是半个格鲁吉亚人，祖籍在特拉布宗，在他性格形成时期生活在贵族圣米哈伊尔·马列伊诺斯（Michael Maleinos）的"拉夫拉"，而米哈伊尔自己就来自小亚细亚东部的查尔西安隆（Charsianon）。这难道不令人想到坐落在帕夫拉戈尼亚和比提尼亚境内的基明纳斯山上（Mount Kyminas）的马列伊诺斯教堂（建于 925 年左右）是对大拉夫拉的模仿吗？[38]我们还应该记住，迄今仍以伊夫朗著称的坐落在圣山的格鲁吉亚修道院大约建于公元 980 年左右。

在与历史学家们常常据说的"都城贵族群体政府"时期（1025—1081 年）相一致的建筑时期以塞尔柱克土耳其人爆发性地侵入小亚细亚和第一十字军团（First Crusade）而告终。恢复帝国的重任落在科姆内雷王朝（1081—1204 年）的肩上。其权力建立在各省的军事贵族身上。在 12 世纪，拜占庭社会半封建趋势愈演愈烈，虽然和西方的封建社会结构不完全同步，但结果却极为相似。科姆内雷统治的与其说是一个集权的国家，不如说是一个大家族。在众多封有帝国土地权的家族中，科姆内雷家族堪称第一。[39]因此，这一时期的建筑被称之为封侯建筑。不幸的是，这些贵族们的宅邸没有保存下来，但正如当时的一位历史学家所言，亚历克赛一世（Alexius Ⅰ）分给他的亲戚和追随者们的钱财是如此之多，以至于"他们建造的宅邸在规模上像城市，而在富丽堂皇上，与皇宫没什么两样。"[40]科姆内雷家族最终丢弃了在竞技场旁边的旧皇宫（其中的 basileus 存留有 700 年之久），搬进了规模稍小的布拉奇纳尔新宫殿，俯临城市防御北角，新宫殿一定具有城堡的特征。在基督教会建筑中，修道院虽没有进一步发展，但仍然占有主导地位。在这方面皇室家族作出了榜样。

许多与王朝有关的建筑幸存下来，让我们看到 11 世纪末到 12 世纪拜占庭建筑师们的最佳设计。在这些建筑中，我们首先把视觉放在俯瞰金角的潘特波普特斯救世主（Christ Pantepoptes）寺院式教堂上。[41]该教堂大约建于公元 1100 年，是由亚历克赛一世的母后，即著名的安娜·达拉塞纳（Anna Dalassena）修造的。这座规模甚小的教堂是四柱式教堂建筑的一个典例（当初的立柱可能在土耳其时期换成了现在的八角形石料间隔墙）。整个建筑非常小心审慎，檐口上的雕刻与门边框装饰适宜。整个建筑中几乎没有一样东西是 150 年或 200 年前的建筑中所没有出现的。有肋架的 12 条边的穹顶（直径为 13 英尺）；扇形皱褶装饰的"帕斯托弗里亚"，有三个开间的前厅，厅上的步廊通向中厅

图 182　莫奈姆瓦夏，圣索菲亚教堂，
　　　　从西北方向所看到的外观
图 183　哈尔基（海伊贝利岛），帕那
　　　　吉尔·卡马里欧提撒，平面
　　　　图（A. Pasadaios 绘，1971
　　　　年）

图 184　君士坦丁堡的全貌（16 世纪
　　　　土耳其人的细密画），局部
　　　　（伊斯坦布尔大学图书馆藏）

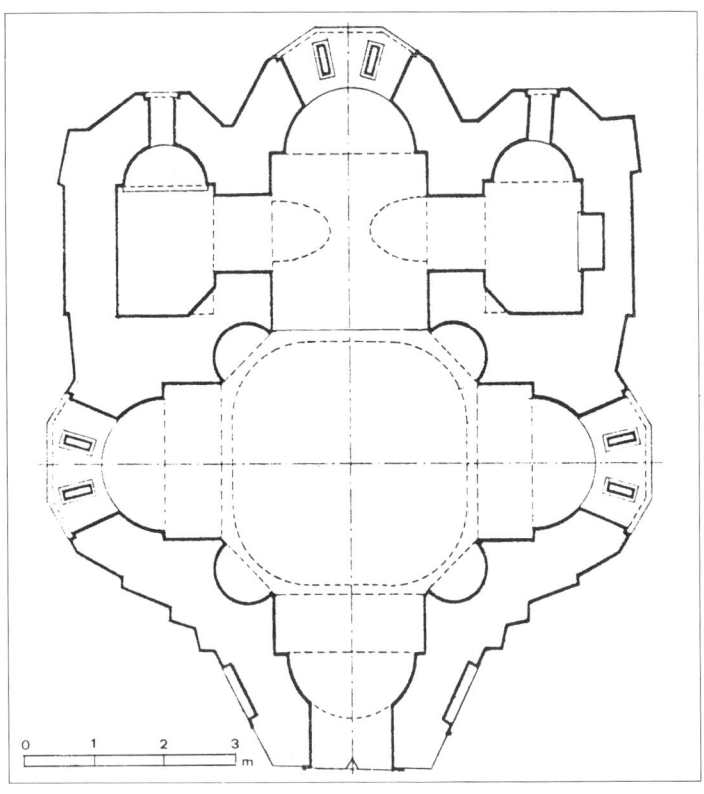

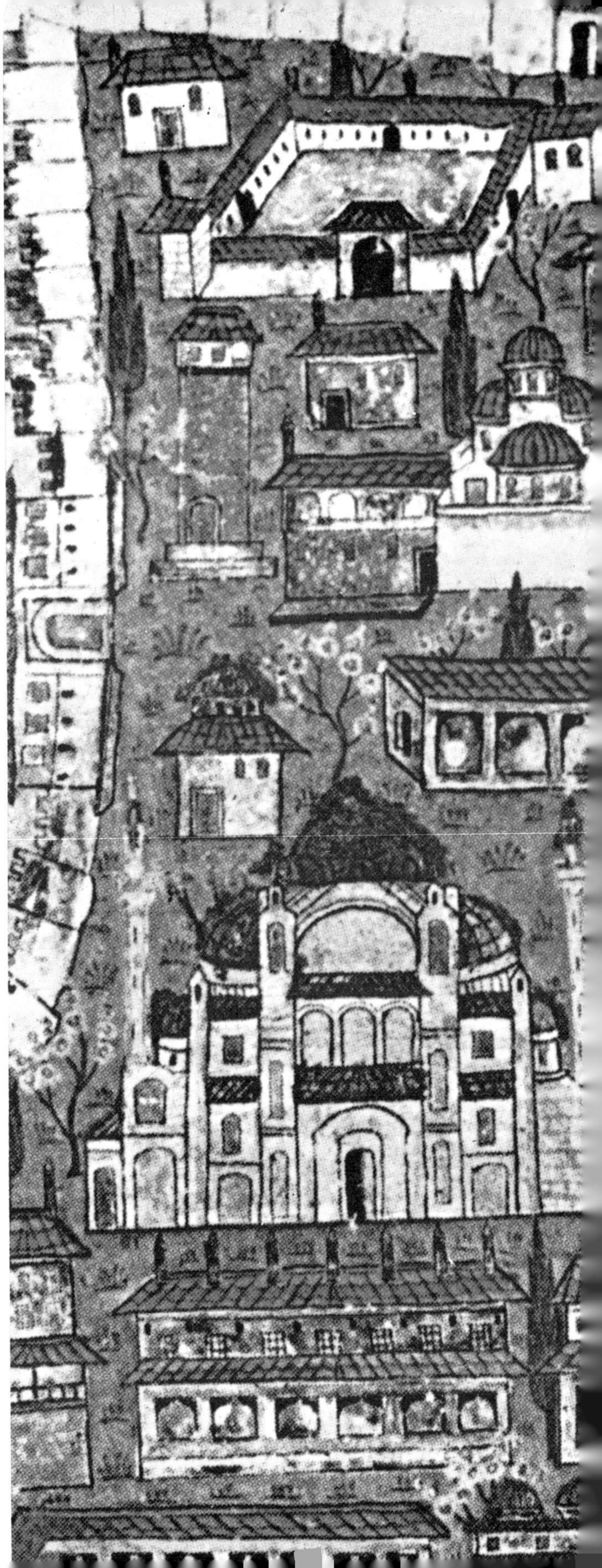

图 185　君士坦丁堡，曼加纳的圣乔治教堂，平面图（E. Mamboury 绘，1939 年）

图 186　阿特阿马尔，圣十字教堂，平面图（J. Strzygowski 绘，1918 年）

图 187　阿特阿马尔，圣十字教堂，外观

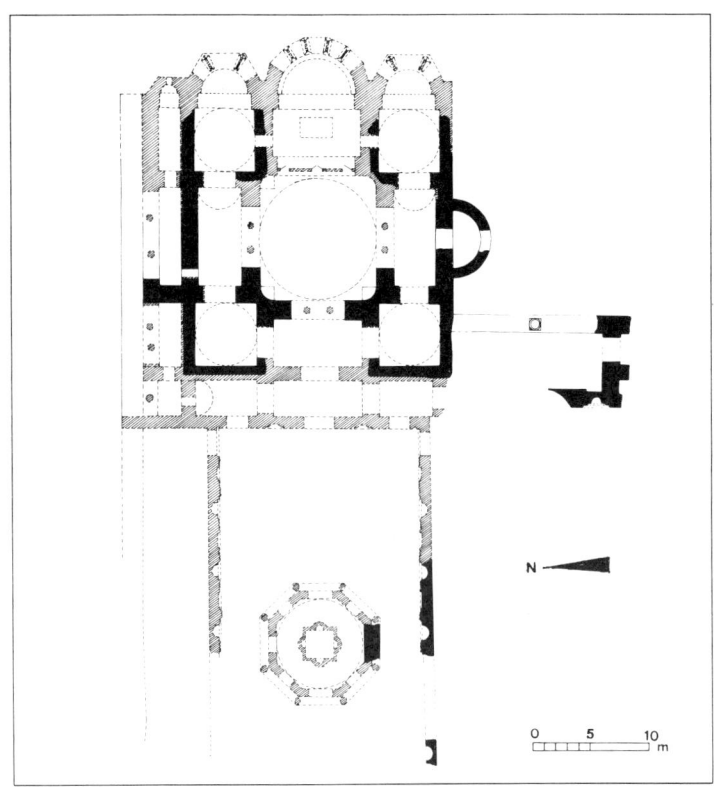

并穿过优雅的 tribelon——所有这一切都是标准的 10 世纪特征。仅从外墙上砖饰图案上才能看出其间的发展。

从科姆内雷的皇家修道院，即神圣万能救世主教堂（Christ Pantocrator）（泽伊雷克·基利斯清真寺）修道院中[42]，我们看到同样明显的衰退迹象。这个综合建筑由三座并置的教堂组成。南面献给基督的教堂在 1118 年到 1124 年之间由皇后伊林娜修建。然后是北面献给默西的维尔京［埃莱奥撒，Virgin of Mercy（Eleousa）］的教堂，最后便是介入两者之间的穹顶式陵墓上面有圣米哈伊尔的名字。后两座建筑是皇帝约翰二世（John Ⅱ）在 1136 年前建成的。此地葬有科姆内尼家族最伟大的皇帝约翰二世和曼努埃尔一世（Manuel Ⅰ）。后来在 14 世纪和 15 世纪又葬有帕拉奥洛基家族的帝王们。修道院慷慨捐赠，据说容纳了 700 名修道士，令人难以置信。在这一综合建筑中还有一所配有 50 张床位的医院，一个老年人收容所以及一间澡堂。

尽管如今的神圣万能救世主教堂修道院已残破不堪，但仍然可见昔日辉煌的痕迹。南面的教堂是君士坦丁堡四柱式建筑中最大的一座，其中厅大约 52 英尺见方，穹顶的跨度为 23 英尺，之所以有这样特殊的尺寸，是因为有 4 根巨大的红色大理石立柱——据说其圆周长达 7 英尺，而且肯定是从更早建筑中掠夺而来的，这些立柱在土耳其巴洛克风格时代换成了石间墙。穹顶共有 16 条边，窗户很多。圣堂两侧各有一道纵向的步廊——南面的步廊依然还在，只是无法进入；而北面的前廊早在修筑陵墓时就已经毁掉了。前厅有 5 个拱顶的开间，并带有一个步廊，置于中心开间之上的穹顶代表着后来的一种改变，其设计是为了在增加外前厅之后改善室内的光线。

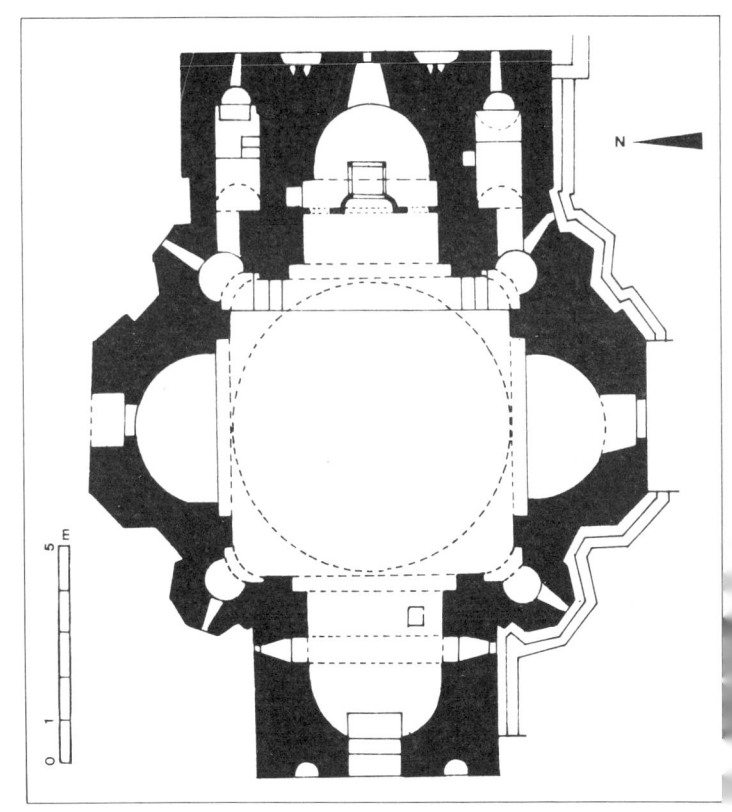

南面教堂的装饰尤其出色，半圆室内的大理石 Placage 还在，不过，当初在中厅四周也铺有大理石 Placage，在其下方还有杂蛇纹石边饰。近来，又恢复了室内有规整拼花的过道，图案上许多小圆形与相互交织的边饰连成一体，四角的方格中都有一个树枝状装饰并饰满了动物形象。这便使我们形象地了解到拜占庭历史资料中有关这种过道的描述。最出乎意料的是发现了成百上千块彩色玻璃碎片，其中有些是人物形象的描绘，如果这些由引线连接的马赛克碎片恢复到教堂装饰原貌的话，那么，我们就不得不重新考虑彩色玻璃的来源，重新考虑 12 世纪拜占庭高级教堂的审美冲击力。

北边的教堂，即维尔京·埃莱奥撒（Virgin Eleousa），规模比南面稍小，但属于同一种建筑类型。该教堂也有四根立柱，但是被土耳其人

图 188　阿纳（Ani），主教教堂，向东
　　　边所看到的内部
图 189　君士坦丁堡，潘特波普特斯
　　　救世主教堂（埃斯基·伊马瑞
　　　特清真寺），从东南方向所看
　　　到的外观

换成了石间墙。有一扇窗户仍有马赛克装饰的痕迹，整个教堂的檐口部分雕刻得十分精美。位置居中的陵墓因建筑空间有限而略显拥挤。其设计上分为两个开间，并覆盖着两个椭圆形穹顶。室内也有和南面教堂相似的规整拼花过道。至于教堂外观，因复合型的半圆室上有窄细的龛室和砖拼图案而充满着生气。

第三座与科姆内雷王朝相关的建筑是肖拉救世主教堂（卡里耶清真寺），因有 14 世纪时的马赛克而名扬天下，有关该教堂结构发展变化极其复杂，在此难以详述。[43]不过，仅凭我们今天所见到的中厅和半圆室就足以说明问题。这两个部分的建筑大半属于科姆内雷时期，很可能是 12 世纪早期由亚历克赛一世的小儿子伊萨克修建的。这里的穹顶相当大（直径几达 23 英尺），直接靠砖石间墙支撑，间墙两端伸进中厅，形成一个十字形带有一点跨臂的平面效果。这种布置令人想起以尼西亚的多米逊教堂和塞萨洛尼卡圣索菲亚教堂为代表的很早期的拜占庭建筑。由于这种相似，卡里耶清真寺中心部分直到考古家调查确定以前，一直被认为是 7 世纪的建筑。然而今天我们可以断言，这种设计在 12 世纪相当流行，比如 1162 年在马尔马拉海南岸靠近穆达尼亚（Mudanya）的埃莱格米（库尔顺卢）建造的一座寺院式教堂以及在伊斯坦布尔以土耳其名称卡兰德尔罕纳清真寺为人所知的大教堂等。[44]后者曾一度被定为 9 世纪的建筑。[45]值得注意的是，卡里耶清真寺教堂在科姆内雷时期也出现有彩色玻璃画窗。

捐资修建肖拉修道院的伊萨克·科姆内努斯在他生命的晚期完成了另一座建筑，即马里查河（Maritsa）沿岸维拉（Vira）或弗赖（Pherrai）地区的维尔京·科斯莫苏特拉（Virgin Kosmosoterra）修道院救世主教堂。他在 1152 年为这座建筑颁布的特赦令生动地展示了他所拥有的广阔的领地，其中包括两座城堡，几座村庄及马里查河沿岸的一些渔场。安葬伊萨克的寺院式教堂现今尚在：[46]这是一座稍稍大一点的建筑，但并不精美。或许可以把它看成是十字形设计的一个变种。穹顶（直径 21.5 英尺）支撑在东边的两道砖石间墙和西边的两对立柱上。立柱上的副柱又被采用，由于副柱太细，不得不将柱头和副柱头加宽，由此偶然地为我们提供了当时雕刻的例证。我们还应该注意大理石立柱在这里的用处：显然，采用大理石立柱是为了某种炫耀，可是，设计中却出现了明显的失衡，尽管有逐渐张开的柱头，但仍然达不到两道间墙的宽度。结果，上有小圆顶覆盖的角间室西边比东边宽出很多。

我们所列举的建筑绝大多数与皇亲国戚有关，作为都市建筑的榜样，它们有力地证明了这种观点，即 11 世纪君士坦丁堡建筑上的一些

图 190　君士坦丁堡，潘特波普特斯
　　　　救世主教堂；（埃斯基·伊马
　　　　瑞特清真寺），从走廊向东看
　　　　去的内部

图 191　君士坦丁堡，神圣万能救世
　　　　主教堂（泽伊雷克·基利斯
　　　　清真寺），从东边所看到的外
　　　　观　　　　　　　　　　　▷

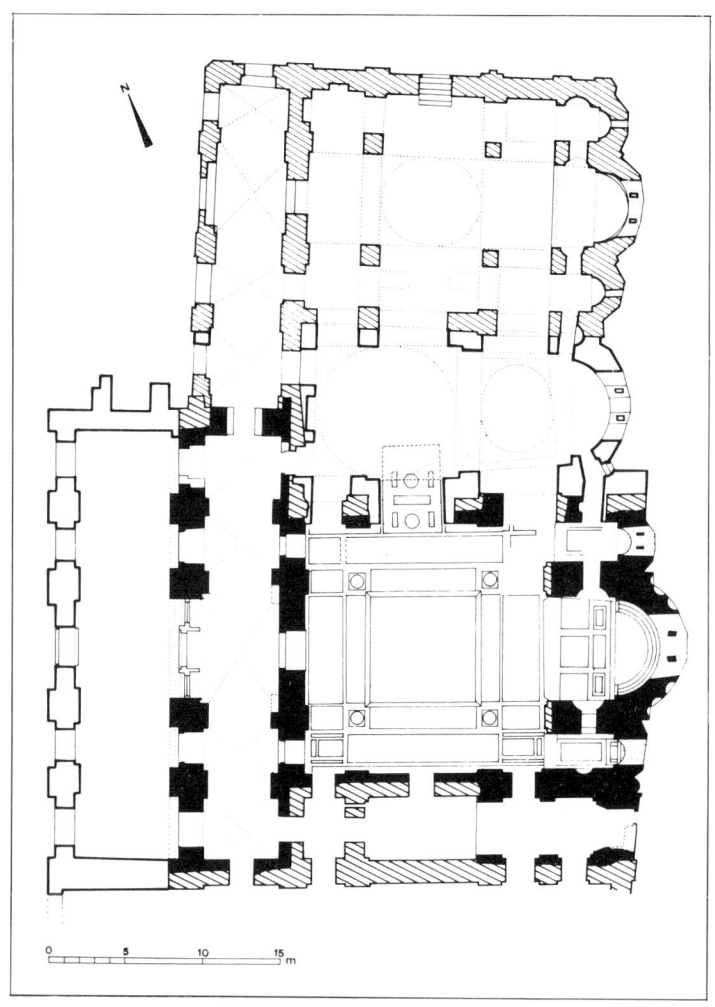

有趣试验在科姆内雷统治下被丢弃，而宽敞无阻的内部空间设计仍然存留着。遗憾的是，拜占庭的建筑师们没有进一步发展突角拱上八角形的设计，而是恢复到久远的传统，也许这样做是有意的。因为，面对帝国所必须承受的双重信仰——来自西方的基督教和东方的穆斯林教，他们希望保持被认为是真正的拜占庭和东正教传统的某种形式和特征。

中期拜占庭建筑的主要贡献在于以其自身的形式精心建造了一种完美的教堂。这种教堂的规模事实上一直都很小，因为它不属于广大的公众。在君士坦丁堡有许多早期遗留下来的巨大的会众教堂以及因为虔诚的理由而保存下来的教堂（我们可以回想巴西勒一世为此所付出的巨大努力）。这些教堂足以满足当时正不断减少的都市人口的要求，确切地说是教堂过剩。在塞萨洛尼卡，情况也是一样。另外，各主教辖区不稳定的财政状况也使大型会众教堂的建筑成为泡影，即使有些捐赠也无济于事。正如我们今天所看到的，当时的潮流倾向于小型的家庭式教堂，在建筑上的努力也主要体现在修道院建造上。其原因笔者已试图解释过。总之，正是寺院式教堂建筑给中期拜占庭建筑的发展定下了基调。

就建筑观念而言，早期和中期拜占庭之间并没有出现断裂，中期拜占庭建筑的创新主要在于对建筑外观更加注意，这种趋向是因为（至少部分因为）把教堂孤立地建在修道院的敞院中。然而，这并不损害内部设计，教堂内部的安排在当时仍然是头等重要的大事。中期拜占庭建筑依然是追求内部空间的建筑，外观上任何造型关节的采用都影响着内部构造和分隔。另外，教堂里空间像巴西利卡一样是向心的设计，而不是单向设计。其组织和安排也具有等级制度的特点：由穹顶开始，下落至拱顶，然后铺开至圣职席和半圆室内，最后才到地上。这种等级关系通过大理石檐口将穹顶、拱顶、垂直的墙面这三个区域彼此隔开而得到强调。

这类教堂的空间构成和中等规模最适合于反映基督教有关宇宙不变的等级观念的图画。马赛克拼画是最好的一种表达形式。这类装饰有两种内容：其一是表现人物的等级——从穹顶的基督至半圆室穹顶上的圣母玛丽亚，再到天使长、先知、使徒、教父和其他圣者。其二是一连串的人物形象，叙述性地描绘西历中的主要节日和节期，从天使报告到耶稣升天，以及圣母安寝等。

在大金块镶嵌的马赛克背景映衬下，这些人物仿佛住在教堂内，彼

图 194　君士坦丁堡，居尔清真寺，半
　　　　圆形后殿
图 195　君士坦丁堡，肖拉救世主教
　　　　堂（卡里耶清真寺），平面图
　　　　（P. A. Underwood 绘，1966
　　　　年）

图 196　君士坦丁堡，肖拉救世主教
　　　　堂（卡里耶清真寺），卡托林
　　　　肯教堂，向半圆形后殿看去
　　　　的内部

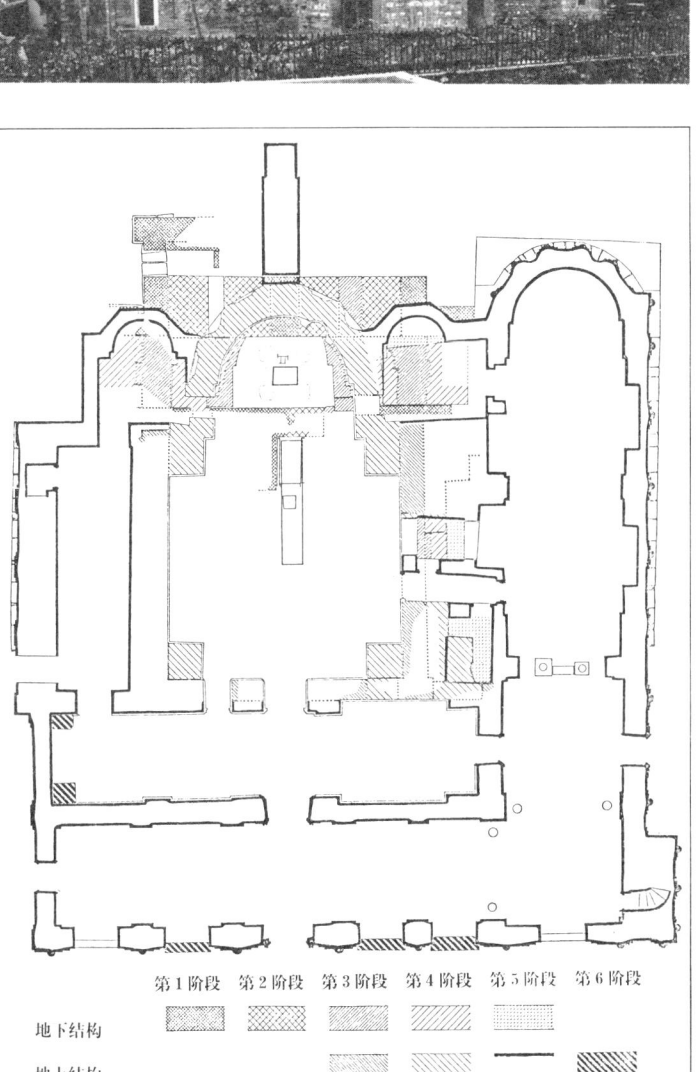

第1阶段　第2阶段　第3阶段　第4阶段　第5阶段　第6阶段

地下结构

地上结构

0　1　　　5　　　　　10
　　　　　　　　　　　m

图 197　埃莱格米（库尔顺卢），圣阿伯奇乌斯教堂，向东边所看到的内景

此倾谈，天使长护卫着基督[47]；先知们正展示他的有关预言显现的证明；马太、马可、路加和约翰四福音书作者通常画在四个帆拱上，他们正在认真思索基督的教义。正如我们从霍西奥斯·卢卡斯，达佛尼，新修道院和基辅的圣索菲亚教堂中所看到的马赛克装饰一样，这些图画的编排不可能适应根本不同形式的建筑。再者，如果装饰的教堂面积太大，这些人物之间的亲密关系便会疏远。在君士坦丁堡的圣索菲亚教堂，有人物形象的马赛克装饰是在反偶像主义平定之后于 9 世纪后半叶才出现的。尽管人物本身的刻划相当优秀，但整体而言，却被教堂广阔的空间所吞噬。

在教堂的上部空间，即穹顶和拱面区域用马赛克装饰的同时，在一些一流的教堂内下檐口以下的竖墙仍然用大理石铺面，如同罗马帝国时期和拜占庭早期一样。无论如何，充足的大理石货源预示着这种材料会被再利用。马赛克却相当昂贵。在绝大多数中期拜占庭教堂中，整个内部空间都充满了图画装饰，人物画装饰（一般都是在一片蓝色背景上）继续向下檐以下的墙面扩展，但总是有一道画出的护墙，模仿较贵重的有纹理的大理石和坚硬外层的装饰效果。

如果从私家教堂转到综合建筑设计来看，我们所描述的许多修道院最能说明中期拜占庭建筑的贡献。另一方面，城市却似乎失去了一切纪念性特征（基辅的表面情况是个例外，对此笔者将在下一章节中讨论），以希腊北部的卡斯托里亚（Kastoria）为例，这座城镇除在 1018 年到 1331 年之间时有中断外，一直都在拜占庭统治之下。这是一座设防的城市。坐落在一个突出湖面的半岛的颈口。在这里，我们找到近 30 座很小的教堂，分别建于拜占庭和后拜占庭时期，教堂的分布多少有些零乱，没有清晰可辨的城市中心，也没有主要的街道，整个城镇像一座迷宫，曲曲折折的小巷将一堆一堆古旧的房屋连在一起。有些可追溯到 17 和 18 世纪。除了一个例外（所谓的昆比利迪基教堂），这里的教堂都没有穹顶。最大的一座，即建于 11 世纪的阿纳吉罗伊（Anargyroi）教堂，面积为 26 英尺×29.5 英尺，包括前厅在内。它是巴西利卡式设计，也就是说，有 3 个被间隔墙分开的侧廊和一个侧高窗，其他教堂绝大多数是简单的长方形。这些教堂是由地方发起兴建的，出现在献辞上的最高官员是地方官尼克佛罗斯·卡什尼茨斯（Magistros Nikephoros Kasnitzis），其官衔大概相当于省级的法官或估税员。[48]

与卡斯托里亚相比，雅典是一个更重要的中心，但这里拜占庭中期留下的主要遗物同样是四处零散的教堂。由于 19 世纪的大规模拆除，

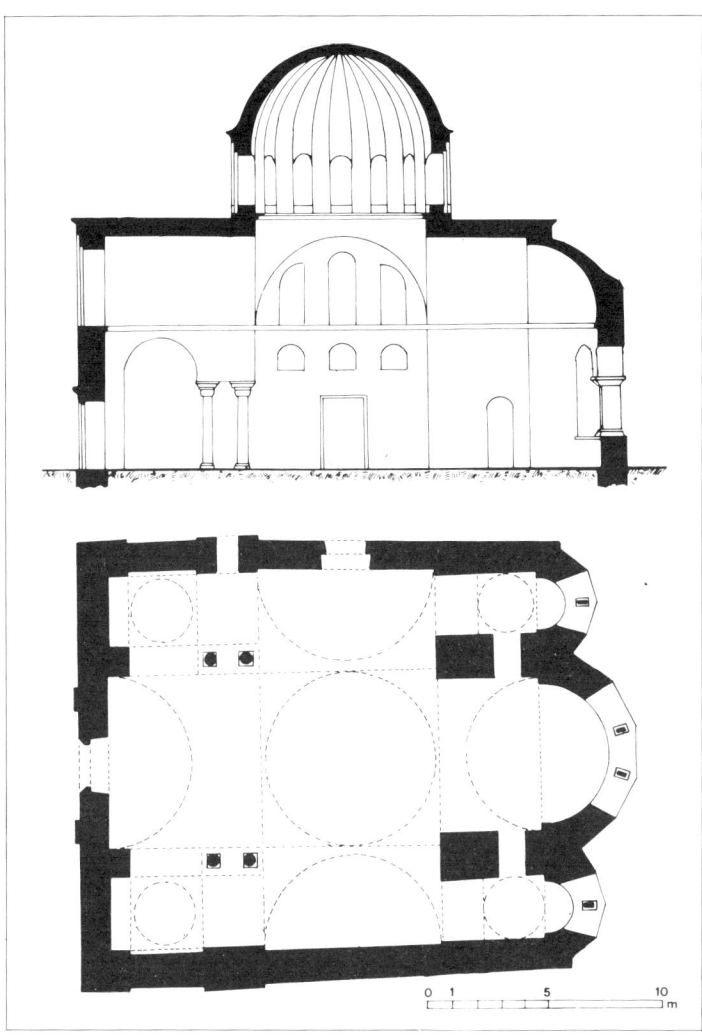

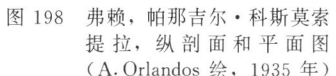

教堂的数量难以估计：大概共有 40 多座，其中有 8 座幸存至今。据记载，这里最早的一座教堂圣约翰·曼戈提斯（现已毁）是一座小型巴西利卡，建于公元 871 年。但是，到了 10 世纪末或 11 世纪，便传入了各种各样的圆顶式。卫城（Acropolis）是这里的行政和基督教中心，重新献祭给圣母玛丽亚的帕提农神庙也被改成大主教堂。古代的城堡用围墙进一步加固，其总面积只有 470 码×305 码。另一道 3 世纪时的防线修在卫城的北边并包括古阿戈拉（Agora）地区。拜占庭的房屋和教堂都超出了这两道防线。现今发掘出的中世纪时的房屋都很小而且修得很糟，在多数情况下，甚至连平面图都不能探知。和保持着繁荣的丝绸工业的拜占庭时期希腊省会城市特贝西（Thebes）不同，雅典并未出现昌盛的景象。相反，正如大主教米哈伊尔·阿科尼纳托斯（Michael Akominatos，1182—1204 年）所言，情形相当凄惨，他说城墙变成了废墟，许多房屋被推倒，变成了耕田。同其他地方一样，雅典最引人注目的拜占庭建筑也是修道院：像帕那吉尔·雷科得默修道院以及周围的达佛尼和凯萨里亚尼（Kaisariani）修道院等。[49]

图 200　卡斯托里亚，昆比利迪基教堂，从西南方向所看到的外观
图 201　卡斯托里亚，阿纳吉罗伊教堂，从东南方向所看到的外观
图 202　雅典，帕那吉尔·戈尔戈帕库斯教堂，从西边所看到的外观

第八章 拜占庭晚期

　　中世纪时期,进入封建分封制的拜占庭帝国在12世纪末开始走向分裂:1185年,皇室成员伊萨克·科姆内努斯辖内的塞浦路斯脱离了帝国统治;1189年,一个叫狄奥多尔·曼卡菲斯(Theoadore Mankaphas)的人在小亚细亚西部的费拉德尔斐亚(Philadelphia)建立起自己的独立王国,1204年,当第四次远征军攻入君士坦丁堡时,国家的分裂进一步加剧,因此,晚期拜占庭的历史所涉及的不仅仅是一个国家,而且还有一系列的公侯国。拉斯卡里斯家族的尼西亚"帝国",控制着小亚细亚西北角地区;科姆内雷王统治下的特拉布宗"帝国"从1204年到1461年一直统领着黑海沿岸地区;以阿尔塔(Arta)为中心的伊庇鲁斯国(Despotate of Epirus);帕拉奥洛基家族重建的君士坦丁堡"帝国"(1261—1453年);以及摩里亚的伯罗奔尼撒(Morea Peloponnesus)公国,定都米斯特拉,其独立统治一直持续到公元1460年。

　　这一时期的建筑自然会表现出多种多样的地方特色,在此难以尽述。在希腊,每一个公国都有其自身的政治形式,都受不同地区的影响:特拉布宗帝国夹在东边的格鲁吉亚王国和南面的土耳其中间;尼西亚帝国建在由科尼亚苏丹(Sultan of Konya)控制的辽阔土地上;伊庇鲁斯国所面对的是在希腊的法兰克人"Franks"和周围的巴尔干人——阿尔巴尼亚、塞尔维亚和保加利亚。拉丁人则四处可见,他们不仅是临时的征服者,也是威尼斯(Venice)和热那亚(Genoa)长期的商业帝王。另一个新特点便是包围着希腊领土的两种文化,即罗马基督教和伊斯兰教,出现了比拜占庭帝国时期更先进的建筑。我们应该知道,13世纪塞尔柱克的清真寺、宗教学校,以及在科尼亚、卡塞利、锡瓦斯和底维利基的驿馆无论在规模还是在技术上都胜过自查士丁尼统治以来拜占庭修建的所有建筑,即使塞尔柱克对拜占庭建筑的影响微乎其微。[1]而另一方面,罗马式和哥特式建筑却更易于接受和吸纳。

　　从13世纪早期起,随着拉丁人在从前属于拜占庭帝国的领土上一个又一个公国的确立,许多城堡、修道院和教堂也相继拔地而起。而在君士坦丁堡,拉丁统治时期(1204—1261年)建筑上似乎没有大的起色,其间惟一的建筑便是圣索菲亚教堂东南边的门廊。[2]也许在更早的时候,即11世纪和12世纪时,金角一带的意大利殖民地——即阿马尔菲塔(Amalfitans)人、威尼斯人和比萨人的殖民地就建起了具有民族风格的建筑,对此,我们不能不加以考虑。另一方面,当加拉塔(Galata)在1303年被割让给热那亚人时,君士坦丁堡对迅速崛起的一座西方城市进行镇压,其宫殿和教堂建筑中,圣保罗教堂幸存至今,但面貌却有了很大的改变。[3]

图 203　埃利斯,布拉奇尔纳修道院,教堂,从西南方向所看到的外观　　图 204　阿尔塔,卡托·帕那吉尔,教堂,从西南方向所看到的外观

图 205　特里卡拉，波尔塔·帕那吉
　　　　尔，从东边所看到的外观

图 206　阿尔塔，圣狄奥多拉，从西北
　　　　方向所看到的外观

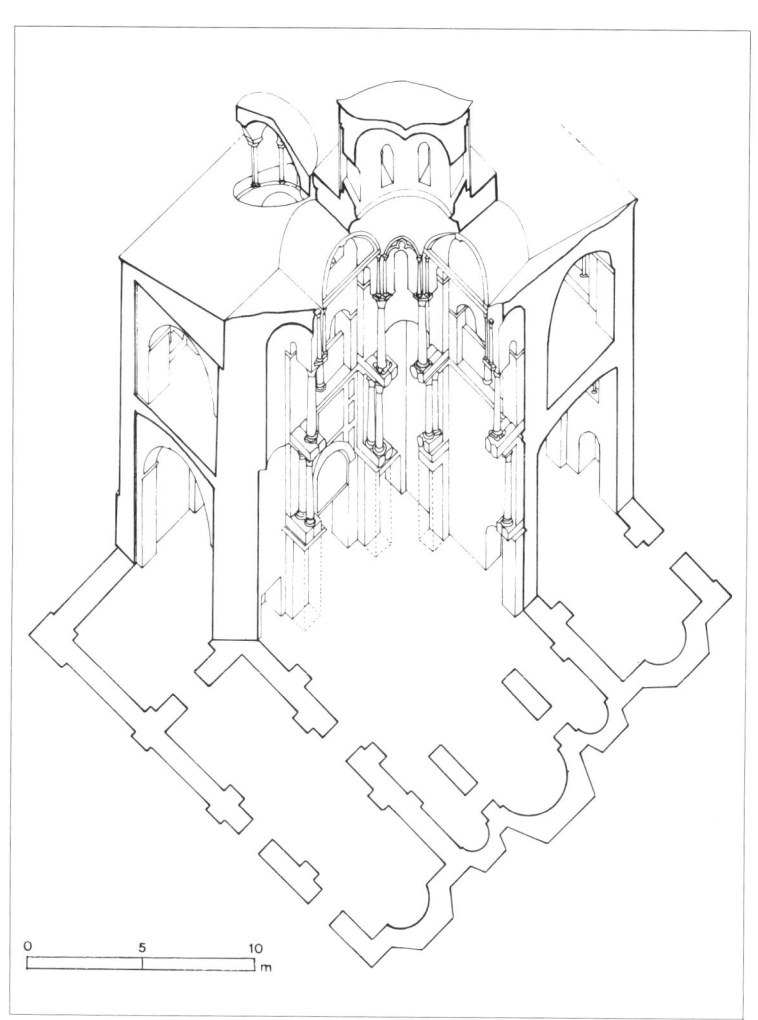

图 207　阿尔塔，帕里戈里提撒，轴测图 （A. Orlandos 绘，1963年）
图 208　阿尔塔，帕里戈里提撒，从西北方向所看到的外观

图 209　阿尔塔，帕里戈里提撒，向上看的内部

在希腊，存留到现在的法兰克建筑就比较多了。有几座重要的城堡，如坐落在伯罗奔尼撒西海岸的赫莱莫提斯（克莱蒙特，Chlemoutsi）城堡，建于 1220—1223 年之间；温泉关（德摩比利，Thermopylae）附近的博多尼提撒（Bodonitsa）城堡，时间大致相当。[4]此外，还有一些重要的教堂。像伊索瓦的圣母教堂；安兹拉维扎的圣索菲亚教堂；扎拉卡的西斯特教团修士的修道院；埃利斯的布拉齐纳尔修道院（可能始建于十字军到达之前，以哥特式风格完成的），和哈尔基斯的圣帕拉斯克维（St. Paraskevi）教堂——一群长方形建筑，其面积与拜占庭的教堂形成鲜明的对照（圣索菲亚教堂面积是 62 英尺×164 英尺）。[5]由此，哥特式建筑被移植在拜占庭土地上，并留下了令人瞩目的风格印记——尖顶拱、肋架拱顶、钟塔以及教堂平面的伸长。[6]不仅如此，还给人物雕像带来新的动力。在拜占庭这种艺术形式酝酿了几个世纪。[7]

在 1204 年后形成希腊公国中，尼西亚"帝国"最具活力，统治者们将繁荣的措施引入小亚细亚西部地区。据史料记载，当时的建筑活动相当频繁。不幸的是，除了防御工事外［像马格尼西亚（Magnesia）马尼萨（Manisa）、士麦那、以弗所和普里恩（Priene）］，我们对其他的建筑知之甚少。[8]我们找到的属于这一时期的建筑包括尼西亚的一处四柱式教堂的废墟[9]；近期在萨迪斯发掘出的一座教堂遗迹等。此外，还应当提到士麦那附近尼姆费翁（Nymphaion）［凯末尔帕夏（Kemalpasa）］宫殿的外壳。这是尼西亚皇帝们最喜爱的住所，是一个长方形的三层建筑，缺乏精心的安排和处理。底层用切割石块砌成，肯定有拱顶；上部结构由交替的石料和砖料带组成。[10]

伊庇鲁斯国因建筑而更为人所知，其中有几座建筑直接与皇室相关。这些建筑具有真正的"地方"特性，因为，有些构件确实是自创的，即朴拙的天真，却又和追求昂贵和宏大的愿望综合在一起。在我们讨论的建筑中，有两座建筑在形式上几乎完全一样：一座是阿尔塔附近的卡托·帕那吉尔（Kato Panagia），由暴君米哈伊尔二世于公元 1231 年至 1271 年间建成[11]；另一座是特里卡拉（Trikkala）附近的波尔塔·帕那吉尔（Porta Panagia），由小王子约翰·杜科斯（John Doukas）建于 1283 年。[12]

两座建筑都属于"跨拱式"，从 13 世纪始，这种形式在希腊一直都很普遍。建筑的平面上有三间侧廊，中厅覆盖有一个纵向的圆筒拱顶，并和一个稍稍高一点的横向圆筒拱顶相交叉。这种效果很像一座去掉了圆顶的十字形方场教堂，卡托·帕那吉尔教堂甚至使人想到有穹顶的可能性，因为，拱顶交叉处的中心开间比横向开间高出 51 英寸。由高出屋顶线墙而加以强调的又高又窄的十字交叉形是两座教堂外观最

重要的特征。当然，缺乏统一整体的安排在卡托·帕那吉尔教堂中也表现得特别明显，圣职席上方的拱顶比中厅西翼上方的拱顶低很多，而高度的不均只能以假山墙来掩盖。另外，两座建筑的外观都采用瓷砖图案和齿饰构成丰富的几何形装饰，虽然忽略了对称，但却别有魅力。波尔塔·帕那吉尔教堂也有一扇雕刻精美的圣坛隔屏，两边分饰有基督和圣母玛丽亚的马赛克圣像。

伊庇鲁斯的暴君们的安息之处是阿尔塔附近的布拉奇纳尔教堂[13]，其建筑的发展变化相当复杂，混淆不清。不过，在 12 世纪末或 13 世纪初始建造的原教堂是一座有 3 间侧廊，带拱顶的巴西利卡。建筑立面两边各有两根立柱。几十年之后，教堂顶上增加了 3 个穹顶：一个在上厅之上，另两个在侧廊上。不过，当时并没有考虑建筑物的榫键连接。挑砖上的拱跨过中厅和侧廊，新增的细细的排柱插在先存的每对立柱之间。中厅与南边侧廊分别被隔成与支撑系统无关的 3 个开间，并在中心开间上置一穹顶。另一方面，北边的侧廊也被隔成 4 个开间，其中西边第二间上方覆盖着穹顶，第 3 间是拱顶。建筑师们并未就此罢休，继而又将两个横向的穹顶藏在假山墙之后。这样做除了给人一个横向拱顶的幻觉外，似乎无其他理由。同建筑处理的笨拙相比，教堂的内部装饰显得特别用心：地面上有精美的镶嵌图案，另外，拜占庭晚期幸存下来的一些最有趣的雕刻技法和题材的采用使圣坛的隔屏和皇家陵墓充满生气。

不论如何，伊庇罗特派（Epirote School）的杰作是阿尔塔的帕里戈里提撒教堂。[14]从外观看，除了 5 个穹顶和一个高出屋顶平面的敞开的采光亭（很可能当成钟塔使用）之外，其立方形体量使人联想起意大利的宫殿建筑。拜占庭建筑中的一个基本准则，也就是内部拱顶系统易于体现在外部，在这里为了教堂三面的平形立面而作出了牺牲。每一个立面被分为三层：上两层的窗户呈肺叶形，下层是有壁柱的毛石砌成的墙体，四周可能有单坡屋顶的木质门廊相接。教堂的前厅和边侧廊相对较宽，顶上是一个步廊，但却没有入口。圣堂相应较小，所占的内部空间不足三分之一，而且非常陡峭，因为建筑师所设计的屋盖前所未有却又相当冒险，同希腊教堂所采用的突角拱原理一样，建筑师运用 8 个支点，将众多柱身逐渐挑出，这些柱身无疑是从附近的尼科波利斯（Nicopolis）废墟中搬来的。柱身成对嵌入墙体以形成安全的固定隔撑，第一道隔撑在底层的上半部；第二道隔撑更加突出，定在步廊水平线上，在这些临时作成的隔撑上有立柱相接，底层隔撑为双柱，上二层为单柱，离墙稍远。整个随机可定的系统顶上有仅次于穹顶的装饰柱廊正对着三叶形拱和具有意大利风格的雕刻拱门饰。

　　帕里戈里提撒教堂建于公元 1283 年和 1296 年之间的某个时期，属于伊庇鲁斯皇室建筑。伊庇鲁斯家族曾与凯法洛尼亚岛（Cephalonia）的奥尔西尼家族；西西里的霍恩斯陶芬家族（Hohenstaufens）；维尔阿杜里安家族（Villehardouins）和圣奥默斯家族（St. Omers）通婚，因此，其建筑中所表现出的纯粹的西方特征也就不难解释了。的确，由于建筑师是本地人，不受强大传统的限制，所以能够借鉴西方形式并产生了一种非预先安排好的结果，虽然并不成功，但却是一次有趣的杂交混合。这种放任自由的设计处理在重建的君士坦丁堡帝国并没有受到鼓励。勿庸置疑，因为帝国在建筑中也是有意要回复更早的传统程式。

　　帕拉奥洛基家族在拜占庭艺术和历史发展的最后时期留下了深刻的印记。我们经常所说的"帕拉奥洛基复兴"在绘画领域也许有其一定的道理，在建筑领域则很难适用。在公元 1261 年到 1330 年左右这一相对短暂的历史时期内（由于国家的衰落，都城的建筑活动实际上已停止了），君士坦丁堡和塞萨洛尼卡虽也出现了一些有吸引力的建筑，但仍然是中期拜占庭建筑传统的承袭，丝毫没有考虑恢复早期基督教形式，任其成为古董。与这种建筑相关的社会阶层是一个紧密联系在一起的贵族阶层，他们和从前一样，把精力花耗在宫殿和像有修道院的建筑上。修道院建筑的一个显著特征在于留给殉葬者的一块重要之地：沿着教堂的墙体和前厅，在特别建起的礼拜室和回廊内有许多壁龛，室内有石棺，死者的画像和浮夸的墓志铭，详细记录了所有这些帕拉奥洛基、杜卡（Doukai）和坎塔库者纳斯（Cantacuzenes）家族的祖系和联姻关系。

　　在君士坦丁堡这一时期幸存的教会建筑中，最重要的是利普斯（费纳里·伊萨清真寺）修道院的南教堂。由米哈伊尔八世（Michael VIII）帕拉奥洛基的妻子狄奥多拉皇后修建。[15]确切的建筑时间已无从知晓，但无论如何应在 1282 年后皇后颁发特许权之前。狄奥多拉皇后建的不是一座全新的修道院，而是对现存的修道院进行扩建。也许，皇后的意图是要模仿神圣万能救世主教堂的综合建筑，模仿科姆内雷的皇家陵墓。

　　君士坦丁利普斯教堂实际上原封未动，而是靠着它新建了一座稍宽点的教堂。新教堂是回廊式，这也意味着由四面砌墙来支承穹顶。每对间隔墙之间嵌入两根立柱，这样，横向的侧廊与教堂的西区构成一个连续拱顶过道。这一原理可追溯到尼西亚的多米逊教堂和安卡拉的圣克雷芒教堂，实际上，我们勿需对照如此遥远的先例，因为，很可能

图 214　君士坦丁堡，肖拉救世主教
　　　　堂（卡里耶清真寺），从西边
　　　　所看到的外观（19 世纪的雕
　　　　版画）
图 215　君士坦丁堡，肖拉救世主教
　　　　堂（卡里耶清真寺），从东南
　　　　方向所看到的外观

图 216　君士坦丁堡，肖拉救世主教
　　　　堂（卡里耶清真寺），内部，从
　　　　外层门廊往南看去

建于 12 世纪的帕马卡里斯托什的圣玛丽［费特希耶清真寺（Fethiye Camii）］中的主教堂就是以同样程式修建的。[16]狄奥多拉的教堂前面是一个带穹顶的前厅，比圣堂稍窄，因为有先存的北教堂楼梯在此。整个建筑的西南两边都有拱顶的回廊相抱，今天，欣赏这座综合建筑的审美特点，其最佳角度是由东看其外观，这里，10 世纪时建造的三边形半圆室与狄奥多拉的教堂多面而又装饰精美的半圆室争奇斗艳、交相辉映。

　　为了传达建筑物所应有的面貌，教堂内部改动很大。无论如何，只要我们看一眼平面图，都会发现一个最基本的特点，即建筑师具体提供的大量的墓碑：圣堂内有 5 座，前厅 4 座，回廊内 2 座。南侧廊东的墓碑地位显赫，是留给狄奥多拉自己的。我们今天在伊斯坦布尔考古博物馆见到的帕拉奥洛基雕塑风格中最杰出的作品，即刻有阿波斯图斯半身像的门拱可能出自此墓。

　　同样专注于来世的另一座建筑是大约建于 1310 年的帕马卡里斯托斯的圣玛丽教堂。[17]这是一座纪念性礼拜堂，是杰出的米哈伊尔·杜卡斯·格拉巴斯·塔哈尼欧得斯（Michael Doukas Glabs Tarchaniotes）将军的遗孀玛丽亚为纪念其丈夫而修建的。今天我们仍然可以读到铭刻在建筑物立面长长的隽语。礼拜堂属于古典的四柱式，前面是两层的前厅，上有两个小穹顶。厅里放 4 或 5 个墓碑，从外观看，它是都城帕拉奥洛基风格最好的范例之一，因为它有两层前厅，礼拜堂呈立方形分成 3 个假券装饰区——宽拱与窄拱（注意南面中心的小葱头形拱），宽拱与窄龛和图形交替使用。整个砌体是标准的君士坦丁堡类型，装饰图案比希腊和巴尔干地区更拘谨一些，最初，礼拜堂西面没有任何建筑（U 形回廊是后来增建的），因此，很可能有一条贝壳装饰的屋顶线。建筑的内部空间很小，但大理石和马赛克装饰交相辉映，闪闪发光。整个建筑是传统的设计，但却含有一些小的创新，诸如齐窗高的带有纹章标记的壁缘。

　　1316 年至 1321 年间，政治家兼学者身份的狄奥多尔·梅托齐特斯（Theodore Metochites）重建的肖拉救世主教堂（卡里耶清真寺）修道院。虽然他不是最高层贵族，但也高居首相之职，并使其子成为皇家的驸马。最重要的是，他使自己富了起来，而且是难以置信的富有。[18]不幸的是，他为自己建造的宫殿（他曾在一首诗中描述过）以及肖拉的女修道院等都没有留存下来，然而，仅从卡里耶清真寺来看，我们可以有把握地推断在此所讨论的建筑在拜占庭社会具有崇高的地位。

　　应该说，这又是一次对原有建筑的扩建，而不是一座全新的修道院。科姆内尼时期的中厅依然保留着，只是新建了上面的穹顶。另两个前厅和教堂朝南的 parecclesion 应属于梅托齐特斯的风格设计，改建这样一座教堂并非易事，结果确实相当平庸。诚然，增建的部分要适应原建筑的在功能和其他方面的要求，这便大大影响了设计的整体美。就中厅而言，其内前厅并不在中心，前厅尾间顶上的两个穹顶也跑出轴线，导致南边较大的穹顶遮住了教堂两门楣的视野，外前厅也被分成很不均等的拱顶隔间。建成的新的 parecclesion 设计较为合理，有穹顶和一个开间，但这里的南北两道砌墙也不对称，建筑的外观令人喜爱，如果100多年前，外前厅的贝壳屋顶线和 parecclesion 不换成平行的话，也许更有吸引力，建筑的各个立面，采用同帕马卡里斯托什的圣玛丽教堂的 parecclesion 一样的砌石，并以圆形壁柱和 setbacks 相连接，西立面在有拱的空间被填满之前看上去一定特别优雅。即使如此，建筑的设计也很难和内部著名的马赛克和壁画相提并论。梅托齐特斯对马赛克、壁画以及大理石铺面倾注了更多热情和关注。

　　在君士坦丁堡，另一个帕拉奥洛基教堂建筑的例证便是基利斯（Kilise）的外前厅，或者更确切地说，是莫拉·古拉尼清真寺（Molla Gurani Camii）教堂的外前厅建筑（其拜占庭名称不详）。[19]该建筑从未彻底地调查勘探过，但可以稳妥地讲，它是和卡里耶清真寺类似的又一个例证：这是一座时间相对较早一些的四柱式教堂，大约建于11世纪，一位富有的赞助人接管后，增建了一些辅助性建筑，其中包括一个钟楼。在增建部分中，最值得注意的是外前厅，南北两端均伸出先存的圣堂并由此及彼通向其他附属建筑。19世纪初，南面增建部分尚在，查尔斯·特谢尔（Charles Texier）于1833年到1835年间作过记录，他所绘制的图样显示了一个由4根立柱支承的连拱廊立面：两对高矮不同的立柱间是一扇大理石门框[20]，同样的原理还成功地应用在外前厅的西面。由于地面下斜，立面建在高台上，由两个装饰区域组成：底层有一个中门，两边各有一个三重拱廊，上层是5扇带拱券的大窗。两层区域的衔接并不成列成行，因为5扇大窗与5个开间呼应，而5个开间是前厅内部分割而成的。再者，所有的大理石构件，即4根立柱、柱头以及插入立柱间的扶墙石块都是掠夺之物。材料的巨大差异使建筑师设计的立面无法保持优雅的均称美。此外，外前厅上有3个马赛克装饰的穹顶。

　　以基利斯清真寺为典型的"有柱门廊"在拜占庭晚期建筑中似乎更为普遍，尽管我们对此仍有疑问，除了在下一章中将要论及的奥赫里德的圣索菲亚教堂外，在此，笔者还要提到另一座人们并不太关注的建

图 220　埃内兹（艾诺斯），法提赫清
　　　　真寺，西南边门廊的外部
图 221　君士坦丁堡，泰克弗尔宫，从
　　　　北边所看到的外观

筑，即土耳其马里查河岸的埃内兹（艾诺斯）的法提赫清真寺（Enez
Ainos, Fatih Camii）教堂[21]，这是一座伸长的十字方场形大教堂（不
算半圆室在内，建筑面积达 69 英尺×111.5 英尺）。教堂前部分是一个
内前厅和一个敞开的门廊或外前厅，今天这座建筑已成废墟，其年代也
很难确定。从实际情况来看，它是采用暗层的方法修建的，外墙上还出
现有一些装饰性的砖块图案。由此，可以大致上将它定为 12 世纪的建
筑。无论怎样，我想提醒大家注意这座建筑的门廊，它是由一个居中的
三重连拱廊和分置两旁的两个双重连拱廊组成。原建筑可能还有另一
层窗户，但现已坍塌。门廊是建筑主体的附属，但同样采用了"暗层"
技艺。据我们所知，这种建筑技艺在帕拉奥洛基时期还没有采用。不管
该门廊建于何时，它都与 13 世纪典型的意大利宫殿建筑中的"有柱门
廊立面"相关联。就我们目前掌握的材料看，这种设计要领从威尼斯传
到东方的可能性远远大于从东方传到威尼斯。不过，最后的结论还须三
思而后行。

　　在家用建筑方面，"有柱门廊"与这种建筑的联系比与教会建筑的
联系也许更为紧密，在君士坦丁堡，惟一幸存下来的帕拉奥洛基建筑是
所谓的泰克弗尔宫（Tekfursarayi），它俯瞰离卡里耶清真寺（Kariye
Camii）不远的城市的地墙。[22]这座建筑最初被看成是波尔菲罗格尼丢
斯（Porphyrogenitus）宫殿。波尔菲罗格尼丢斯不是指皇帝君士坦丁七
世（Constantine Ⅶ，913—959 年），而很可能是指与皇帝同名同姓的
米哈伊尔八世（Michael Ⅷ）的第三子。如果真是这样，那么，建筑的
年代将在 1261 年到 1291 年之间。这是一座长方形的三层建筑，是尼姆
费翁宫殿更精美的翻版。底层有拱顶，并以立柱支承；第二层有平整的
木顶；第三层覆盖着低坡屋顶。宫殿建在两道防护墙之间，北面有一护
院，说明了北面是个敞开的立面。对宫殿的内部设计安排我们知之甚
微，只知道底层有间隔，窗边有很多嵌入墙上的壁柜；第二层上面有一
个南边向外挑出的小礼拜室。宫殿南北两个主要立面都精心装饰着各
种各样由瓷砖和石块拼成的菱形图案。不过，某些令人感兴趣的细节却
消失了：底层由啮合的拱楔块组成的边拱廊上西式拱顶石遮板上刻有
帕拉奥洛基的徽记。同时，在面对城市的建筑物东边有一个用涡卷形托
架支承的挑阳台，托架末端都饰有狮头、羊头或鹰头。

　　同希腊相比，与首都联系更为密切的塞萨洛尼卡在帕拉奥洛基统
治初期曾经历了一段繁荣发展时期，并表现在这一时期一些教堂（绝大
多数是修道院）的建筑上。[23]其中最突出的是神圣的使徒教堂（最初是
祭献给圣母的修道院）。该建筑于 1312 年到 1315 年间由大主教尼蓬主
持修建，与年代不详的圣潘泰莱蒙、圣凯瑟琳教堂以及另外几座规模更

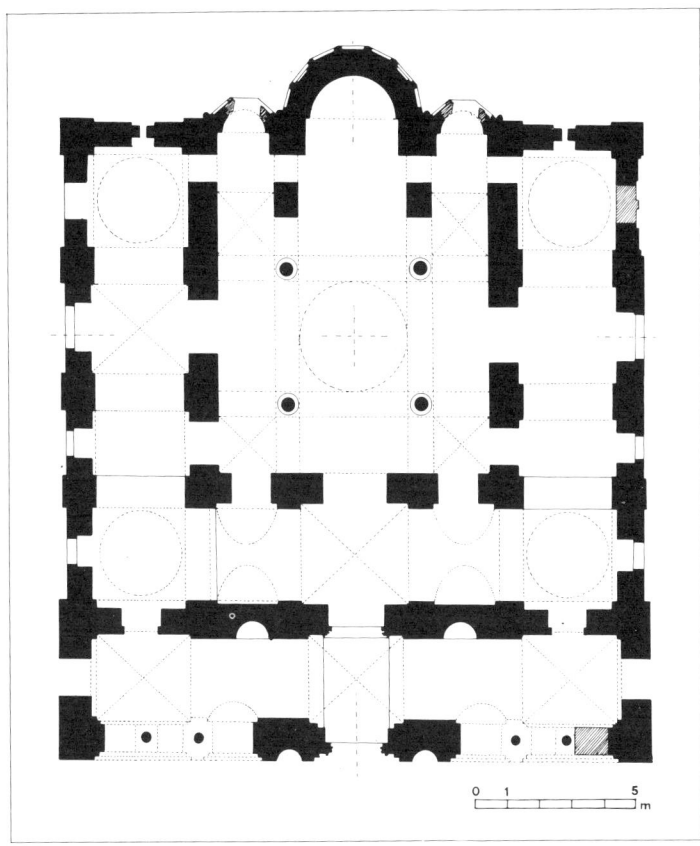

小的教堂有其相似之外。这些教堂共有的一个显著特征是三面皆有带顶的步廊相绕，步廊通常采用门廊的形式。在神圣的使徒教堂，圣堂是一般的四柱式，其内部地面面积为 550 平方英尺，其余部分是一个 V 形步廊，廊顶四角处分别有穹顶覆盖。教堂西边，有一个附加的敞开门廊，入口两边各有一个三重拱顶。在今天看依然坚固的教堂面墙也有一个敞开的门廊。在圣凯瑟琳教堂，正如二次大战后修复好的一样，有一个三面环绕的门廊，而廊顶四角又一次出现了 4 个穹顶。圣堂内部面积同整个建筑面积之比为 565 平方英尺/1830 平方英尺。圣潘泰莱蒙教堂的 U 形步廊在本世纪之交被毁坏，但其原貌却通过照片和图样得以记录下来。

步廊在塞萨洛尼卡的流行帮助说明了君士坦丁堡的建筑在帕拉奥洛基时期的主要贡献多半在于修建从属建筑，环绕早期教堂的三面。有关这些步廊的功能至今尚未有确切的解释。在君士坦丁堡，它们部分地用作墓地，而在塞萨洛尼卡情况并非如此。在神圣的使徒教堂，北廊靠东的一个开间，从其壁画装饰来判断，是作为祭献浸信会圣约翰的礼拜堂。步廊所占有的大量空间以及通过穹顶而得以强调的重要性，在任何情况下，都表明它们具有一种特殊的意义，这种特殊性可以通过寺院仪式的某些特殊性来加以阐释。[24]

塞萨洛尼卡的教堂建筑活动比君士坦丁堡持续了更长的时间。有一座颇具规模的大教堂，以先知以利亚教堂为人所知。如果该建筑是由马卡里奥斯·舒默诺斯（Makarios Choumnos）建造的新修道院中的卡托林肯的话，其年代可追溯到公元 1360 年左右。这是一座三角海螺形阿多尼特（Athonite）建筑，像神山上所有的教堂一样，有一个进距很深的前厅，由 4 根立柱支承。同这座教堂年代相近的维拉塔顿（Vlatta-don）修道院中稍小一点的教堂是按照闲庭信步的模式（Perambulatory Pattern）修建的。[25]

以米斯特拉城堡为中心的东南部伯罗奔尼撒的公国在 1262 年割让给君士坦丁堡。当公国从拜占庭版图上划出归入希腊中部的拉丁人所有时，一开始，由一位委任期为一年的总督执政，不知怎样，在 1282 年后的某时，这位总督获得了更长久的执政期。由此，可以建立他自己的朝廷。1348 年，摩里亚变成了一个王国——皇家一位王子的封地。开始是坎塔科季诺家族（Kantakouzenoi），直至 1383 年，然后是帕拉奥洛基家族（到 1460 年）。因此，摩里亚与君士坦丁堡有一种特殊的联系，与此同时，由于摩里亚周边都是法兰克的公国，在希腊上流社会中互相杂婚已相当普遍，再加上其直接的历史原因，所以，它又和法兰克的世界保持着紧密的关系。米斯特拉的建筑反映了这一双重的联系。

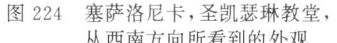
图 224　塞萨洛尼卡,圣凯瑟琳教堂,
　　　　从西南方向所看到的外观
图 225　塞萨洛尼卡,神圣的使徒教
　　　　堂,从西边所看到的外观
图 226　塞萨洛尼卡,神圣的使徒教
　　　　堂,从东边所看到的外观

图 227　米斯特拉，哈吉奥伊·狄奥
　　　　多罗伊教堂，从东南方向所
　　　　看到的外观

图 228　米斯特拉，霍德格居尔教堂，
　　　　纵剖面图和平面图（H. Ha-
　　　　llensleben 绘，1969 年）

图 229　米斯特拉，霍德格居尔教堂，
　　　　外观

　　米斯特拉城堡坐落在斯巴达（Sparta）西面一个不能接近的山顶上。由威廉二世维尔阿杜安（William Ⅱ Villehardouin）出资修建。13 年后，这位王子不得不臣服于拜占庭皇帝。在城堡的下面，人们建起了一座城镇，并成为希腊和拉克代蒙尼亚（Lacedaemonia）首府的行政中心。直到 1700 年，这里仍然繁荣兴盛。1825 年，城镇被毁，至今一直是一片废墟。米斯特拉并不完全是一个中世纪城市，但同其他城镇相比，这里保存有晚期拜占庭城镇的更多风味。[26]由于地貌陡峭（在宽度为 1000 英尺的设防区地面高差为 800 英尺），城市没有公共街道。城市的焦点是一座公共广场，两旁各有一座 L 形的君主宫殿。然而，这并非宗教中心。建于 1291 年到 1292 年间的巴西利卡式城市教堂坐落在防护城墙的边缘。有关教区礼拜堂的情况，因缺少证据而无从说起。米斯特拉的主要宗教建筑是修道院——布朗托奇恩（Brontochion）修道院综合建筑、佩里布列普托斯修道院（The Peribleptos）、圣索菲亚修道院和潘塔纳撒修道院（The Pantanassa）等，城市里的修道院占有很多土地，并享有地产带来的巨大收益。

　　仅次于梅特罗波利斯教堂的是哈吉奥伊·狄奥多罗伊（Hagioi Theodoroi）的寺院教堂，它是米斯特拉最早时的宗教建筑，年代可追溯到公元 1290 年到 1295 年左右。它是以突角拱支承八角形结构的最后代表，其灵感可能来自莫奈姆瓦夏的圣索菲亚教堂。帕乔米乌斯（Pachomius）大主教完成这座建筑后，又在附近建起了另一座祭献给予维尔京·霍德格居尔（Virgin Hodegetria）的教堂（约 1310 年）作为布朗托奇恩修道院的卡托林肯，在前厅的附属建筑中，有 4 头彩绘的金牛（皇帝的法令），详细地说明了该修道院所享有的财富和豁免权，直到 1322 年，颇有势力的帕乔米乌斯大主教一直都在不断地扩增其财富的权利。霍德格居尔是一座雄心勃勃的建筑，它给米斯特拉下一个世纪的建筑定下基调，并成为所谓"米斯特拉类型"建筑的楷模。其显著的特点是:穹顶十字方场形设计叠加在带步廊的巴西利卡之上。这种设计非常陈旧，使我们回想到查士丁尼时期的圣伊林娜教堂。无论如何，还是有所不同：在 6 世纪时的圣伊林娜和其他设计细密的巴西利卡中，支承穹顶的四道砌墙从墙面开始往上砌；柱廊只起承托上层步廊的附带作用。

　　然而，在霍德格居尔，底层是一个巴西利卡，其中厅的两边各有 3 根立柱并排而立。支承穹顶的砌墙从步廊层开始上砌。我们有理由认为这种结果说明了当教堂已开始施工后，发生了设计观念上的变化[27]，有人提出，步廊的引入与摩里亚永久性总督的任命有关。这种说法基于这样的假设，即步廊在君士坦丁堡宫廷礼仪中发挥了作用，因此，随着王子宫廷在米斯特拉的确立，重新作了类似的布置安排。[28]虽然这种解释

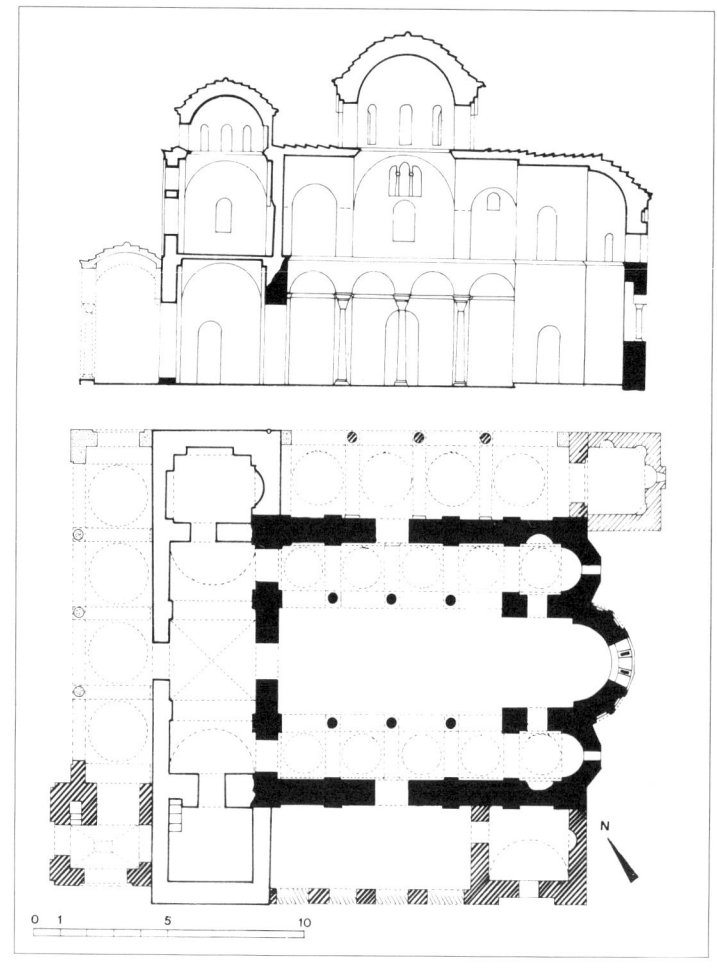

图230 米斯特拉，霍德格居尔教堂，
向东边看去的内部

没有足够的依据，然而勿庸置疑的是，帕乔米乌斯主教尽其最大的努力使霍德格居尔教堂赋有君士坦丁堡的建筑特征：十字方场形设计，4 个小圆顶分置在建筑的四角；墙壁的层砖砌体（与景泰蓝技艺相对），主半圆室的七边轮廓线，特别是内墙上的大理石铺面（现已几乎完全脱落）等[29]，所有这一切都表明这一结论的正确。惟一缺少的是马赛克，为此，不得不以壁画替代。

在米斯特拉，霍德格居尔教堂一定倍受推崇：因为梅特罗波利斯教堂仿建得如此相似，1428 年，由王国首相约翰·弗兰哥普洛斯（John Frangopoulos）创建的潘塔纳撒修道院也采用了同样的设计。坐落在台地上的潘塔纳撒修道院，俯瞰壮丽的景色，是米斯特拉所有教堂中保存最完整，也最如诗如画的建筑。特别值得注意的是它所显示出的法兰克风格因素——高高的尖拱塔楼和半圆室的哥特式处理——这些因素并没有改变建筑物最基本的拜占庭特点，而是赋予它一种奇异的构想。

在米斯特拉的宫殿综合建筑中，法兰克特色更为明显。[30]建筑分 3 个阶段进行：第一阶段完成了一座看似有些质朴的二层建筑，底层是一个未经分隔的厅堂（18 英尺×49 英尺）圆筒形拱顶；葱头珍窗采光不足，使室内较为昏暗；第二阶段是一幢住宅楼，分成 6 个大小不一的房间，在建筑后面，有一个敞开的门廊和一个侧向塔楼；最后，是一幢大的长方形建筑，客厅楼层只有一个面积为 34.5 英尺×119 英尺的听众堂。整个建筑的 3 个阶段均未有年代记载，但据推测，第一阶段大约在1250—1350 年之间；第二阶段为 1350 年到 1400 年；第三阶段是 1400年到 1460 年。所有的建筑局部都是西方小格样式：平展的三心拱；多耳垂的葱头形窗架，以及类似凸壤的涡卷斜梁等。事实上，令人大惑不解的是，米斯特拉宫殿是否与具体的拜占庭传统有很多共同之处。由于今天建筑物只剩下一个空壳，难以想像当初的真实设计布置。看上去王侯的家庭住在居中的建筑物内，其最大房间的面积大约有 16.5 英尺×26 英尺，内中还有一个临时的私人礼拜室。由于所有的房间彼此连通，又无走廊，因此可以想像王侯的家庭成员们并无多少舒适和隐私可言。从中间的这幢建筑一定有一个隐蔽的入口通向听众大堂（现今一个都看不见），这是因为当时的拜占庭最高统治者们都习惯于私下地或秘密地行动。听众堂下面有 8 个光线暗淡的筒拱状房间，每间房内有一个壁炉，这可能是佣人或警卫军的住所。简单地讲，米斯特拉的暴君们的生活看来并不奢侈铺张。

实际上，一般中产阶级和普通市民的住宅更加简朴。[31]这些房屋零星地建在一个陡峭的山坡上，其中包含一个拱状的半地下室，有的用来

图 231　米斯特拉，潘塔纳撒修道院，从东边所看到的外景
图 232　米斯特拉，宫殿全貌
图 233　米斯特拉，宫殿最古老部分的复原图（A. Orlandos 绘，1935 年）
图 234　米斯特拉，后期宫殿一翼，复原图（A. Orlandos 绘，1935年）
图 235　米斯特拉，弗兰哥普洛斯的住宅，第一与第二层的剖面和平面图（A. Orlandos 绘，1935 年）

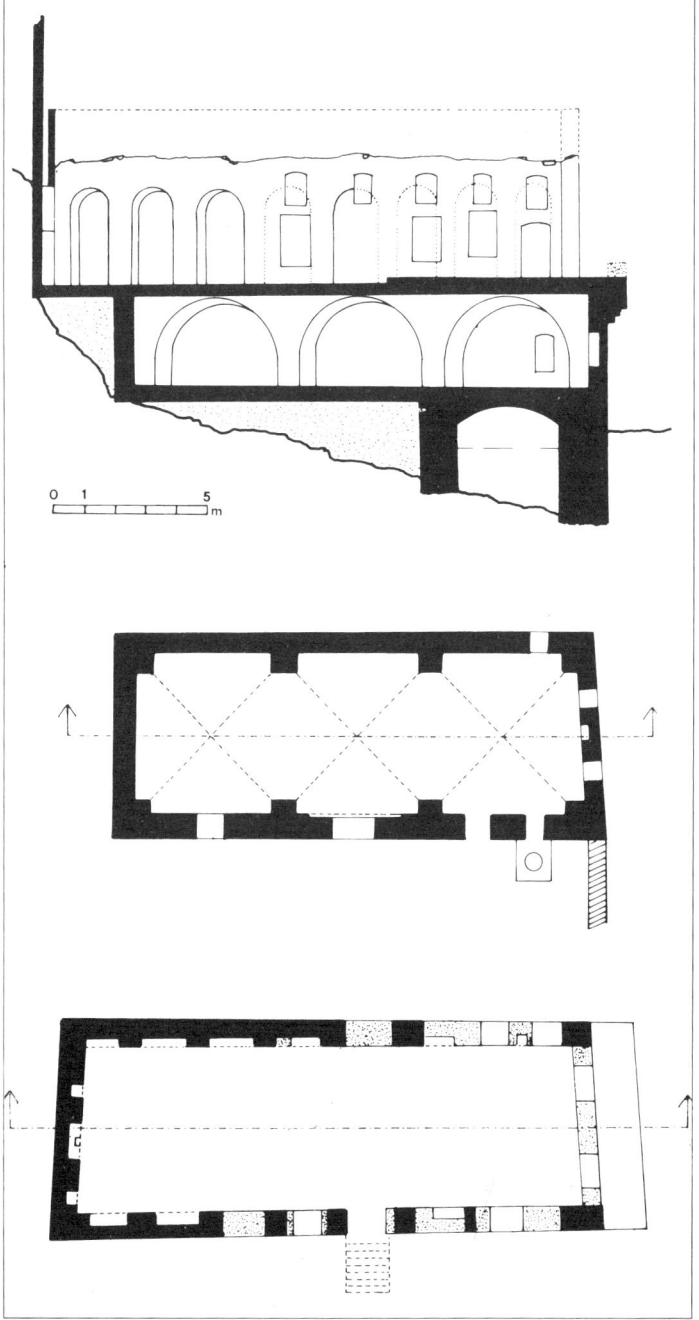

161

图 236　特拉布宗，宫殿废墟

关养动物，有的用作贮藏室。地下室的上面为居住空间，通常只有一间大房，没有任何间隔。房间内有壁炉、炉床和壁柜。由于没有单独的厨房，因此，一定是在炉床上烧火煮饭，或者是在隔壁的面包房内。即使是茅坑，也以壁龛的形式通向起居室，也许会挂一些帘布遮挡。米斯特拉人的家家户户吃喝喇撒全在这一间房内，可以想像，妇女们一天绝大部分时间是在窗前度过的。富裕点的家庭有带窗孔和雉堞的塔楼，用来贮藏值钱的东西，毕竟生活并非万事大吉，没有任何危险。

当我们从米斯特拉来到特拉布宗，我们不知不觉地发现自己到了一个全然不同的，却又相当令人困惑的世界。特拉布宗帝国（1204—1461 年）给我们留下不少建筑，但是，除了圣索菲亚教堂以外，其他建筑并不曾加以有效的探求和研究。特拉布宗是被城墙围起的一座城市，坐落在伸向黑海的两座深深的峡谷之间的横岭上。环绕的城墙大约呈楔形，由北到南长达半英里。城市的最南端，是全城制高点，上有城堡和皇家宫殿。根据 15 世纪时的文字记载，这是一座大的长方形建筑，里面饰有皇帝训话的壁画；还有许多套四周带阳台的房间。[32] 由此可见，这定是和米斯特拉宫殿相似的一个综合建筑，不过，规模可能更宏大一些。断垣残壁迄今仍然可见，其中包括肺叶形窗支承的高立面，但所有这些都没有适当地加以记录。耸立在围城之中的还有特拉布宗市教堂，即所谓的帕那吉尔·赫里索科费洛斯教堂（金顶教堂）。这座建筑幸存下来并改成一个清真寺。[33] 它是一座只盖有一个穹顶的大的长方形建筑（中厅面积是 49 英尺×79 英尺）。最初，它可能是一座带拱顶的巴西利卡，后来又经过多次的改建，有关建筑的年代的结构上的变化发展仍然没有确定。城市的东边不断扩展以至越出城墙，正是在这里，留下了几座拜占庭时期的教堂。其中有圣安妮（St. Anne）小教堂，这是一座有一扇侧高窗的拱顶式巴西利卡，教堂上刻记的年代是公元 884 年到 885 年。此外，还有一座稍大的圣欧金尼奥斯（St. Eugenios）教堂，这座教堂当初的设计是一个巴西利卡，到 13 或 14 世纪被改建成有一个穹顶的十字方场式。

如果想要更直接地了解特拉佩祖提尼（Trapezantine）建筑，就必须对坐落在围城西 1.25 英里的圣索菲亚修道院作进一步考察研究。[34] 这幢雄视大海的综合建筑，由主教堂和北面的一座小教堂（基础部分保留了下来）以及一座年代为 1427 年的塔楼组成。主教堂建于 1238 年到 1263 年间，由曼努埃尔一世皇帝创建。今天看来并无改造的痕迹。教堂建在一个高起的台基上，挡土墙上有许多用作葬墓的小龛——这种设计新颖独特。教堂本身是一个近长方形的四柱式结构，顶上只有一个十二边形的鼓座支承。令人注目的是，教堂的南、北、西三面都有伸出

的敞开门廊，这在拜占庭建筑中是罕见的，肯定是学习借鉴格鲁吉亚的结果。另一个独特之处是上前厅的设计，它一定是作为一个独立的礼拜堂而不是一个步廊，因为教堂的中心开间有一个朝东的半圆室。

无论怎样，从索菲亚的装饰中，我们可以最清楚地看到几种不同传统的混合交融，这也是该教堂最有趣的地方。建筑的立柱和柱头，即穹顶下的 4 根大立柱和 3 个门廊中的 6 根以双对形式布置的小立柱都是早期拜占庭（5—6 世纪时）建筑中的掠夺品；西门廊的一对因太短而加上一层柱头的立柱完全是塞尔柱克钟乳饰风格；西门廊两旁的两个龛室（形似清真寺中的壁龛）以及由许多刻出的小圆形构成的复杂图案也是明显的塞尔柱克风格；此外，在南门廊的立面，受西方影响的四叶形孔眼下，有一条长长的檐壁（雕刻饰带），表现亚当和夏娃被逐出乐园的故事，这条檐壁可能是从阿特·阿马尔的立面取来的。这项工程的施工人员中是否有格鲁吉亚人，亚美尼亚人，土耳其人和希腊人以及一两个旁观的意大利人，这一点并不特别重要，因为特拉布宗本身就是一个多民族的熔炉，他们在希腊脆弱的行政管治下共存。也许，更有启发意义的是我们应注意拜占庭绘画、建筑和雕塑艺术不同分支的相对独立性。圣索菲亚的装饰壁画是纯粹的拜占庭风格；建筑受外来的影响，雕塑则完全是外国的，当我们回顾拜占庭的艺术形式对东南欧的影响时，将会遇到类似情况。

一百年前，特谢尔和普兰（在本书的第一章曾提及他们的开拓性工作）认为塞萨洛尼卡的神圣的使徒教堂"具有 7 世纪拜占庭建筑的一切优雅、精美的特征"。[35] 他们错误的观点竟维持了 700 年之久，这本身足以引起人们的注意。不过他们并非妄下定论，而是有些借口的，他们认为这幢建筑晚于查士丁尼时期，那么究竟晚多久呢？今天我们已经有了答案，但我们很可以再提出一个相关的问题："作为拜占庭建筑最后时期的代表，神圣的使徒教堂到底在哪些方面不同于公元 907 年建造的利普斯修道院的北教堂呢？"必须承认，两者间的相似比相异更为突出。两座教堂都是四柱式，都有 5 个呈锥形上砌的穹顶，都采用相同的室内装饰形式，即马赛克和大理石铺面，而两者的不同并不是根本上的差异，而且只有训练有素的眼睛才能辨认。神圣的使徒教堂比利普斯修道院的北教堂的造型更纤巧轻盈，各个立面也更为开阔，外观装饰更丰富，更"繁缛"。换言之，在公元 900 年到 1300 年之间，建筑上并未出现任何革命性的进展，但也确实还是有一些缓慢而又细微的变化。

在早期完成的拜占庭教堂中，甚至是建于 1100 年左右的达佛尼教堂，其内部的设计至关重要。教堂内部是一个封闭的体系，被天上的穹

图 237 特拉布宗,圣索菲亚教堂,平
面图(D. Talbot Rice 绘,
1968 年)

图 238 特拉布宗,圣索菲亚教堂,南
立面(19 世纪时的素描)
图 239 特拉布宗,圣索菲亚教堂,西
边的门廊

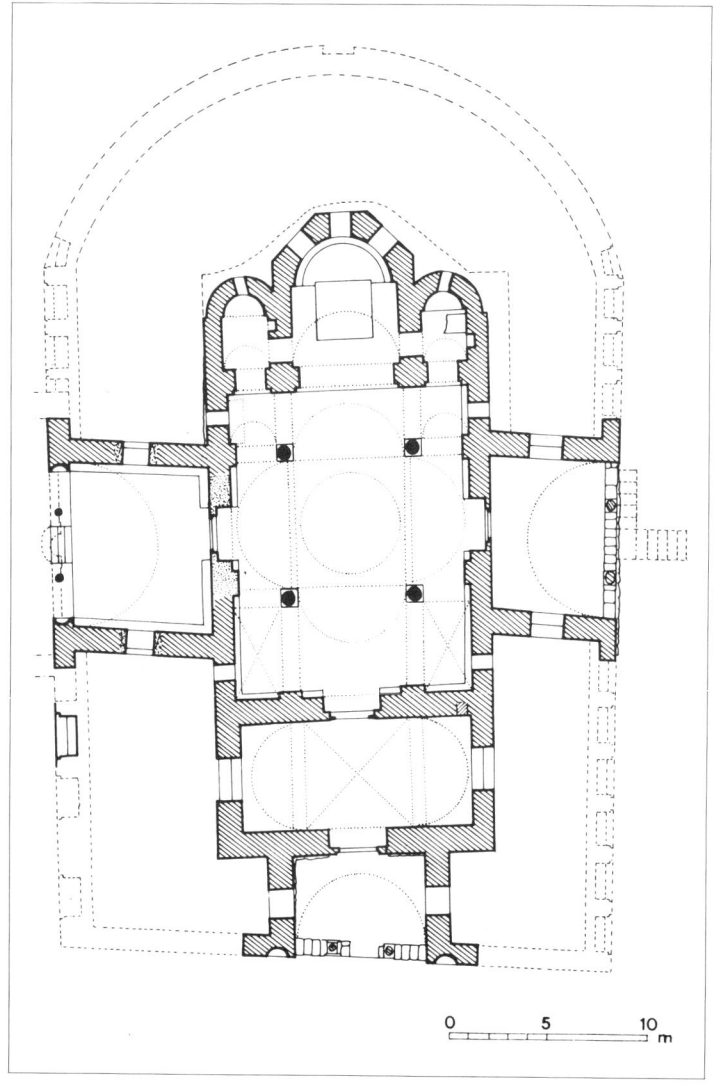

0 5 10
m

顶遮盖。在帕拉奥洛基教堂中，不存在这种幻觉。穹顶通常很陡峭，颇似一口倒置的井。穹顶不再以宏大的弧形包裹着内部空间，半身的神圣万能救世主的像越来越小，越来越远。比建筑发展得更快的拜占庭绘画也引入了新的因素。随着教堂尺寸面积的缩小，绘画，特别是叙述性绘画越来越多样化；对现实的更多渴望产生了一种透视方式，它意味着每一幅绘画轮番变成单独的实体，失去了与建筑空间的联系。

步入一座保存完好的帕拉奥洛基教堂，人们所得到的第一印象是遍布所有墙面上的大量的人物图像，这些图像不似在金色和蓝色背景衬托下的人物形象那般高大，而是众多的小人物穿梭于幻想中的建筑，如巨浪般汹涌奔腾在帷幕和岩石之中。此外，在帕拉奥洛基时期还出现了 Ikonostasis，即中厅和神职席之间的一道高高的隔墙。礼拜者与神秘的礼拜仪式之间一堵坚固的圣像墙，取代了从前可以看到的敞开的半圆室和大理石隔幕，仅仅只看到圆室内半穹顶下圣母玛丽亚的身影。由此，整个内部空间完全被无处不在的绘画弄得暗淡不清。

通过比较可以看到，自从建筑外观占据主导地位以来，过去主导拜占庭建筑的基本法则不断被废弃。人们通过灵活运用龛，连拱券，挑檐和齿饰带——也就是光与影的变化，通过多姿多彩的瓷砖和石料拼成的图案使建筑物充满生气。再者为了外观效果，穹顶的多样化处理和不断增高打破了拜占庭教堂建筑中引以为荣的内部空间的完美平衡。随着这一"如诗如画"的建筑风格时期的出现，拜占庭建筑落实在家庭建筑基础上。接着需要考虑的便是拜占庭建筑在东正教世界更广范围内的影响和发展。

第九章　拜占庭建筑在东欧的传播

谈到拜占庭建筑在帝国版图之外的许多国家的影响和流布，首先，应该阐明我们正在讨论的各种不同的建筑现象并非都在同一个层面上。一方面是各自随意地借鉴和利用，这也就是说，一个国家拥有自己的建筑传统，在一定的条件下，或者由于特殊的原因采用了拜占庭的建筑形式。另一方面，一个新建的蛮族国家，虽没有自己的建筑传统，却可以从拜占庭建筑中拿走他们所能需要的一切。此外，我们还可以进一步加以区分：一个蛮族的国家既可能坐落在从前属于拜占庭帝国的土地上（像保加利亚和塞尔维亚便是如此）；也可能是拜占庭帝国未曾纳于统治的边远地区国家（像俄罗斯等），他们既可以从拜占庭，也可以从其他地区学习专业的建筑知识和技术。

我们可以通过一个著名的建筑实例来说明这种区别。威尼斯的圣马可教堂是人们公认的拜占庭风格建筑。一旦抹去九百年历史的沉沙，我们看到这是一座十字形教堂，由多米尼哥·孔塔里尼总督（Doge Domenico Contarini）始建于公元 1063 年左右，30 年后由维塔莱·法利埃总督（Doge Vitale Falier）完成。[1]今天这座教堂还在，教堂的内部比外观保存得好。众所周知，圣马可教堂是模仿查士丁尼时期君士坦丁堡的神圣的使徒教堂，再现了这座教堂的基本特征：两座教堂都是十字形；都有 5 个穹顶；4 面外墙，立柱支承的步廊，甚至连面积尺寸的大小都相去无几。但是两者间也有不同：比如，神圣的使徒教堂有二层立柱；而圣马可教堂只有一层；然而作为中世纪的仿制品，圣马可教堂与其模仿的建筑惊人地相似。

笔者之所以把注意力放在这些事实上，并不是说威尼斯人（与拜占庭关系亲密）模仿了一座拜占庭教堂，而是说他们模仿的是一座在当时就具有 500 年历史的教堂。他们这样做的目的是想通过像君士坦丁堡的圣徒教堂这样有声望又确实可靠的建筑来将圣马可的遗物奉为神圣。因为教堂内存有圣安德鲁（Andrew）、路加（Luke）或许还有圣马修（Matthew）的遗骨。这也是圣马可教堂的建筑师（即使他是希腊人）为什么不去再现当时拜占庭教堂设计的原因。由此，我们清楚地看到出于政治目的随意的但也确实具有收藏意义的借鉴。

9 世纪时，在拜占庭文化影响下的巴尔干和其他东欧国家，这种情况便不可能发生。让我们首先简单地了解一下当时的历史背景。[2]大约在公元 600 年，拜占庭帝国在多瑙河的前沿被冲破，整个巴尔干半岛被众多的斯拉夫部落占领，他们过着一种相当稳定的生活，但在政治组织形式上却显得无能为力。自然也没什么建筑成就可言。领导权也多由外来部落掌握。开始是阿瓦什人，这个短命的帝国王朝在公元 626 年攻占

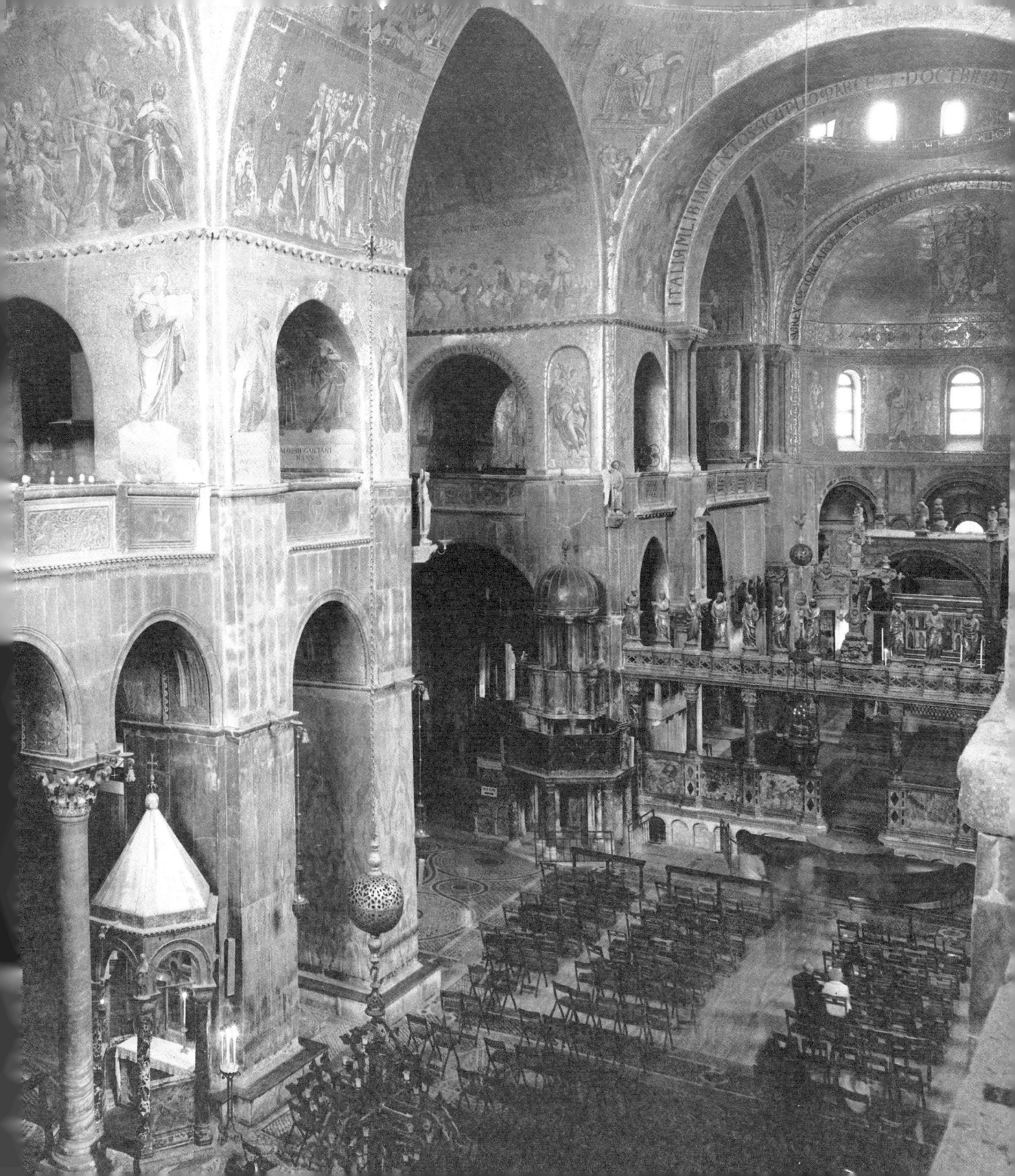

◁图 240　威尼斯,圣马可教堂,室内

图 241　威尼斯,圣马可教堂,平面图
　　　　(O.Demus 绘,1960 年)
图 242　普利斯卡,巴西利卡,平面图
　　　　(K.Skorpil 绘,1905 年)
图 243　普列斯拉夫,圆形教堂,平面
　　　　图 (K.mijatev 绘,1965 年)

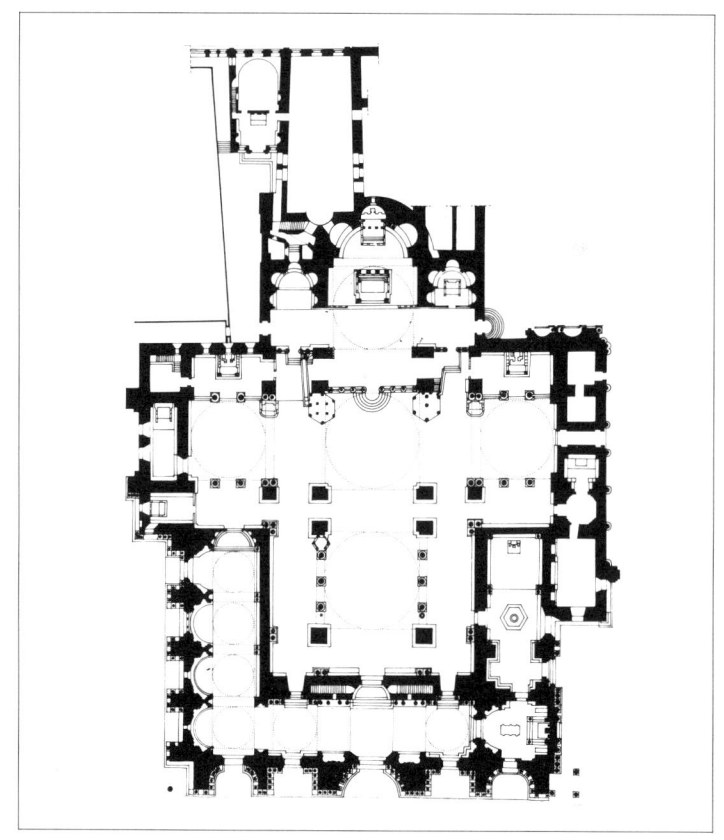

君士坦丁堡失败后便走向衰亡;然后是保加利亚人,他们是在公元 680年左右建起的一支突厥部落,分布在今天的保加利亚地区。20 年之后,保加利亚可汗就已经开始干涉拜占庭帝国的事务了。帝国多次试图摆脱保加利亚人不断增加的威胁,但都毫无结果。公元 811 年,可怖的克鲁姆可汗 (Khan Krum) 摧毁了皇帝尼塞福鲁斯一世 (NicephorusⅠ) 的军队。公元 813 年又下令团团围住君士坦丁堡。

并非所有在巴尔干的斯拉夫人都在保加利亚人的控制之下。定居在希腊的一些部落一直保持独立,直到大约公元 780 年被拜占庭重新收回。与此同时,半岛的西北部则被塞尔维亚人和克罗地亚人占领。有关他们早期的历史,我们知之甚少。然而,保加利亚人始终是一个严重的威胁:他们拥有良好的军队组织,定居在离君士坦丁堡不远的地方,也没有任何天然屏障的阻碍。

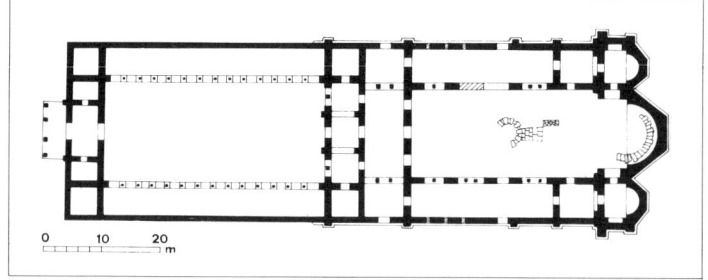

接近 9 世纪中期,整个世界几乎同时发生了许多重要的变化。首先,俄罗斯人沿着连接波罗的海 (Baltic) 和黑海的水道建起了一个国家,就像保加利亚人一样,他们的领导权也掌握在斯堪的纳维亚人 (Scandinavian Vikings) 这些少数外国精英手上。而人口都是斯拉夫人。到了公元 860 年,俄国人也开始攻击君士坦丁堡。其次,保加利亚人与德帝国之间达成短期的谅解,因为德帝国的兴趣在于向东拓展其领土。再者,拜占庭与小亚细亚的阿拉伯人之间的战争首次赢得决定性的胜利,因此,可以更积极地干涉欧洲事务。在这种新形势下,拜占庭帝国采取了外交与宗教宣传的双重手段,为了抵消德国的威胁,公元 863年,一支由圣西里尔和美多迪乌斯率领的布道团被派往远处的摩拉维亚 (Moravia)。翌年,保加利亚可汗博里什被迫在东正教堂接受洗礼,并敞开国门,允许拜占庭传教士的大量涌入。

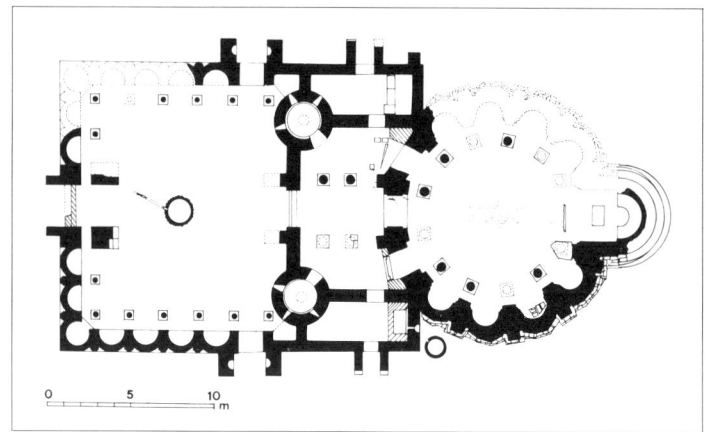

即使前往摩拉维亚的布道团并没有马上达到目的,但却成为东欧历史上极其重要的一个里程碑。的确,正是为了这个目的,圣西里尔创造了斯拉夫字母,并开始翻译圣经、礼拜仪式以及其他一些基本经文。公元 869 年西里尔去世后,美多迪乌斯带领众人继续在潘诺尼亚 (Pannonia) 布道,后来,在其弟子克雷芒 (Clement) 和瑙姆 (Naum) 的带领下进入保加利亚,受到保加利亚国王博里什的热情接待。在博里什之子西蒙 (Simeon) 统治时期 (893—927 年),斯拉夫字母第一次走向成熟。西蒙后来成为拜占庭最危险的敌人。在王国的两个中心,即东部的普列斯拉夫 (Preslav) 和西部的奥赫里德 (Ohrid),人们传译了许多令人印象深刻的希腊文选,这些遗产中的基本部分最终被所有东正教斯拉夫人所继承。

图 244 普列斯拉夫，圆形教堂，向西
边所看到的内部
图 245 普列斯拉夫，圆形教堂，复原
模型（普列斯拉夫博物馆藏）
图 246 梅森布里亚（内塞伯尔），施
洗者的圣约翰教堂，从东南
方向所看到的外观

在此，笔者无需讲述保加利亚王国怎样在西蒙的低能的儿子彼得（Peter，927—969 年）统治时期走向衰亡；萨穆伊尔（Samuel）怎样定都奥赫里德，短时期复兴王国，以及拜占庭皇帝巴西勒二世（Basil Ⅱ）又是怎样无情地征服。总之到 1018 年，保加利亚已不复存在，其国土划归许多拜占庭行省管辖。在奥赫里德，一位希腊大主教接替了保加利亚主教的职权，他所创建的圣索菲亚教堂迄今仍然是拜占庭帝国强行使各地拜占庭化的最后见证。

俄罗斯异教徒的转化经历了更长的时间。公元 860 年后不久派出的第一支拜占庭布道团的收获甚微，直到 100 年后，俄国第二次（或者可能是第三次）攻打君士坦丁堡失利，斯堪的纳维亚的基辅王朝成员奥尔加公主于公元 957 年接受洗礼。最后，在公元 989 年，她的孙子弗拉基米尔（Vladimir）将基督教定为官方国教，他自己也娶了以摧毁保加利亚王国著称的巴西勒二世的妹妹为妻。于是，当保加利亚行将灭亡时，俄国挺身而出，接受了西里洛—美多迪安—斯拉夫的文字文化遗产。

通过这些措施，保加利亚和俄国先后落于拜占庭文化的控制。这两个国家的外国精英分子——即保加利亚的土耳其人和俄国的斯堪的纳维亚人，不久便融入斯拉夫人之中。由于斯拉夫语言到那时也还不能有效地加以区分，因此，惟一的一种宗教和文化语言，即西里洛—美多迪安布道团的教堂斯拉夫语广为流传，从波罗的海到黑海地区，再由黑海传播到亚得里亚海（Adriatic）。似乎与保加利亚同一时期，塞尔维亚人也改信东正教，只不过这种转化几乎是悄无声息地进行的。直到 12 世纪时，才出现了一个重要的塞尔维亚国家。

为了方便起见，本章所讨论的建筑是以今天的政治地理作为划分依据的。不用说，这种分类法常常会使人产生误解，因此，任何一种形式的分类，只要不造成更大的混淆，都是可行的。以奥赫里德城为例，在 9 世纪后半叶和 10 世纪时，它是保加利亚王国的组成部分；公元 1018 年归拜占庭所有；13 世纪时又重新落入保加利亚人之手；然后，又一次纳入拜占庭的版图。公元 1334 年，又被塞尔维亚国王杜尚占领，其后，便是奥斯曼土耳其人统治，几个世纪以后，现在成了南斯拉夫的领土。因此，我们能够说圣索菲亚大教堂由于是 11 世纪中叶的建筑就该归之于拜占庭艺术，而不论是否融入保加利亚的任何早期因素都不能归之于保加利亚艺术吗？圣克雷芒（St. Clement）教堂因为其年代为 1295 年就应当划归于拜占庭建筑，而圣尼古拉·博尔尼斯基（St. Nicholas Bolnicki）教堂因建在杜尚征服奥赫里德之后就该归之于塞尔维亚建筑吗？或者说我们可以不管建在哪个王朝，将所有这些建筑一概

打上"马其顿"的标签吗？在笔者看来，惟一理智的做法是不必理会现代民族主义的幻想，让建筑物自己说话。如果没有脱离拜占庭标准，那么，就该称之为拜占庭建筑。只有当这些建筑展示出许多令人赞赏的显著特点时，我们才有理由将它归之于一个国家的风格类型。

1. 保加利亚

保加利亚的中世纪历史有其明显的非连贯性特征：短时期的繁荣和更长时期的晦暗衰败交相更替。从公元864年博里什国王的转变到公元969年第一保加利亚王国的覆亡，其间只经历了百年时间，而且差不多有半个世纪，由于彼得的统治（927—969年）而处在衰败之中。萨穆伊尔在普雷斯帕（Prespa）和奥赫里德（987—1018年）建立的短命王朝当然也没有留下任何永久的印迹。此后，保加利亚消失了近两个世纪。保加利亚第二王国以特尔诺沃（Trnovo）为中心，它是第四次十字军东征前不久拜占庭帝国分崩离析的产物。曾有几年的时间，在约翰·阿森二世（John Asen Ⅱ，1218—1241年）的统治下，王国统领着整个巴尔干半岛，但之后便丧失其重要地位，浑浑噩噩地直到公元1393年被土耳其人征服。

历史上的两个保加利亚王朝统治时期中，第一王朝时期（9到10世纪）在建筑史上具有潜在的意义。之所以用"潜在"一词，是因为证据尚不充分，也没有最后的结论。事实上，斯拉夫部落在定居巴尔干半岛时，他们并不懂建筑；另外，7世纪时从伏尔加河（Volga）出口迁徙到多瑙河的恩奥格乌尔（Onogur）保加利亚人也根本不可能有任何建筑传统可言。然而，我们又得相信，到了公元800年，这些保加利亚人开始大兴土木，建造宫殿和城市。公元864年后，建筑的兴趣转向教堂。这些建筑并不照搬当时流行的拜占庭建筑样式，而与拜占庭6世纪时的建筑极为相似。如果有充分证据的话，这种现象确实会相当有趣。

围绕早期保加利亚两座都城普利斯卡（Pliska）和普列斯拉夫遗址的考古发现一直是人们争议的焦点。与从前土耳其阿博巴（Aboba）村庄相近的普利斯卡城，自1899年始一直都在勘探调查之中。[3]城市面积有9平方英里，呈不规则的四边形，有防御的土堤和壕沟，堤内有一个相当小的120英亩的四方形城堡，四周围有石墙，并有圆角的塔楼。城堡内，是各种建筑物的基础，其中包括一个巴西利卡式长厅（89英尺×164英尺）和一座异教徒寺庙的下层结构。前者被称之为金殿，后者在后来被改成了一座教堂。在普利斯卡，最大的建筑物是坐落在城堡外面的一座巴西利卡，包括一个面积为99英尺×325英尺的带柱廊的前院，站在达6.5英尺高的残墙断壁上，一眼望去，整个建筑并不怎么精美。中厅和侧廊由不规整的间墙和立柱隔开，有点像是模仿塞萨洛尼卡的圣德米特里乌斯教堂的处理方式。所有的柱身、柱础和柱头的尺寸不同，设计各异，由此可以断定都是掠夺之物。在中厅的纵轴上有一个环形诵经台，在半圆室内，有一个"辛斯罗农"。

最早参加发掘遗址的专家们把这座巴西利卡定为9世纪建筑，因为他们从中发现了许多纪念性刻辞和墓志铭。这些刻辞是于9世纪二三十年代留下的，而在当时保加利亚人仍然还是异教徒，换句话说，他们并没有留下任何有关这座巴西利卡的纪年。早期保加利亚人的确定居在普斯利卡，这是勿庸置疑的，但我们并没有足以令人信服的理由将这些基本建筑，即城堡、"金殿"、异教寺院还有这座巴西利卡归于保加利亚人的名下。相反，所有这些更符合晚期罗马和早期拜占庭的建筑风格。从建筑技术到雕刻碎片，再看现场发掘的大量有印记的罗马砖料，所有这一切都说明了同一个问题。正如梅森布里亚[4]的巴西利卡和在索菲亚的圣索菲亚教堂[5]一样，它们在侵略战争中得以幸存，许多甚至在中世纪时得到修葺。大巴西利卡也是在这种情况下与其他许多5世纪到6世纪时的巴西利卡一样得以幸存的。[6]

被西蒙国王定为都城的普列斯拉夫，一眼望去与普利斯卡城大同小异。[7]坐落在蒂卡（Tica）河岸，这座城墙围起的城市占地面积约860英亩，城内有一座形状不规则的城堡，城堡内有国王的宫殿。目前尚不清楚普利斯拉夫建于何时，不过发掘者们再三言明，现场发掘中没有任何早于保加利亚时期的遗物。

无论怎样，普列斯拉夫最出色的建筑[8]，即所谓的圆教堂是我们面临的一个难题。当然，由于它建在城堡外，作为宫庭教堂的可能性也就微乎其微。这是一座很小的建筑（外直径为49英尺），十二边角的圆形建筑上有向各方伸展的龛和突出的半圆室。龛与龛之间有壁柱间隔，壁柱的前方是大理石立柱，穹顶由环形立柱支撑。教堂中厅的中心是一个巨大的诵经台。西边有3条门道通往幽深的前厅，前厅上的两个角塔内有旋梯通向楼层。前厅与前院相连，院墙上和教堂的墙体一样有很多的龛。此外，在发掘过程中，还发现了丰富的装饰遗存：如雕刻的檐口，镶嵌的排柱和框架，马赛克壁画装饰以及特别值得一提的饰有抽象的和人物图案的釉瓷砖。这些装饰大都与已有定论的教堂建筑年代（约公元900年）相吻合，与君士坦丁堡费纳里·伊萨清真寺中的装饰极为相似。然而，建筑的形式却与当时的拜占庭建筑迥异。令人想到的是更早时期（4至6世纪）的陵墓和宗教建筑样式。由此看来，它和普利斯卡的建筑具有同样的问题，即刚刚转向信奉基督的保加利亚人是怎样采用巴西利卡和圆开

图 247 梅森布里亚(内塞伯尔),圣
　　　约翰·阿莱托尔基多斯教堂,
　　　从东北方向所看到的外观
图 248 奥赫里德,圣索菲亚教堂,从
　　　东边所看到的外观
图 249 斯特鲁米察,韦廖乌莎修道
　　　院,教堂,从东南方向所看到
　　　的外观

这种在拜占庭已有几个世纪都不为人所遵行的建筑形式的呢?

　　研究建筑的专家们有以下几种解释:有些学者简单地认定这座圆教堂是 6 世纪的建筑,在公元 900 年左右得以修复并被重新装饰;[9]另一些学者则坚持早期基督教形式在巴尔干半岛一直持续发展的观点,也就是说,一种地方传统在长达三个世纪的蛮族统治下并没有中断,或者反过来说,这是一种保加利亚式的"复兴",是向早期建筑设计的有意回归。如果现有的考古证据可信的话,第一种结论显然是错误的,而另两种说法,从历史的眼光来看也没有什么可能性。

　　为了寻求更合乎现实的解释,我们应该对以下问题有所考虑:普利斯卡的巴西利卡勿需与圆教堂的形式相同,因为,前者可能属于早期基督教时期,而后者则属于中世纪;圆教堂的装饰仿效君士坦丁堡最时髦的设计;西蒙国王在 9 世纪 70—80 年代在君士坦丁堡接受教育,而当时正处在巴西勒一世统治之下;教堂的立柱是普罗康涅苏斯岛的大理石,即使柱身可以重新使用,柱础则肯定是定做的,负责圆教堂建筑的工匠要么来自君士坦丁堡,要么从在色雷斯抓获的大量俘虏中征用,或两者兼而有之。换言之,如果圆教堂的年代在公元 900 年左右,其仿效的可能是君士坦丁堡建筑模式。即使这样的模式已不复存在,但我们碰巧知道巴西勒一世在大宫殿内建造了一座相似的教堂,其时,西蒙恰好居住在都城。这就是先知以利亚教堂:圆形,有 7 座圣坛和一些弧形走道(可能是一个回廊)。[10]这座君士坦丁堡教堂本身可能是从亚美尼亚建筑中得到启发,因为多边形的建筑和向四周伸展的龛在 7 世纪的亚美尼亚风行。10 世纪到 11 世纪再次复兴。不过,亚美尼亚人并未采用内部立柱,因此,这种特征肯定是在普列斯拉夫仿效前由君士坦丁堡人添加的。

　　在普利斯卡和普列斯拉夫附近发掘出的为数不少的小型教堂绝大多数属于十字方场式建筑,说明了保加利亚人确实实地采用过当时的拜占庭建筑程式。也可以说,直到 14 世纪,在保加利亚统治范围内建起的所有建筑物也都主要是拜占庭风格样式。看不出任何一贯的可以称之为民族流派的风格特征。

　　让我们看一看梅森布里亚(内塞伯尔)这座建在三面由黑海环抱的半岛上的如画小镇吧。事实上,这座被称之为保加利亚的拉韦纳的小镇在中世纪时,大部分时间都在拜占庭的控制之下,除了在 812—约 864 年,1308—1323 年,1328—1331 年以及 1333—1366 年先后短时受控于保加利亚人之外。[11]随着与黑海一带贸易的顺利发展,该城在 14 世纪时达到繁盛的顶点,我们今天看到的许多教堂都是在这一时期完成的。

图 250　内雷茨，圣潘泰莱蒙修道院，从北边所看到的教堂外观
图 251　库尔舒姆利亚，圣尼古拉教堂，从南边所看到的外观
图 252　奥赫里德，圣克雷芒教堂，从东南方向所看到的外观

早期建筑中，除了防御工事之外，有旧时的城市教堂（6 世纪），和施洗者圣约翰教堂（10 世纪或 11 世纪），一座间墙上的十字广场式，带有圆筒拱顶的侧廊。由层砌块石垒成的外墙几乎没有任何修饰，只有一个极其高大的柱石鼓，也许这是后来加高的结果。晚期的教堂包括圣约翰·阿莱托尔基多斯，神圣万能救世主，圣狄奥多尔，圣帕拉斯克瓦（St. Paraskeva），以及圣米哈伊尔和加布里埃尔。它们都以过度的外观装饰为特征，与君士坦丁堡的帕拉奥洛基建筑，塞萨洛尼卡和已不幸毁掉的塞林姆伯利亚（锡利夫里）的阿波柯科斯（Selymbria，Apokaukos）教堂密切相关。[12]

圣约翰·阿莱托尔基多斯教堂是座四柱式带穹顶的教堂，如今残存的只有底层结构，该教堂外部装饰最丰富——方格形，人字形，锯齿形，还有两排受罗马风格启发的挑出砖台等。神圣万能救世主教堂也是座偏长的四柱式建筑，特别引人注意的是前厅上的方形塔楼，这种特征在 13 世纪的早期阿塞诺夫格勒（Asenovgrad）（斯坦尼马科）的维尔京教堂中可以找到，也许经过塞尔维亚，最终从西方传入此地。[13]

2. 南斯拉夫

在今天的南斯拉夫境内，拜占庭建筑或多或少受到拜占庭影响的建筑分布在由贝尔格莱德到希腊边境的这条南北轴线上。这片土地是早期拜占庭帝国的一个组成部分，在 6 世纪和 7 世纪时居住着各种各样的斯拉夫部落。后来部分领土落入保加利亚人的控制，到巴西勒二世统治时期被拜占庭重新夺回。11 世纪到 14 世纪之间，又零零碎碎地不断失去。结果，在南斯拉夫，特别是在南斯拉夫的马其顿，其建筑纯粹是拜占庭风格样式。早期建筑有斯托比和赫拉克利尔·林塞史提斯（Bitola 附近）；中期有奥赫里德的圣索菲亚教堂（11 世纪中期）；斯特鲁米察（Strumica）附近韦廖乌莎的维尔京·埃利乌莎（Veljusa，Virgin 的 Eliousa）四柱（廊）式教堂，建于 1080 年；斯科普耶（Skopje）附近内雷茨的圣潘泰莱蒙（Nerezi，St. Panteleimon）修道院，由亚历克赛·科姆内努斯（Alexius Comnenus）王子建于 1164 年；最后还有几座帕拉奥洛基时期的建筑，像公元 1295 年在奥赫里德修建的圣克雷芒（St. Clement）［最初献给维尔京·佩里布利普托斯（Virgin Periblep-tos）］等。这些建筑形成拜占庭建筑史不可分割的组成部分，应同塞尔维亚统治下的建筑区分开来。

塞尔维亚教堂的基本分类是由加里布埃尔·米利特（Gabriel Mil-let）确立的[14]，至今仍然有效。米利特主要在 3 种建筑之间加以区别：即拉什奇亚（Rascia）［拉什卡（Raska）］建筑，也就是古塞尔维亚建

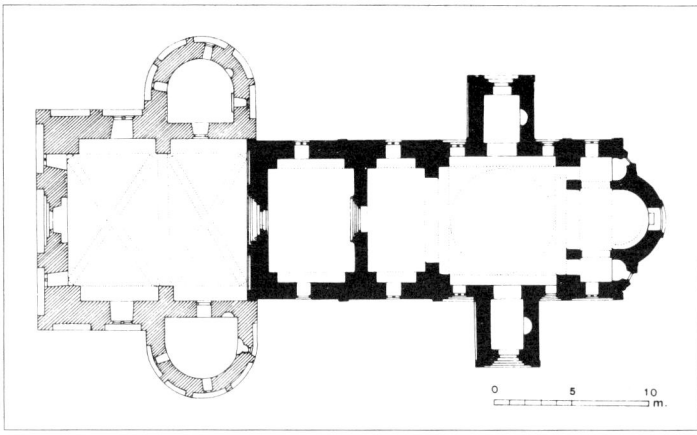

图 253　斯图德尼卡，维尔京的教堂，
　　　　平面图（V. Korac 绘）
图 254　斯图德尼卡，维尔京的教堂，
　　　　从东南方向所看到的外观
图 255　索波卡尼，修道院教堂，从西
　　　　南方向所看到的外观

筑，历史上相当于大约公元 1170 年到 1282 年间的司提芬·内马尼亚（Stephen Nemanja）王朝及其继位者们统治期间，其次是"拜占庭塞尔维亚"建筑，以米卢廷（1282—1321 年）和司提芬·杜尚（1331—1355 年）辉煌的时代为标志，其时塞尔维亚人扩张到瓦尔达尔（Vardar）河谷并一度成为巴尔干半岛的主宰。最后，是姆拉瓦（Mrava）建筑，相当于杜尚帝国被瓜分时期到 1459 年向多瑙河的斯梅代雷沃（Smederevo）城堡的土耳其人投降之时。

信仰东正教的内马尼德（Nemanids）王国，自然深受拜占庭的影响，但是在经济上都多半通过拉古沙（Ragusa）[杜布罗夫尼克（Dubrovnik）]、卡塔罗 [科托尔（Cattaro, Kotor）] 和斯库塔里 [西科德，Scutari, Shkoder)] 这些沿海城市与西方建立关系，因此具有一种混合的潮流趋向。此外，我们还应该记住，12 世纪的后 30 年和 13 世纪初是拜占庭帝国节节败退而拉丁语西方步步胜利的时期。塞尔维亚人没有多少东西可看：公元 1185 年，杜拉佐（Durazzo）和塞萨洛尼卡落入诺曼人之手，之后不到 20 年，君士坦丁堡帝国也被瓜分。与此同时，一些重要的罗马式教堂在达尔马提亚（Dalmatian）海岸、扎达尔（Zadar）、特罗基尔（Trogir）和科托尔如雨后春笋，不断涌现。这些发展确切地反映在拉什卡风格的建筑中，这种建筑风格出现得相当突然，看起来没有任何前兆（孕育期）。

司提芬·内马尼亚时期的第一座宗教建筑，即现已成为废墟的库尔舒姆利亚（Kursumlija）的圣尼古拉教堂（约 1168 年）几乎就是一座拜占庭建筑。它有一个宽敞无阻的中厅和由科姆内尼的建筑师们奋力建成的大穹顶，典型的拜占庭凹拱和三重窗，以及最令人注目的在 11 和 12 世纪时君士坦丁堡流行的"砖法"。然而我们也已注意到一些与拜占庭传统不同的细节，这些随后成为拉什奇亚风格的典型：打破了由中心方场向圣坊拱顶之间过渡的"肋拱"和侧向的门廊，这座教堂只有一侧有门廊，但其他塞尔维亚教堂都是两侧都有。圣尼古拉教堂的基本设计在塞尔维亚的领导地位持续到下一个世纪。同时，它在立面上的处理也显示了由亚德里亚沿海工匠带来的罗马风格形式的不断涌入。

在诺维·帕扎尔（Novi Pazar）附近久尔杰维·斯图波维 [圣·乔治的柱子（Durdjevi Stupovi, the Pillars of St. George)] 的当代建筑中[15]，我们已经看到空顶教堂内立柱支撑的假连拱和西立面两侧的两座塔楼。几年后，同一个皇帝在 1183 年后建造的斯图德尼卡的维尔京（Studenica, Virgin）教堂[16]，除了增加一个幽深的前厅外，其他设计仍然一样。不管怎样，由琢石砌成的外墙还是表现纵向罗马式教堂的特征，除了圆顶间隔

的立方体量外，它有覆盖中厅和前厅上的斜折屋顶。特别是雕刻的正门，半圆室内的窗户以及外墙上的突额等，所有一切都是纯粹的罗马式建筑风格。

　　保持一个中厅的内部空间；两侧的门廊有时改成低矮、封闭的横厅，斜折屋顶上立方体穹顶底部；将中心方场与祭坛上的圆筒拱顶和中厅西开间分隔开来的"肋拱"等基本设计不变，在这个前提下，拉什奇亚建筑朝着更高耸，更修长的比例方向发展。如果把斯图德尼卡教堂同建于 1250 年的索波卡尼（Sopocani）教堂[17]，特别是建于 1290 年到 1307年间的阿里列（Arilje）教堂相比[18]，就足以实现在叠砌而成的一系列拱券上尽可能加高穹顶的愿望。另一座姗姗来迟的拉什奇亚风格的建筑是德卡尼（Decani）寺院教堂（1327—1335 年），是一位达尔马提亚的弗朗西斯卡人（Franciscan），科托尔的维塔（Vita of Kotor），为司提芬·德钱斯基（Stephen Decanski）国王建造的。这是一座巨大的建筑，有 5 个侧廊，墙上是有深浅色带交替的大理石铺面，如同意大利北部的许多大教堂一样。[19]除了方形底座上砌起的高高的穹顶和大量的壁画，其他一切几乎都来自西方——正门、窗户、肋拱和立柱。

　　无论如何，是德卡尼建筑原型重现的一个实例。因为在米卢廷国王统治时，塞尔维亚再次将目标定向东方的拜占庭。通过武力，王国扩张到马其顿。公元 1299 年，当米卢廷国王迎娶拜占庭皇帝安德罗尼柯二世（Andronicus Ⅱ）幼小的女儿西莫尼斯（Simonis）时，皇帝作为公主的嫁妆赐给她大片大片的领地，北线从奥赫里德到普里莱普再到什蒂普（Prilep, Stip）。其实，这都是他已经征服的领土。这次皇家婚姻也有助于塞尔维亚宫廷的拜占庭化。到司提芬·杜尚（1331—1355年）时，进一步加快了占领拜占庭领土的步伐。公元 1345 年，在征服了远到奈斯托斯河的整个马其顿王国后，他称自己为"塞尔维亚和希腊皇帝"，建立了自己的主教辖区和住所，重演了四个世纪以前保加利亚西蒙王国的勃勃野心。然后又进一步推进到远至沃洛斯海湾的希腊大陆。

　　因此他们自然而然地选择了被征服领土上的建筑和工程模式。特别是奥德里赫，在被塞尔维亚人占领前不久，一些重要的建筑正在进行。比如笔者曾提到过的圣克雷芒教堂，是一位名叫普罗戈诺斯·斯古罗斯（Prognos Sgouros）的拜占庭官员在 1294—1295 年修建的。另外，圣索菲亚教堂的外前厅，及其精美的有柱门廊立面和双穹顶也是建于1313 年到 1314 年间。我们还碰巧知道，曾为圣克雷芒教堂画过装饰壁画的天才画家米哈伊尔·阿斯特拉帕斯（Michael Astrapas）和优迪切斯（Eutychius）继续为塞尔维亚国王效劳，并在随后我们将要讨论的一些教堂内留下了他们的签名。

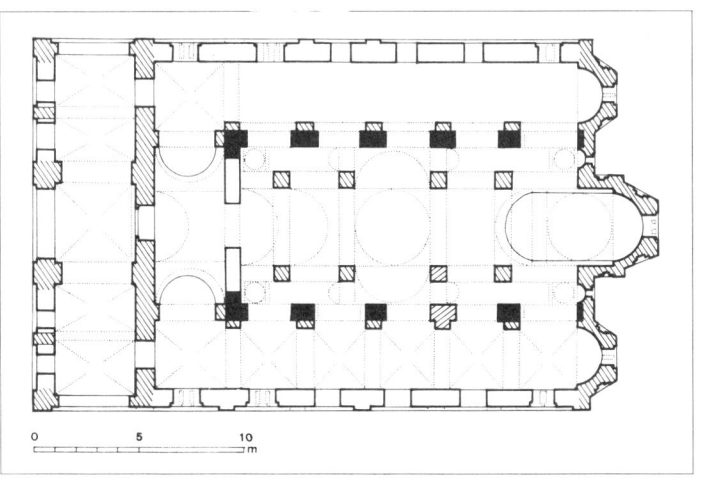

图 259　普里兹伦，维尔京·列维斯
　　　　卡教堂，从西边所看到的外
　　　　观
图 260　斯塔罗·纳戈里契罗，圣乔
　　　　治教堂，从西南方向所看到
　　　　的外观

　　笔者下文中将重点讨论米卢廷国王时期的 4 座主要建筑。普里兹
伦（Prizren）的维尔京·列维斯卡（Virgin Ljeviska）教堂，建筑年代
为 1306 年到 1307 年，在原先带有三侧廊的巴西利卡建筑外壳基础
上[20]，建筑师们在已有的中厅内加砌了八道间墙以支承中心穹顶和交
叉布置的圆筒形拱顶，有点类似于奥赫里德的圣索菲亚教堂风格。建筑
物四角的小穹顶纯粹是外观效果的需要，与支承系统毫无关联。然而，
该教堂最有趣的特点还是连拱门廊或顶上有高耸钟楼的外前厅。门廊
内有用花体字写成的题记，详细说明了供给独立经营的建筑师尼古拉
斯（Nicolas）和绘画能手阿斯特拉帕斯面粉、食盐和酒类的数量。让
我们假定，他们便是 10 年前在奥赫里德工作过的两位大师。

　　离库马诺沃不远的斯塔罗·纳戈里契罗（Staro Nagoricino）的圣
乔治教堂的情况也是一样（1312—1313 年）。它同样是利用了一座早期
的巴西利卡的外墙。这一点从齐窗的外墙上看得很清楚。[21]这里还是圆
筒拱顶的十字交叉系统和添加在早期外墙上的 5 个穹顶（四角上的穹
顶没有什么功能），所不同的是，西边的开间被分隔出来当作一个前厅。
教堂采用的景泰蓝砌石方法和外墙装饰的几何形图案，齿饰和四叶形
陶管都更像是希腊建筑的风格，而非塞萨洛尼卡或君士坦丁堡风格。

　　虽然普里兹伦和斯塔罗·纳戈里契罗两地的建筑很可能都是出自
拜占庭建筑师之手，但却不能认为米卢廷时期的最后一座建筑即格拉
查尼察（Gracanica，约 1318—1321 年）也是如此。在这座建筑中，拜
占庭形式以一种全新的面貌出现。为了获得高耸的效果，建筑师加倍重
复了同一种结构程式：中心穹顶原本直接承托在交叉的圆筒拱顶结构
上，这里，建筑师采用了双层同样的结构，下层结构伸展到建筑的外缘，
上层结构稍短，置于下层结构之上。再者，上层的圆筒拱顶系统采用的
是尖拱设计，让人产生一种向上升腾的幻觉。圆筒拱顶的重复也使内间
墙由四道增加到八道。即使是屋角上的小穹顶也建在方形基座上使其
高于屋顶线。

　　在米卢廷时期的建筑中，更值得特别关注的是圣山上建于 1303 年
的基兰德（Chilandar）修道院中的卡托林肯教堂，这座建筑是在 14 世
纪最后 25 年间加建在修道院的外前厅旁的，它是纯粹的拜占庭建筑，
也是最好的建筑之一。传统的阿多尼特设计，一座三角螺形建筑，4 根
立柱分置在中厅四角。宽敞的比例和建筑技巧显示建筑师要么来自塞
萨洛尼卡，要么来自君士坦丁堡。没有任何附属的礼拜室或环廊，建筑
师只设计了一个由两根立柱支承的幽深的前厅（即现在的内前厅），上
有两个穹顶。也许这并不完全是当初的意念，但其影响却有据可循。

图 261　格拉查尼察，修道院教堂，从
　　　　西北方向所看到的外观
图 262　格拉查尼察，修道院教堂，平
　　　　面图（G. Boskovic 绘，1930
　　　　年）
图 263　圣山，基兰德修道院，鸟瞰

由于它和塞尔维亚皇室的特殊联系以及圣山的神圣性，基兰德教堂在
随后的塞尔维亚建筑上留下了恒久的印迹。

　　米卢廷统治时期在建筑和绘画艺术上的巨大成就在继承者杜尚更
加荣耀的统治期间并未得到继续宏扬和发展。这是一个迄今尚没有令
人满意解释的悖论。杜尚时期的主要建筑是普里兹伦附近的圣大天使
修道院（1343—1349 年），杜尚死后葬于此地。不幸的是，它很久以前
就被破坏，如今只留下建筑的基础部分。院内的卡托林肯教堂是传统的
十字方场式，有四堵宽厚结实的间墙，上面可能承有 5 个穹顶。虽然建
筑结构是拜占庭式的设计，但正门、窗户、突额等石料装饰部分则完全
是西方的——一部分来自罗马式，另一部分来自哥特式建筑。该教堂还
以镶嵌的过道著称，有充满想像力的动物形象，也有相互交织的格子图
案。[22]在库马诺沃附近的马泰伊奇（Matejic）是另一座皇室建筑。它始
建于杜尚国王。公元 1355 年在海伦娜皇后的督促下完工。这是一座宽
敞而又设计保守的五穹顶式教堂。其大量的壁画装饰比建筑本身更为
有趣。此外，还有许多国王的封臣们建造的规模稍小的、独顶式寺院教
堂，像什蒂普的圣米哈伊尔教堂（1332 年），柳博滕教堂（1337 年）和
莱斯诺沃教堂（1341 年）等，这些建筑显示出短命的"塞尔维亚和希
腊"帝国走向四分五裂的分裂趋向。

　　杜尚去世后，整个巴尔干半岛没有一个基督教国家具有足够的强
大力量抵抗土耳其人的进攻。到公元 1365 年左右，土耳其人已在安德
里亚诺普勒（Andrianople）建都。公元 1371 年，也就是塞尔维亚的暴
君在马里查被土耳其人打败的这一年，内马尼德王朝统治告终。其中部
地区，即拉什奇亚的旧地，传给了拉扎尔王子，他担起反抗土耳其人的
重任，并于 1389 年在科索沃（Kosovo）阵地上牺牲。如果不是塔梅莱
恩（Tamerlane）突然入侵小亚细亚，从而使拜占庭和塞尔维亚又苟延
残喘半个世纪的话，已成土耳其阶下之囚的塞尔维亚人将无疑会落得
和保加利亚人一样的下场。

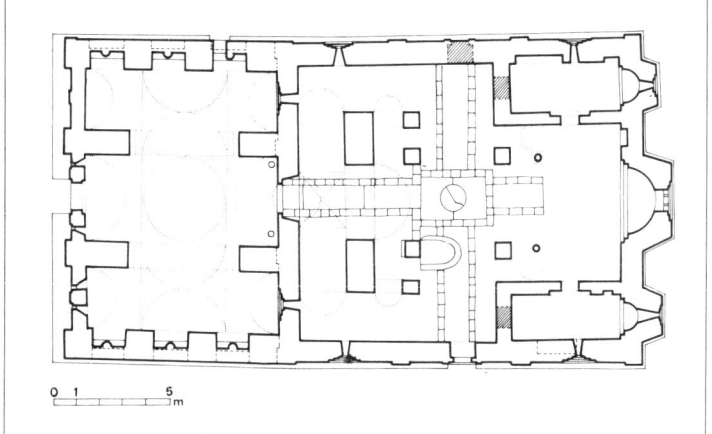

　　无论如何，这一时期的悲惨历史掩盖不了这样一个事实，即塞尔维
亚公国在拉扎尔（1371—1389 年）和拉扎列维奇（Lazarevic，1389—
1427 年）统治期间仍然相当繁荣，并有能力建造许多华丽的建筑。"姆
拉瓦建筑风格"是米利特归纳分类的结果。在此类别中，米利特把中世
纪塞尔维亚建筑的最后一些建筑归在一起，它们是"拜占庭塞尔维亚风
格"的延伸，以进一步在外观上大量采用石雕装饰为其特征。[23]圣山便
是一例。其间塞尔维亚的统治者们不断表现出一种鲜明的兴趣。三叶形
的设计成为必要的规则，但结构本身却像格拉查尼察的设计一样被重

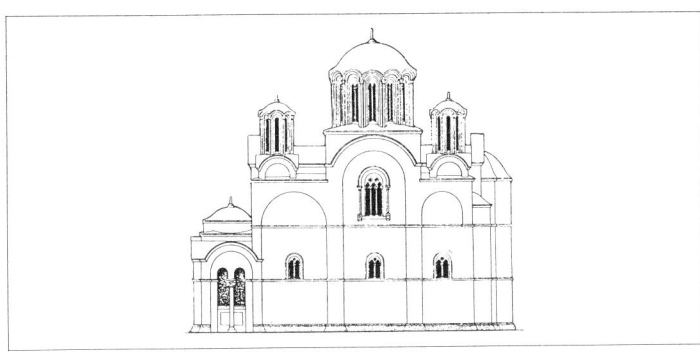

新加以阐释。

举几个例子就足以说明问题。在拉瓦尼卡（Ravanica）拉扎尔王子的墓地，我们看到一个有 5 个穹顶的教堂（约 1375 年），其中心圆顶砌在独立的圆形间墙上。与格拉查尼察一样，四角的穹顶因建在方形基座上而被抬起。砌石工程是拜占庭的手法——砖料与石料层层交替——但在瓷砖拼接的图案和陶管装饰基础上则添加了雕刻的拱门饰和窗框，在建筑物的西立面甚至还有一个镂空的玫瑰窗。在克鲁舍瓦茨的拉扎里卡，拉扎尔王子的宫中礼拜室内（约 1377—1378 年），这些装饰意向进一步得到应用。一个稍小一点的教堂，只有一个穹顶，没有内部支撑，但前厅顶上是一个巨大的钟楼，高于钟楼的主穹顶建在方形的基座上，基座的外表有拱券装饰。由此产生出和格拉查尼察设计的同样效果。这里的玫瑰窗形式多样，雕刻也更为丰富。

我们从公元 1387 年后米莉恰（Milica）公主建造的柳博斯丁亚（Ljubostinja）中可看到同样式的效果。特别是卡莱尼奇（1413—1417年）看起来几乎是一个 Bonbonniere。姆拉瓦雕刻有各种不同的图案紧密地交织在一起，或者是树枝状装饰，或者是神话中的动物，几乎完全没有任何神圣的特征。有关姆拉瓦雕刻的来源至今也没有满意的解释：许多学者认为来自于东方，也就是说来源于俄罗斯，甚至是亚美尼亚和格鲁吉亚。[24] 不管怎么说，与当时的西方艺术几乎没有关联。最后，在雷萨瓦（Resava）［马纳西亚（Manasija）］，司提芬·拉扎列维奇的主要建筑，建于公元 1406 年至 1418 年之间，迄今仍然保留着城堡的特征。由此，我们回到拉瓦尼奇的结构，回到平常石料砌成的墙体。据说，这座建筑是来自赫策格维纳（Herzegovina）的石匠修建的。以其简单而又精美的品格，雷萨瓦给中世纪塞尔维亚建筑历史提供了合适的结论。

3. 俄罗斯

公元 989 年，基辅的弗拉基米尔王子改信基督教之前，俄罗斯没有一座砖石结构建筑。所有的住所，防御工事和异教徒庙宇都采用木料或木与土料结合。根据记载，俄罗斯最早的砌石结构工程是所谓的德斯雅庭纳雅·切尔科夫（Desjatinnaja Cerkov'）的蒂特（Tithe）教堂，和在基辅的毗连的宫殿。遗憾的是，两幢建筑都没有保存下来。公元 996 年由希腊匠师完成的蒂特（Tithe）教堂于公元 1240 年毁于鞑靼人（Tartars）之手。经过长期的考古调查，该教堂的基础设计已经恢复了原貌，但有关教堂上部结构形式仍然存在较大的争议。[25]较为可信的推断是，该教堂是十字方场式，有一个跨度为 20 英尺的中心穹顶，教堂以东有

图 267　克鲁舍瓦茨,拉扎里卡,从东
　　　　南方向所看到的外观
图 268　卡莱尼奇,维尔京的教堂,从
　　　　东南方向所看到的外观

3个半圆室。此外,还有一个步廊,稍后又在教堂的南、北、西面增建了一个宽敞的回廊。因此,不包括半圆室在内,整个综合建筑的总面积大约110英尺×122英尺。必须说明的是,教堂上层结构的砖砌工程采用了拜占庭的"凹进"技术,并且整个11世纪都在基辅继续广泛地使用。内部装饰包括雕刻的大理石块,壁画和各种不同颜色的大理石组成的规整拼花过道。

在教堂的周围三面还发现宫殿建筑的遗存。这些建筑和教堂可能是弗拉基米尔的基辅时期仅有的砌石工程建筑。这是一座小城(最大直径约550码),坐落在一座小山顶上,俯瞰着第聂伯河并有一道防护的土垒。到弗拉基米尔的儿子智慧的雅罗斯拉夫(Jaroslav the wise)时,小城在原有的面积上扩大了近6倍,城的中心还建起了圣索菲亚大教堂,成为俄罗斯城的中心。其对君士坦丁堡的效仿不仅表现在教堂的名称上,还体现在雅罗斯拉夫统治时期建造的其他建筑物上,像建在附近的圣伊林娜修道院和耸立在城南的金门(Golden Gate)等。

直到15世纪末,圣索菲亚大教堂一直是俄罗斯规模最大、装饰最华丽的建筑。它于1037年动工,到11世纪40年代的某个时期才完成。[26]在以后的岁月里屡遭损坏,特别是在17世纪时尤为严重。后来,又按巴洛克风格重建。因此,圣索菲亚大教堂外观变化极大。无论怎样,经过长期的考察,教堂的原貌得以准确地再现。其中心是一个规则的十字方场,与一般3个中厅的设计不同,圣索菲亚大教堂有5个中厅,东边还有5个半圆室。在最外边的中厅和最西边的内部间隔上有一个步廊。教堂的内部支撑由12道十字交叉的间墙组成。步廊由3对八边形间墙支承,除东边外,其他三面各有一对。教堂上的13个穹顶组成一个大金塔形状。建筑的四周还建有一个单层敞开的回廊。整个建筑所覆盖的面积大约为99英尺×128英尺。到11世纪末,在建筑的南、北、西面又增建了一个更宽的回廊,有两个对称安排的塔楼,内有阶梯通向步廊。内部装饰除了著名的马赛克和壁画外,还包括一扇大理石圣坛隔屏和一个规整拼花图案的过道,与君士坦丁堡的神圣万能救世主教堂的基本装饰概念一致。

关于圣索菲亚大教堂的艺术特点问题,专家们各持己见:有的认为它是纯粹的拜占庭建筑;有的从建筑中发现罗马式建筑风格影响的痕迹;有的争辩说其主要的灵感不是来自君士坦丁堡,而是高加索。更有人声称它是一个地方产物,虽然可以肯定是受拜占庭的影响,但却表现了俄罗斯或乌克兰的民族精神。在笔者看来,圣索菲亚大教堂没有与拜占庭建筑风格相悖的任何特征。砌石工程技术、平面设计、穹顶的金字塔

图 269　雷萨瓦（马纳西娅），从西南
　　　　方看去的修道院，
图 270　基辅，蒂特教堂，其基础平面
　　　　图（M. K. Karger 绘，1958—
　　　　1961 年）

图 271　基辅，圣索菲亚教堂，东立面
　　　　复原图（J. Aseev et al. 绘，
　　　　1971 年）
图 272　基辅，圣索菲亚教堂，平面图
　　　　复原图（J. Aseev et al. 绘，
　　　　1971 年）

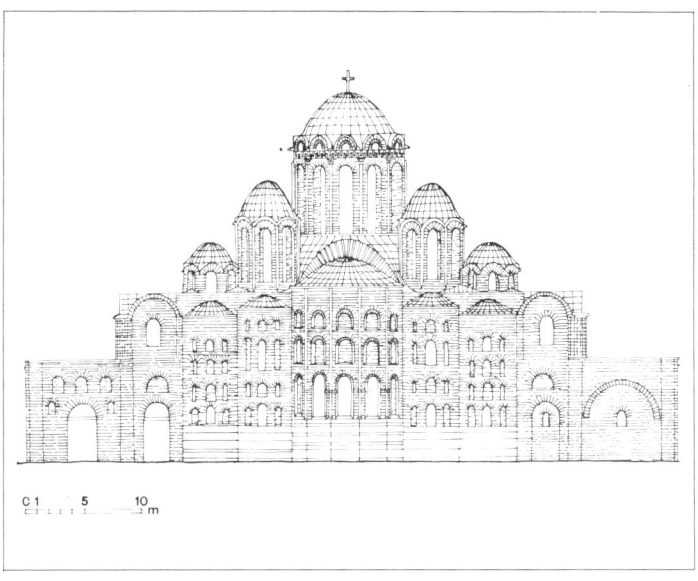

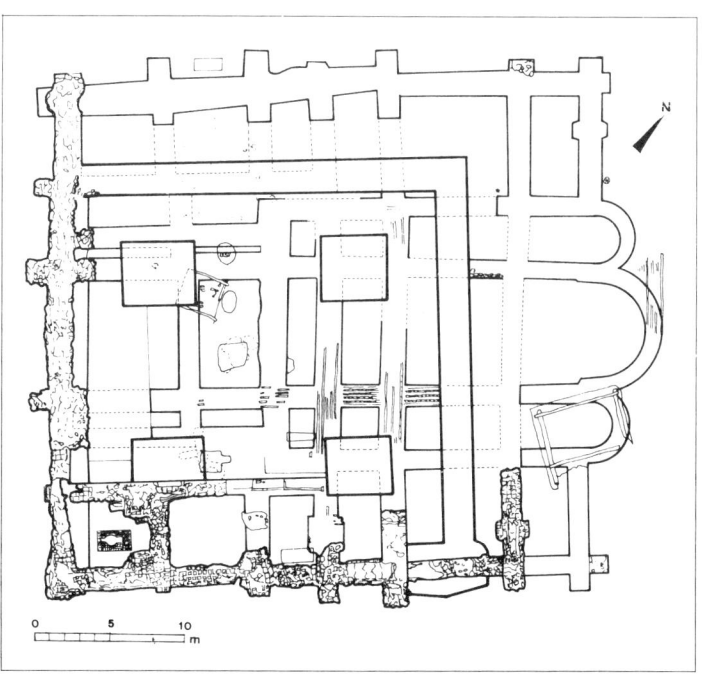

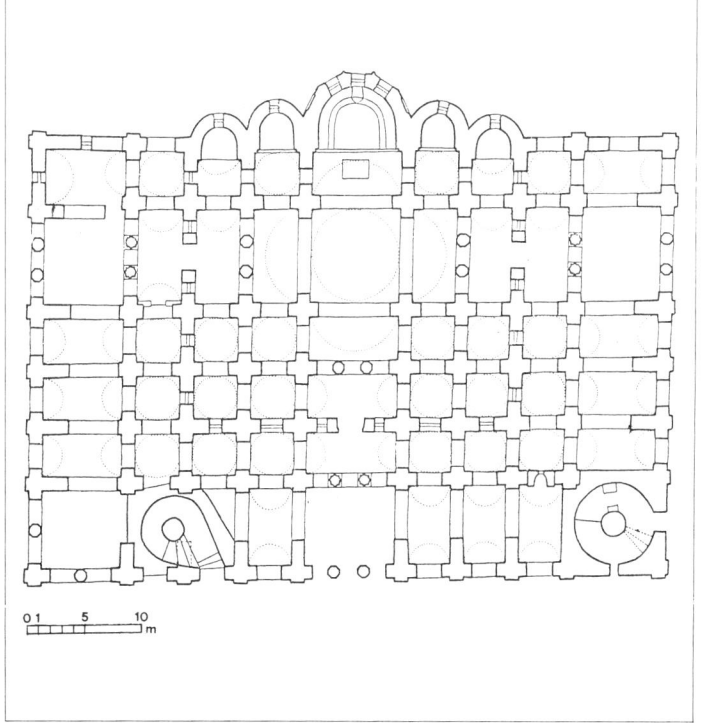

图 273　基辅,圣索菲亚教堂,半圆形
　　　　后殿外观

图 274　基辅，圣索菲亚教堂，内景
图 275　切尔尼戈夫，主显圣容大教
　　　　堂，半圆形后殿外观

图 276 基辅,圣米哈伊尔教堂,南立
　　　面复原图（M. K. Karager
　　　绘，1961 年）
图 277 弗拉基米尔,多米逊大教堂,
　　　外观细部

式的安排、凹进的拱券、外墙上回纹波形图案的谨慎采用以及内部装饰的每一个局部不仅仅是拜占庭风格,更具体地说,是君士坦丁堡的建筑风格。这样讲并非意味着基辅的圣索菲亚大教堂就是君士坦丁堡的复制品。

在圣索菲亚大教堂和君士坦丁堡现存的 11 世纪少有的教堂之间确实存在某些差异。这些差异并非任何外来的影响,完全可以通过必须克服的实际问题来解释。材料的使用是问题的关键。我们知道,圣索菲亚教堂的砖料是在当地烧造的,石料也来自当地的采石场。但大理石却必须进口。这便是为什么缺少大理石立柱的原因。正如我们所见,大理石在君士坦丁堡本来就是奇货,即使能够获得,运到基辅也困难重重。因此,建筑师没有采用立柱,而是砌石间墙,有些间墙砌成"柱团"形式,这在君士坦丁堡已有先例(曼加纳的圣乔治教堂可以为证),并不是受罗马式高加索建筑的影响。

第二个问题是建筑的规模问题。圣索菲亚大教堂是俄罗斯的都市教堂,是一个飞速发展中的国家雄心勃勃的统治者委托建造的,因此,它必须宏伟浩大。由此可以解释圣索菲亚大教堂所具有的任何独特性。拜占庭的建筑师们不但要在一个陌生的社会环境中工作,使用临时凑成的或艰难从外国进口的材料,而且要根据要求建造一座比他们从前在国内时建造的任何一座建筑都要大得多的教堂。

结果,拜占庭建筑师们采取了多样化的形式,而不是把他们所熟悉的样式加以放大。建筑师们设计了一个直径为 25.25 英尺的穹顶(恰好比费纳里·伊萨清真寺北教堂的穹顶大一倍)。也就是说,这是基于建筑师的经验所能建造的最大的穹顶。这样的体积,用君士坦丁堡一般形式的三侧廊、五穹顶教堂是达不到尺寸标准的。因此,建筑师仅仅只是增加了两个以上的侧廊,在西边进一步添加横间隔。在建筑物的宽度扩增后,建筑师又不得不加高以求比例谐调。在君士坦丁堡,当时是否流行五侧廊的设计,这一点对我们来说并不重要,虽然费纳里·伊萨清真寺的北教堂有 5 个半圆室,但迄今没有留下一座带五侧廊的建筑。[27]另外,君士坦丁堡的教堂是否有 13 个圆顶,了解这一点的意义同样不大。我们应该强调的只是,圣索菲亚大教堂形式是拜占庭的建筑师们根据他们所熟悉的体积和概念设计的,不管他在君士坦丁堡是否还有同样的建筑设计的应用。

圣索菲亚大教堂是当时最大的但并非惟一的建筑。其他一些建筑,像都城宫殿,金门,以及基辅的圣伊林娜和圣乔治教堂(后两座教堂有文字记载为证)等都是由雅罗斯拉夫主持修建的。不用说,这一浩大

的建筑工程需要烧造和采集大量的砖料石料,还要为屋顶准备铅护板。这些工作的进行不可能没有当地劳动力的参与。从此时起,在基辅俄罗斯人有了在拜占庭建筑方法训练下的自己的建筑工匠。他们逐渐能够在没有外国人指导的情况下自己工作。

当我们一览 11 世纪时基辅王国的其他建筑,像切尔尼戈夫的救世主(Savior)大教堂(约 1036 年),诺夫戈罗德的圣索菲亚教堂(1045—1050 年)[28],以及坐落在基辅的维丢伯科契亚(Vydubickij)修道院中的 Katholika,圣米哈伊尔修道院和卡夫斯修道院〔佩采斯卡亚·拉夫拉(Pecerskaja Lavra)〕等。我们会发现,拜占庭传给俄罗斯的是一种基本的,也是万能的教堂建筑形式。就最简单的形式而言,它有 3 个侧廊,4 道间墙和一个穹顶;当把中厅和前厅融在一起后,就可以变成更长的、6 间墙的平面设计,或者在教堂的周围添加一道回廊,由此可产生带 5 个侧廊教堂的设计效果。

有趣的是,俄罗斯人从拜占庭手中既没有借用 10 世纪时已相当流行的三角螺形设计,也没有采纳 11 世纪初引入的突角拱上八角形结构形式。确实,拜占庭建筑观念对俄罗斯的影响只有一种主要的融合,也就是说,在公元 990 年到 1070 年间,这种融合限定在笔者所描述的十字方场形式上。这种形式直到穆罗斯科维特(Muscovite)时期一直持续不断。11 世纪后,俄罗斯人没有追随拜占庭建筑艺术的发展,满足于精心设计一种传统的形式并因此产生了可被称之为具有民族建筑风格的样式。在绘画领域,情况完全不同:由于基辅的圣索菲亚大教堂的马赛克装饰体现了当代拜占庭风格(或许不是最好的),因此,12 世纪拜占庭风格也反映在普斯科夫·米罗斯基(Pskov Mirozskij)修道院的壁画中,帕拉奥洛基风格表现在诺夫戈罗德和莫斯科的希腊神迹(Theophanes the Greek)的作品中。无论如何,绘画更容易输出和传播:一位巡回的希腊画师可以把拜占庭最流行的艺术形式传播到俄罗斯最远的边界地区;而建筑则要求不断地组织劳力,学习专业知识技巧,一旦掌握后,俄罗斯人便以自己的方式,一方面紧紧地坚守最初的拜占庭程式不放,另一方面又在逐渐地对其程式作出新的阐释,由此创造出一种明显的俄罗斯风格的建筑。

如果要问拜占庭建筑究竟是何时让位于俄罗斯建筑,这也许显得太天真了。假如笔者的观点正确的话,基辅的圣索菲亚大教堂是拜占庭人的设计。根据记载,建于 1073—1077 年的卡夫斯(Caves)修道院的多米逊(Dormition)教堂,作为俄罗斯基辅最重要的一座修道院也是拜占庭建筑师的手笔。这也是一座十字方场式教堂,但其保留的风格特

征并不明显,因为 17 世纪时经过一次大修,并在 1941 年完全毁掉。[29]我们可以合理地假定,雅罗斯拉夫王子统治期间大兴土木,其结果造就了一大批合格的本地建筑人才,他们在 11 世纪中期后绝大多数教堂的建造中起着重要的作用。

以 1108 年在基辅修建的圣米哈伊尔教堂为例,虽然该教堂在1935—1936 年间被粗暴地损毁,但有关该教堂的记载却相当全面。[30]无疑,拜占庭的建筑师们参与了教堂的装饰工作,教堂半圆室内著名的马赛克壁画"最后的晚餐"可为明证。但是整个建筑设计,虽然与拜占庭模式相近,但却具有明显的地方风格。比如,未被嵌入的壁柱破坏的圆筒形穿顶鼓座的曲面;笨拙的配券法;以及立面的处理等。俄罗斯的建筑师对立面的拱券分隔高度几乎完全一样,而一个拜占庭建筑师通常都重点强调中心拱。最后的这一特征后来很长时间都是俄罗斯建筑的保留传统。

在 12 世纪,由于统治者家族成员内部的分裂和草原游牧民族不断增加的压力,基辅公国逐渐丧失其重要的地位。俄罗斯东北地区已在政治上取得优势。这一地区夹在伏尔加和奥卡(Oka)两河之间,横跨一条重要的贸易之路,并有繁茂的大森林抵挡草原游牧民族的劫掠。除了早在 9 世纪时便有记载的罗斯托夫(Rostov)城之外,新兴的城市中心在这里不断涌现,其中包括苏兹答尔(Suzdal'),弗拉基米尔,佩雷查斯拉维尔—扎列斯基(Perejeslavl'-Zalesskij),和莫斯科城。弗拉基米尔—苏兹答尔公国有着与基辅公国不同的地理环境,它一面对着诺夫戈罗德,一面对着伏尔加的保加利亚人和高加索人。在这些因素的影响下,弗拉基米尔—苏兹答尔公国创造发展了一种可明确地称之为俄罗斯风格的建筑形式。[31]

这种形式与基辅传统的联系显而易见。假如我们对东北地区早期建筑之一的主显圣容教堂(1152 年建于佩雷查斯拉维尔—扎列斯基研究一番的话,就会发现,虽然总体效果迥异,但我们依然可见熟悉的基辅平面设计和基本的立面组织形式,造成这种差异的原因首先是建筑材料的不同,该教堂用的是小心组成的方块石灰石,而不是砖料,灰浆层也非常薄。此外,比例也不同:去掉前厅后,教堂变成一个向顶端微微收窄的立方体。与基辅的教堂相比,这里的窗户更少、更窄,几乎像是一条条裂缝。外墙上简陋的装饰——仅限于半圆室顶上的挑台和鼓座顶上雉堞边饰——共同形成一种简洁而有力的效果,尽管教堂的规模很小(50.5 英尺×51.5 英尺,不包括半圆室的面积)。显然,这座建筑并非地方性独创,石灰石是从远方进口(一般是从伏尔加河的巴尔

图 278　博戈柳博沃，靠近弗拉基米尔，宫殿教堂的复原图（N. N. Voronin 绘，1961—1962 年）

图 279　涅尔利河的波克罗夫教堂，靠近弗拉基米尔，从西南方向所看到的外观复原图（N. N. Voronin 绘，1961—1962 年）

图 280　涅尔利河的波克罗夫教堂，靠近弗拉基米尔，西立面

加斯进口的），工匠几乎可以肯定是来自（受西方影响的）加利奇城镇，因此，才会出现具有罗马式建筑特点的挑台。

安德烈·博戈柳布斯基王子（1157—1174 年）一心想把他的都城提升为俄罗斯最重要的城市，并成为都市主教辖区中心。结果，借圣母玛丽亚之名精心编造了一个传奇，并通过假定为城市保护者的令人不可思议的拜占庭圣像弗拉基米尔圣母表现出来。由此制定一个新的宗教节日，即保护面纱 [波克罗夫，Protectiveveil (Pokrov)]。换句话说，安德烈不但急欲赶上基辅，而且想超越基辅与君士坦丁堡一争高下。因为君士坦丁堡是至高无上的，是受圣母玛丽亚庇护的城市。安德烈在位期间，在弗拉基米尔城内和周围大兴土木。城市围起的面积增加了 3 倍，并建起了高大的城门，其中的金门虽与原貌相去甚远，但毕竟得以存留至今。为了强调对圣母玛丽亚的忠顺，他于 1158 年到 1160 年间建起了多米逊大教堂。这座被假定为在此后的俄罗斯建筑发展中具有重要象征意义的建筑，其最初的形式并没有保存下来：公元 1185 年，它毁于一场大火之中，然后，从公元 1185 年到 1189 年，弗谢沃洛德（Vsevolod）王子重建成一座有 5 个侧廊的教堂。安德烈还在离弗拉基米尔不远的地方为自己修建了一座名为博戈柳博沃的城堡。该城堡始建于 1158 年，四周有石砌的城墙。这是一座不平常的综合建筑，包括一座宫殿和一座教堂，两幢建筑由升起的廊道连在一起，廊道看上去很像是拱上有篷盖的桥梁。今天，部分廊道，包括一个有阶梯的塔楼尚存于世，但教堂却在 1751 年完全被损毁重建。

为了获取安德烈统治时期建筑艺术成就的第一手资料，我们必须前往弗拉基米尔附近的涅尔利（Nerl'）河畔，看一看著名的波克罗夫教堂（约 1165 年）。教堂建在人工垒起的锥形石台基上，虽然规模不大，却相当优雅。留给我们的印象是简洁的立方体量和对构件垂直线的强调。整个建筑的原貌肯定和现在不同，因为原教堂本有一条敞开的回廊，可能是单层，并通往步廊。即使没有回廊，该建筑看上去仍然十分完美。我们应该注意在俄罗斯建筑中将会被广泛采用的一些局部处理方式：比如，深深凹进的罗马式风格的正门；一组由装饰性排柱支承的暗拱将立面分割成两大区间；以及外墙上雕刻的引入。这些刻在弧形窗上的雕刻在此受到相当的制约，并在三面墙上都重复着同一个题材，即大卫在动物群中弹奏竖琴。

如果我们把波克罗夫教堂和早它 10 年建成的佩雷查斯拉维尔—扎列斯基（Perejaslavl'-Zaleskij）教堂作一番比较，就会看到在安德烈·博戈柳布斯基（Andrej Bogoljubskij）的培养下形成的更加华美的趋向。

图 281　弗拉基米尔，圣德米特里乌
　　　　斯教堂，外观
图 282　弗拉基米尔，圣德米特里乌
　　　　斯教堂，南立面细部

安德烈在博戈柳博沃的宫殿教堂更为美丽奢华。据我们所知，教堂是用黄铜片铺地，这在当时也是一种创新。为了实现他的宏伟蓝图，王子请来了世界各地的匠师，其中包括德国工匠。这些外国匠师的到来，可以说明为什么在弗拉基米尔—苏兹答尔的建筑中会出现大量的罗马式建筑因素，但却很难解释为什么人物雕刻首次出现在多米逊大教堂上时便会如此赋有特色，并在 1193 年到 1197 年间由弗谢沃诺德三世在弗拉基米尔建造的圣德米特里乌斯教堂中获得如此非凡的丰富效果。[32]圣德米特里乌斯教堂相当小，从设计上看，简直就是波克罗夫教堂的翻版。教堂的外墙，排柱承托的门拱以下区域，简明朴素；由此向上的墙面上则有一层连续的雕刻装饰，内容包括一些基督教主题，但绝大部分都是尘世俗民。这显然是一种王侯的艺术。虽然从马赛克［像巴勒莫（Palermo）的诺曼的诗节（Norman Stanza）中的马赛克装饰］金属器具、纺织品以及文稿的装饰中可看到与其许多相似之处，但相近的建筑立面处理却无法在西欧或高加索地区找到。

从朱里维—波尔斯基（Jur'ev-Pol'skij）的圣乔治教堂（1230—1234年）设计中，我们可以了解到弗拉基米尔—苏兹答尔风格演变到最后阶段的一些特点。这座教堂的原建筑只有一半得以保存下来，上面一半在1471 年坍塌后被重新修建。这是一座几乎方形的四间墙教堂，有 3 个外门廊（令人想起特拉布宗的圣索菲亚教堂），以其整个外墙从上到下的雕刻装饰而著称于世。总的说来，有两种装饰：门拱以上区域，采用高浮雕，表现许多复杂的圣经中的人物形象；而门拱以下区域，采用浅浮雕刻出向四方连续的树枝的装饰，即使是嵌入墙面的立柱上和正门的门拱上都不例外。这一点同圣德米特里乌斯教堂下半区域简洁的处理有所不同。

虽然教堂上半部结构的重建只是一种假说，但仍然有观点[33]认为它可能是一种类似于塔楼的形式，因为在 12 世纪末和 13 世纪初，这种形式是几座俄罗斯教堂的特征。这种有趣的创新并不仅仅属于一个地区，而是几乎同时出现在切尔尼戈夫的皮亚特尼卡（Pjatnica）教堂，斯摩棱斯克（Smolensk）的圣米哈伊尔教堂，奥夫鲁克（Ovruc）的圣巴西勒教堂[34]，波洛克（Polock）的斯帕索—埃夫罗辛尼耶夫（Spaso-Efrosin'jev）修道院以及远在北方的诺夫戈罗德的皮亚特尼卡教堂。在保留传统的平面设计基础上，着力强调建筑物立面的垂直竖线，并尽可能增加穹顶的高度。切尔尼戈夫的皮亚特尼卡教堂（约 1200 年）通过在穹顶下高于跨臂圆筒顶的地方建 4 个拱成功地将这种意念付诸实践。穹顶的底部，一改过去常有的立方形，每一边都以拱代替，这样，外观效果看起来便是由三层拱券叠加起来的一个锥形。一些前苏联学

图 283 朱里维—波尔斯基，圣乔治
        教堂，外观
图 284 朱里维—波尔斯基，圣乔治
        教堂，北门廊

者把这种新的、向上升腾的风格样式归因于越来越重要的城市发展和城市中产阶级的兴起。然而，这一切并没有继续得到发展。公元13世纪30年代鞑靼人入侵俄罗斯，实际上也结束了几乎所有的建筑活动。俄罗斯南北两地遭到最残酷破坏；只有未被鞑靼人占领的西部地区和最南端的诺夫戈罗德—普斯科夫一息尚存，但建筑规模就大不如前了。

150年后，莫斯科公国的兴起使俄罗斯建筑又迈出了有意义一步。一般认为，莫斯科公国无论在政治上还是在建筑上都继承弗拉基米尔—苏兹答尔的传统。大约在12世纪的某个时期安定下来之后，一开始，莫斯科只是莫斯科瓦（Moskva）河与涅格林诺亚（Neglinoja）河交汇处的一座小城堡。大约自公元1300年始，莫斯科在吞并周围其他公国的过程中，开始进行快速的领土扩张。公元1326年，莫斯科成为俄国政治、文化中心。在这种情况下，诞生了第一座用石料砌成的教堂，即多米逊大教堂，在设计上与朱里维—波尔斯基的圣乔治教堂相似。从公元1366年到1367年，过去用木料制造的防御工事换成了克里姆林宫（Kremlin）的石墙。公元14世纪90年代的建筑中又出现了克里姆林的圣母领报（Annunciation）教堂（现存有地下建筑部分）和基督降生教堂（一座四间墙结构的小建筑，现存有原建筑三分之一高度的墙体）。

大约从1400年始，由于一大批教堂的建造（这些建筑今天仍然大致保留着原貌），姆斯科维特（Muscovite）的建筑特点更为引人注目。著名的建筑包括兹韦尼哥罗德（Zvenigorod,）的多米逊教堂（约1400年）；靠近兹韦尼哥罗德的萨瓦（Savvino-Storoženskij）修道院（1405年），扎戈尔斯克的塞尔吉乌斯［特罗瓦吉—谢尔吉夫（Troice-Sergiev）］修道院教堂（1422年）和莫斯科的安德罗尼科夫（Andronikov）修道院教堂（1425—1427年）等，后两座教堂因画家安德烈·鲁布廖夫（Ardrej Rublev）参与绘画装饰而闻名于世。所有教堂都近乎方形结构，有三个伸出的半圆室，四道内间隔墙和一个穹顶。除东面外，其他三面都分别有一扇退化的罗马式凹进的正门，上有一个葱形拱顶。在这组建筑中，每座教堂都建在一个高台上，因此有台阶到达正门。其他新的创造包括通常置于立面上半部的一组浅浮雕。其位置的安排和弗拉基米尔—苏兹答尔风格的暗拱上装饰一样。另外，上文提到的所有建筑物的顶线也发生了变化：起初看上去相当复杂，一连串重叠的葱形拱是模仿两个世纪前切尔尼戈夫的皮亚特尼卡教堂的设计效果，但却没有皮亚特尼卡那样大胆的直线处理。有趣的是，随着莫斯科的地位不断提高，这些建筑本身显得质朴地方化，并明显地变得陈旧。

15世纪后半叶，当穆斯科维（Muscovy）不但成为欧洲的一个强国，

图 285　切尔尼戈夫，皮亚特尼卡教堂，从西南方向所看到的外观
图 286　莫斯科，安德罗尼科夫修道院，教堂，北立面复原图（N. N. Voronin 绘，1961—1962年）
图 287　莫斯科，克里姆林宫，圣米哈伊尔的大教堂，外观

而且成为君士坦丁堡灭亡之后世界上惟一的东正教强国时，这些建筑的落后确实显而易见。以第三罗马帝国为目标的莫斯科，的确需要一种新的建筑表现方式。为此，莫斯科建筑并未转向拜占庭形式，而是回到自己的过去，其间，竟有悖常理地向意大利建筑师寻求帮助，这种新的开始可直接追溯到莫斯科多米逊大教堂。原教堂建于 1326 年，到 1470 年时，显得破旧不堪，因此，沙皇伊凡三世（Ivan Ⅲ）决意以弗拉基米尔的多米逊大教堂为模式再建一座更大规模的教堂。最初，聘请了一位本国建筑师，但在公元 1474 年，当新教堂接近完工时，突然坍塌。沙皇由此认定穆斯科维特的建筑师们愚笨，并指令其在威尼斯找一位能干的意大利建筑师，最后选定了博洛尼亚的阿里斯托泰莱·菲奥拉万蒂（Aristotele Fioravanti of Bologna），作为一名建筑工程师，他在当时就享有盛名。据说，在接受此事之前，他刚刚辞谢了苏丹穆罕默德二世（Mehmed Ⅱ）在伊斯坦布尔建造皇宫的邀请。[35]

在 1475 年到 1479 年建造的新多米逊大教堂中，菲奥拉万蒂显示了他不仅是一位天才的技师，也是一位有才干的艺术家。虽然他也受命模仿古老的弗拉基米尔大教堂。并且也真这样做了，但并不是一件斯拉夫式的复制品。他借用了其主要形式，即 5 个穹顶，6 道窗间墙；外墙拱的构造，以及廊柱上的暗拱带等，所有这一切都统一在具有文艺复兴精神的设计规则之中。教堂内所有的开间被隔成同等的方形，而在原建筑中，中心开间自然面积最大。中厅的隔墙从十字形改为圆形，立面外观的分割部分在宽度和高度上也完全一样。伸出的半圆室缩小到几乎与墙体平行，暗拱区间与一排低矮的窗户形成一个整体，通过这些微妙的处理，菲奥拉万蒂将中世纪俄国建筑形式与意大利宫殿建筑形式融为一体。

公元 1500 年左右，并非只有菲奥拉万蒂一位意大利建筑师活跃在莫斯科建筑领域。菲斯特得宫［格拉诺维塔娅宫，（The Faceted Palace, Granovitaja Palata)］便是彼得罗·安东尼奥·索拉里奥和马可·鲁福（Pietro Antonio Solario and Marco Ruffo）的合作结晶；另外在克里姆林的一座主要教堂，即后来当作统治王朝陵墓的圣米哈伊尔教堂也是由被称之为小阿列维斯欧（Alevisio）或小阿洛伊西奥（Aloisio）［鲁维伊（Novyi)］的意大利建筑师于公元 1505—1509 年间建造的。在某些局部处理上借鉴菲奥拉万蒂设计的同时，阿列维斯欧在回到传统的内部空间分割中将中厅加宽，侧廊收窄，并由长形间墙相隔。其实，他在建筑上最值得注意的是对外墙的装饰：垂直的立面处理得像意大利的一座两层楼宫殿；墙面壁柱上有科林斯柱头；为了看上去更宽些，狭窄的窗户四周装上了长方形假边框；经过强调的檐口在起拱点上沿水

图 288　科济亚,修道院教堂,从西南
　　　　方向所看到的外观
图 289　德亚卢,修道院教堂,从北边
　　　　看过去的外观

平线伸展,而拱本身则以雕刻的大海扇壳饰满整个空间,其效果独特引人,但却并不谐和一致。

　　见证公元 1500 年历史的人大可以认为穆斯科维将会纳入西欧文化的轨道,并将文艺复兴建筑作为这种世界性趋向的一个明确的象征。然而,俄罗斯人并没这样做,而是回到他们自己的建筑传统。首先,在沙皇巴西勒三世和伊凡四世恐怖统治期间,令人诧异地爆发出一种可能的民族风格,即尖顶的、像帐篷一样的屋顶(红场上神圣的圣巴西勒大教堂是最著名的实例);然后,以倒退的方式回到传统的五穹顶式,并不断重复采用直到巴洛克和欧洲新古典主义风格的到来。

4. 罗马尼亚

　　瓦拉几亚(Wallachia)和摩尔多瓦(Moldavia)是东欧最后两个受拜占庭文化影响的公国。当前者于 1330 年,后者在 1365 年先后从匈牙利人的统治下解放出来后,便开始了这种影响,他们建立了一个政治组织,然后请求君士坦丁堡的大主教为他们任命主教。以阿尔杰什(Arges)这座繁华都城为中心的瓦拉几亚的总主教于 1359 年宣誓就职;领地在苏恰瓦(Suceava)的摩尔多瓦的总主教则在 1401 年才正式上任。迄今我们还不能确切地知道罗马尼亚人究竟是怎样开始信奉东正教的。但有一点很清楚,他们不是直接从拜占庭而是从南部的斯拉夫人那里接受他们的宗教信仰。教堂斯拉夫语直到 17 世纪末还一直保留着用于礼拜仪式的语言。

　　这两个罗马尼亚公国独立的时间不长。在公元 1444 年,所谓的瓦尔纳(Varna)十字军东征失败后,瓦拉几亚于 1462 年臣服于君士坦丁堡的征服者,而摩尔多瓦公国在其领袖伟大的司提芬(Stephen the Great, 1457—1504 年)的领导下不断英勇抗击,直到领袖去世后才被迫投降。虽然两者都已成为奥斯曼帝国的臣民国,但它们不受土耳其人的直接统治,而是由他们自己的君王来统治。实际上,正是在 16 和 17 世纪里,由于其半独立的地位和大量的自然资源,罗马尼亚在东正教世界具有突出的地位。两公国成了君士坦丁堡破产的主教辖区和圣山修道院的经济支撑。越来越多的希腊人、教士和商人移居罗马尼亚,指望在此过上好一点的生活,不用像在土耳其主子的使唤下那样力谋生计。这样的渗透一直延续到 18 世纪开端,当地的君主被苏丹人革职除权并由希腊督管接管。此后的几个世纪里,罗马尼亚一直受到这些希腊督管的盘剥。可以说,直到 1821 年的革命战争之前,罗马尼亚一直都是希腊东正教会榨取钱财的对象。

图 290　阿尔杰什河畔库尔泰亚，主教修道院的教堂，平面图（L. Reissenberger 绘，1867 年）

图 291　阿尔杰什河畔库尔泰亚，主教修道院的教堂，恢复以前从东北方向所看到的外观（L. Reissenberger 绘，1867 年）

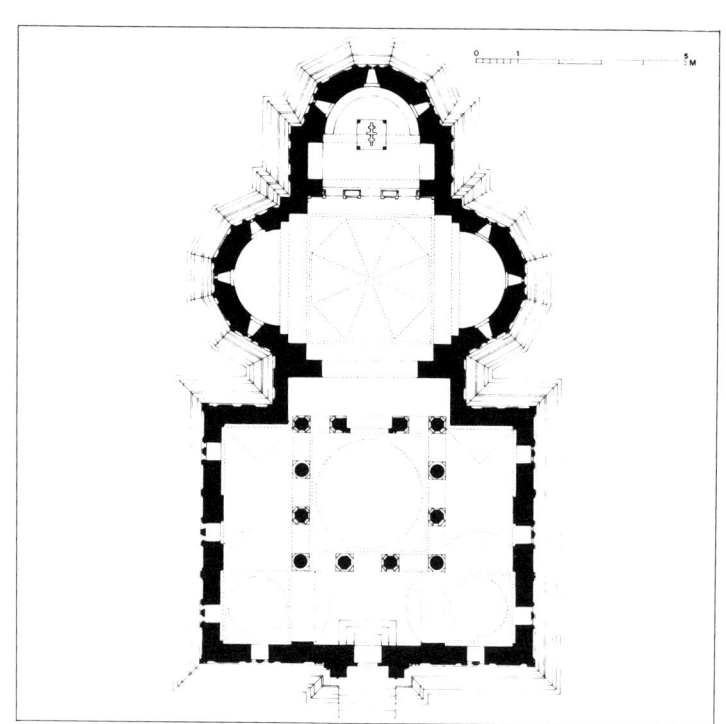

在研究瓦拉几亚和摩尔多瓦这两地风格迥异的建筑时，必须牢记在 14 世纪后半叶开始修造这些建筑时，拜占庭都城已不再是建筑的中心。当时，整个巴尔干半岛惟一富有创造力的东正教建筑是塞尔维亚建筑形式，但保加利亚却近在咫尺。也许正是保加利亚的工匠们来到瓦拉几亚，在阿尔杰什河畔，库尔泰亚（Curtea de Arges）建起了壮丽的圣尼古拉教堂（约 1350 年）。[36]这是一座方形间墙的十字方场式教堂，外观庄严肃穆，墙和半圆室的处理都缺少变化。另外，窗户极少，因此教堂内从上到下最大限度地腾出空间进行壁画装饰。然而，塞尔维亚的影响很快便得以体现。据说，塞尔维亚的建筑风格是由一位叫尼科迪默斯（Nicodemus）的修士介绍到罗马尼亚的，他来自圣山，普里莱普人。在瓦拉几亚君主的保护下建起了一座又一座修道院［今天我们所能见到的要么是建筑物的废墟，或者是经过改头换面，比如在特兰西瓦尼亚（Transylvania）的普里斯洛普（Prislop），塞维林堡（Turnu-Severin）附近的沃迪察（Vodita）修道院和奥尔泰尼亚的蒂斯马尼亚（Oltenia, Tismania）修道院］。尼科迪默斯的建筑都是三叶形平面设计，后来在罗马尼亚一直占有主导地位。在尼科迪默斯参与设计的惟一一座合理地保存下来的建筑是建于 1386 年的科济亚（Cozia）寺院教堂。不仅在形式上，在外墙雕刻装饰上都和姆拉瓦建筑风格完全一样。这里，还应该注意到，幽深的前厅顶上可能还有一个塔楼。

在瓦拉几亚建筑史上，15 世纪时实际上是一片空白。相比之下，16 世纪前 20 年在伟大的拉杜（Radu the Great，1495—1508 年）和尼戈伊·巴沙拉布（Neagoe Basarab，1512—1521 年）的统治下出现了一些重要的建筑物，并形成一种奇特民族风格样式。保留至今的有两座教堂：德亚卢（Dealu）教堂（1502 年）和由尼戈伊·巴沙拉布建造的阿尔杰什河畔库尔泰亚圣公会修道院。两座建筑均以琢石铺面（这在瓦拉几亚特别少见），遗憾的是，也都经过大面积修复。另外一座建于 1517 年的迪尔戈维斯特（Tirgoviste）教堂，规模巨大，有 8 个穹顶。但在上世纪末整个教堂被毁。

德亚卢教堂和库尔泰亚圣公会教堂都继承姆拉瓦建筑风格。比较一下科济亚教堂和德亚卢教堂就足以看出两者间的相似之处。而最明显的区别在于后者前厅的东开间上有两个高高的穹顶。它们距主穹顶很近，看上去像挤在一堆的错乱组合。这种效果也可能受到姆拉瓦教堂上穹顶和钟塔并置的启发［例如克鲁舍瓦茨和卡莱尼奇（Krusevac 和 Kalenic）］。正如我们所看到的，可能在科济亚的设计上也具有这样的特征。我们从德亚卢教堂中发现的另一种创新是其外观装饰。教堂的立面通过厚檐而被分成两大区间，每个区有暗拱装饰。另外，在穹顶的底

图 292 　沃罗涅茨，修道院教堂，从东
南方向所看到的外观

部和鼓座上也覆盖着丰富的浅浮雕几何形装饰。

这些装饰效果在阿尔杰什河畔库尔泰亚主教教堂中得到进一步发挥。该教堂在 1872 年到 1878 年间，由一位法国建筑师勒孔特·德努伊 (Lecomte de Nouÿ) 进行过"科学"的修复，这位建筑师竭力把它变成了一座怪异的维多利亚式建筑。[37] 平面依然是三叶形，但前厅则呈横向扩展，长度超出中厅以外。前厅有一个"回廊式"设计，中心开间由 12 根立柱围起。建在突角拱上的主穹顶和前厅中心开间上的穹顶也是紧靠在一起，高度也几乎一样。另外，在前厅西面屋顶两端各有一个小穹顶，上面的装饰凹槽呈螺旋式向相反方向伸展，其间还有斜线形条窗。建筑立面的处理和德亚卢教堂几乎一样。也是由扭曲的粗线形饰带将立面分为两个区间，上面是向两方连续的暗拱装饰，每一个拱内都有一个小圆形物；下面的区间则被分为向两方连续的长格形。

这座教堂上的丰富装饰几乎难以归类。习惯上认为琢石砌成的暗拱和长格内浅浮雕雕刻都是受高加索地区建筑的影响，也就是亚美尼亚和格鲁吉亚建筑的影响。[38] 以致有人认为在瓦拉几亚有一个亚美尼亚的殖民地。不过需要进一步解释的是，像格鲁吉亚风格的尼科茨明达 (Nikortsminda) 教堂（1014 年）或者是阿纳的救世主教堂（1036 年）这样较早期建筑中的装饰设计怎么能够以高加索石工的意识持续这么多个世纪。无论如何，主教教堂中的大部分装饰显然都是奥托曼风格；比如，屋檐和主穹顶底部下的钟乳形檐口；前厅的钟乳柱头以及主穹顶上的螺旋形凹槽装饰等（通常用在清真寺的宣礼塔上）。

随着阿尔杰什主教教堂的出现，瓦拉几亚建筑可算是拥有了自己的独特性，如果这还不是其最后的形式的话。在此，笔者不能尽叙在 17 和 18 世纪时建造的教堂，它们大都采用三叶形平面设计。而是将目光投向摩尔多瓦的教堂建筑，它们显示了更多的个性，与拜占庭的联系也更少。这方土地在走向 14 世纪中期时才首次出现在历史的舞台上，它在基督教信仰上隶属加利奇并敞开接受来自波兰和匈牙利的西方文化影响。事实上，摩尔多瓦现存最早的教堂即被权威们认为是波格丹一世 (Bogdan I) 建筑的勒德乌齐 (Rădăuţi) 的圣尼古拉教堂（1359—1365 年），是一座简单的罗马式巴西利卡，经改造后以适合东正教的需要。只有在苏恰瓦教区建立之后，伟大的司提芬统治时期，我们才看到一种显著的摩尔多瓦建筑风格以其完整的形式呈现在我们面前。也就是说，这一切并没有一个准备阶段，很可能在此阶段其独特性就已经相当明确了。很遗憾的是：伟大的司提芬统治时期（1466—1481 年）的主要建筑普特纳 (Putna) 寺院教堂在 17 世纪后被完全重建。

图 293　沃罗涅茨,修道院教堂,从东
　　　　　南面所看到的外观

图 294 苏恰瓦，圣乔治教堂，内部，
       外西门廊上方的穹顶
图 295 尼亚姆茨修道院，阿森西翁
       教堂，轴测图和平面图
       （N. Ionescu 绘，1963—1965
       年）

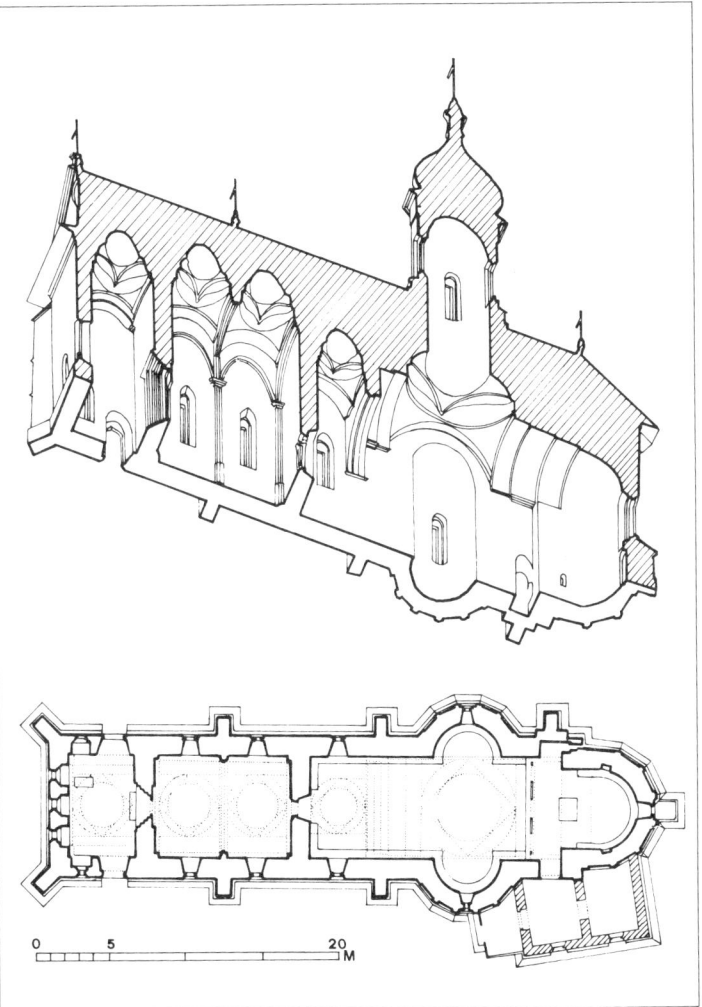

　　在现存的三十几座由伟大的司提芬建造的修道院和教堂建筑中[39]，我们可以选择探讨建于 1488 年的沃罗涅茨（Voroneţ）教堂。撇开 16 世纪时增建的外前厅不论，这是司提芬时期的典型设计：一个覆盖着圆形拱顶的大长方形前厅或叫前圣堂，一个带有高穹顶的中厅以及位于中间和侧向半圆室之间的两堵外扶壁。可以肯定，这基本上是塞尔维亚式的三叶形设计，在 14 世纪末传到瓦拉几亚，其主要区别则在中厅拱顶的处理上。在拜占庭和塞尔维亚建筑体系中，支承穹顶的拱由壁柱上跨出，而在摩尔多瓦建筑中，壁柱受到抑制，因此横向拱由一面墙跨向另一面墙。在增加了穹顶下方跨度之后，摩尔多瓦建筑师们继续将穹顶的上方缩小，首先由 4 个帆拱形成一个圆形底部，上面是一个筒形的鼓座，然后，在鼓座内建第二层拱（上拱），与第一层（下拱）对角连接，这样，起拱点便直接落在下层拱顶上。上拱再由帆拱连接，在这被缩小的底部又建一层很高的筒形鼓座，上面覆盖着穹顶。这种系统的设计，虽然并不十分诱人，但却相当灵巧。对于东正教教堂来说，其不足之处在于它使教堂内供绘画装饰的墙面更为零散也更复杂。

　　摩尔多瓦穹顶的来源是学者们经常讨论的话题。[40]由于在拜占庭式西方建筑中找不到类似的设计，专家们一直都在寻求其他的答案。亚美尼亚人、西班牙的阿拉伯人，甚至还有亚述人等，然而，还是没有发现任何令人信服的相似之处和任何可能的传播途径。因此，理所当然的假定，摩尔多瓦穹顶产生在摩尔多瓦本土。另外，穹顶底部的设计也堪称独特。在真正的拜占庭传统建筑中，它是立方形的，包裹着内帆拱；而在摩尔多瓦，通常有二层叠加的底部，低层为方形设计，高层则是星形（有时两层都是星形）。在大多数情况下，它们只是纯粹的装饰而已，也就是说，与教堂内的任何东西都没有什么联系。即使从外观看，和陡直的木质双坡屋顶建筑的其他组成部分缺少功能上的连接。我们现今所看到的顶盖相对来说都比较现代，而当初则连接得更为紧凑，就像苏恰瓦大教堂重建的顶盖一样。即便如此，这些看上去像是模仿哥特式尖顶的塔楼似的细瘦穹顶，一定是作为插入部分而出现的。教堂中采用哥特式设计的正门、门窗等，进一步加强了这些教堂的混合特点。

　　在摩尔多瓦教堂中，规模最大的有尼亚姆茨（Neamţ）修道院教堂（1497 年）和苏恰瓦大教堂（1514—1522 年）。后者长达 141 英尺，平面图上，东西两边大大地伸长，特别是通过扩展半圆室前的开间使西面尤为如此。此外，还增建了一个敞开的外前厅，前厅被分隔成两个有穹顶的开间，在前厅与中厅之间还夹着一间葬室。这几个隔间呈纵线串在一起，每一个隔间上都有一个很小的穹顶，不过从外面看并不明显。因为潮湿的气候，这些窟顶上都覆有陡直的顶盖。

摩尔多瓦建筑中所有的特征在伟大的司提芬统治时期得以充分地体现，并在随后一个世纪里继续不断地重复，偶尔会有一些细微的变化。然而1564年从苏恰瓦迁都雅西（Iaşi）（Jassy）后，便开始变成一种由各种不同特点拼凑而成的大杂烩，并且永远都未能形成一个有机整体。从雅西著名的三主教（Three Hierarchs）教堂中可见这种衰落的趋势。该教堂建于公元1639年，其基本形式是传统的三角螺形，前有一个前圣堂和一个外前厅。但却有两个穹顶，一样高度，一样耸立在笨拙的方形基座上。整个外墙用石料砌成，表面是各种各样的雕刻装饰。其中有来自瓦拉几亚的扭曲的屋顶，有从俄罗斯借鉴过来的排柱上的暗拱；有奥托曼风味的风格化的瓶花，还有向上的20条平行的几何装饰带等，这一切与哥特式的门窗并置在一起。令人捧腹的是，这座因勒孔特·德努伊而更加粗俗的建筑竟是位名叫耶纳凯·伊提斯（Ienache Etisi）的君士坦丁堡建筑师，而内部装饰则由俄罗斯画家完成。

还有一点需要注意，摩尔多瓦建筑特别引人注意的是其外墙上的绘画装饰。它突出地体现在一组相关的建筑上：苏恰瓦大教堂（1522—1535年），霍莫尔（Homor）教堂（1535年），摩尔多维察（Moldovita，1537年），阿尔博雷（Arbore，1541年），沃罗涅茨（Voroneţ 约1547年），苏切维塔（Sucevita，约1602—1604年）以及其他一些教堂等。在拜占庭建筑艺术中，外墙上绘画可能比通常所想像的更为普遍，可能是通过塞尔维亚把这种装饰意念带到摩尔多瓦[41]，无论如何，在其他任何一个东正教国家，没有同在这里一样，外墙都以壁画装饰。其中包括沃罗涅茨教堂西立面上场面宏大、描绘精细的"最后的审判"；苏恰瓦大教堂南墙上的杰西树和苏切维塔教堂北墙上的"天堂阶梯"等。在此，我们看到在拜占庭传统中所固有的一种倾向的形成：建筑已成为绘画的附庸，整个教堂里里外外不过是展现一排排圣像图的框架而已。

以上的论述让我们看到，拜占庭建筑在东方的流播是一个复杂的现象，它跨越几个世纪的时空，以不同的方式发生着影响，保加利亚是这些国家中最早受到拜占庭的影响，但却从未发展成一种真正具有特色的风格。俄罗斯在10—11世纪时强行引入了拜占庭的建筑形式，但却就此为止了，这一事实意义重大，不久笔者还会回到这个问题上来。塞尔维亚在12世纪末就显露出拜占庭建筑的一些影响，到14世纪初期，两者间关系更为密切，在拜占庭建筑的基础上，塞尔维亚人创造了属于自己的建筑"风格"。最后，罗马尼亚虽未直接与拜占庭艺术发生联系，但却主要从塞尔维亚接受了其东正教建筑传统。

为了阐明拜占庭对这些国家建筑发展的不同影响，我们应该考虑

各个国家的建筑根基，就保加利亚而言，这方面情况并不完全清楚。因为，据记载，奥穆尔塔格可汗（814—831年）在王国基督教化之前为自己建造了两座宫殿，一个在普利斯卡，一个在锡利斯特拉（Silistra）。[42]两座建筑都是在公元864年以后才完成，因此，也就不是公元600年左右，蛮族入侵后的最早建筑。然而，仔细地研究保加利亚建筑直到14世纪时的演变，都很难找出任何民族传统的痕迹。就俄罗斯来讲，可以肯定地说，它是没有任何基础可言的。至于塞尔维亚和罗马尼亚，在拜占庭的影响到来之前，他们与西方建筑有些关联。前者通过达尔马提亚海岸，后者则通过匈牙利，西方因素在这两种建筑中从来就不曾完全消失过。

拜占庭建筑形式是文化与宗教这只宝箱中的一部分，取用与否全听皇帝和统治阶级的命令，也就是说，是由上面强加的。俄罗斯在公元989年接受拜占庭建筑形式时并不像1500年接受文艺复兴建筑和在凯瑟琳大帝（Catherine the Great）统治下接纳新古典主义建筑形式时那样自觉自愿。同样塞尔维亚也是在米卢廷国王授意下突然从拉什卡风格的传统样式转向拜占庭模式的。在所有情况下，他们借鉴利用的都是当代的拜占庭建筑，这显然是把拜占庭建筑当作一种"身份和地位的象征"了。

拜占庭建筑方法的引入通常由拜占庭匠师开始，一段时期后，本地技师便熟练掌握了各种技巧以至勿需拜占庭人的指点，由此，地方或民族风格也就开始显现。我们当然不能认为他们随后的发展都是完全孤立的。中世纪时，在东欧和西欧有很多石匠组成的流动工程队，他们为新观念的散播提供了条件。达尔马提亚的工匠可以到塞尔维亚筑石造墙，就像罗塞尼亚（Ruthenian）和德国工匠在弗拉基米尔干活一样。通常可以通过技术和装饰上的创新来查明他们的建筑活动。但基本建筑设计却极少改动。借助本地和外来的刺激，拜占庭的建筑程式在俄罗斯、塞尔维亚以及影响程度稍小的罗马尼亚经过重新阐释而产生了一系列杰出的建筑，常常超越拜占庭自身的创造潜能。虽然它们各自发展，但有时却是殊途同归，比如：采用叠拱的方式增加建筑的高度。这种共同的努力追求可从切尔尼戈夫的皮亚特尼卡教堂以及一个世纪后在格拉查尼察教堂中窥见一斑。

与此同时，我们还应该注意到，中世纪时，拜占庭建筑并没有赢得和拜占庭绘画一样的声望。在这方面，俄罗斯的情况富有启发性。正如我们所见，11世纪以后，俄罗斯人在追赶拜占庭建筑潮流上显得兴趣索然，尽管他们和拜占庭继续保持着密切的关系，尽管俄罗斯的主教

常也来自希腊,尽管俄罗斯人要去君士坦丁堡朝圣,尽管那里有一群俄罗斯商人侨民居留。当安德烈·博戈柳布斯基试图胜过基辅,并与君士坦丁堡争雄时,当他声称弗拉基米尔为圣玛丽的保护地时,他既不想效仿拜占庭当代建筑,也不愿效仿其古代建筑。恰恰相反,他转向德国匠师求助。也许我们会问,他为什么不像一个世纪前的威尼斯人仿造圣徒教堂那样在弗拉基米尔重新建一座布拉奇纳尔的圣玛丽巴西利卡教堂（此处藏有神秘的面纱）呢？难道是因为在基督教世界里拜占庭建筑再也不被认为是最能予人以深刻印象的建筑了吗？

　　最后一点,拜占庭教堂在走向绘画神学时,从来都没有成为建筑上的神学。它赋予教堂建筑的某些方面,特别是半圆室,祭坛,圣坛隔屏,祭台和祭台华盖等用于礼拜仪式的构件以象征意义。另一方面,它又从未指一种特殊的建筑形式。就在君士坦丁堡覆亡之后两个世纪,充满热忱的莫斯科大主教尼孔（Nikon）决定东正教的礼拜仪式只需要一种教堂形式:"为了和有关规则、雕刻相一致,教堂应该按基督教会法典和条规所指定的那样,建成有一个,三个或五个穹顶的形式,永远都不要像一个帐篷。"

注　释

第一章

1. 然而我们应该注意到 1855 年出版的 W. Salzenberg 大对开的专著《*Altchristliche Baudenkmale von Constantinopel*》。

2. 在 A. Grabar 的著作《*Matyrium*》(巴黎，1943—1946 年) 中这个主题得到了充分的展开。

3. J. B. Ward-Perkins："纪念堂、殉难者之墓和教堂"，JThS, n. s. 17 (1966 年)，24ff。

4. I. Travlos："Anaskaphai en tê Bibliothêkê tou Adrianou"，见《*Praktika tês … Archaiologikes Hetaireias*》(1950 年)，41ff.；参见 A. Frantz："雅典：从异教到基督教"，《*DOP*》，19 (1965 年)，196。

5. 对于政治史来说，G. Ostrogorsky 的《*Geschichte des byzantinischen Staates*》，第 3 版 (慕尼黑，1963 年) 是一本最好的导读。这本著作已经翻译成法文与英文，包括有对历史、体系和文化的广泛解释。见 L. Brehier 的《*Le Monde byzantin*》，3 vols. (巴黎，1947—1950 年)。

第二章

1. 其特征是由 G. Millet 在《*L'Ecole grecque dans l'architecture byzantine*》(巴黎，1916 年) 中展开的。214ff。

2. 参见 J. W. Crowfoot：《巴勒斯坦的早期教堂》(伦敦，1941 年)，104ff。

3. 最好而可用的讨论见 J. B. Ward-Perkins "关于早期拜占庭建筑的结构和建造方法"，载《拜占庭帝国最伟大的宫殿》，Second Report, ed. D. Talbot Rice (爱丁堡，1958 年)，58ff.；也见 F. W. Deichmann：《*Studien zur Architektur Konstantinopels*》(巴登—巴登，1956 年)，19ff.；开拓性工作可见 A. Choisy 的《*L'art de bâtir chez les Byzantins*》(巴黎，1883 年)，虽备受关注，但已被广泛取代了。

4. 见 A. Boethius 和 J. B. Ward-Perkins《埃特鲁斯和罗马建筑》，Pelican 艺术史 (Harmondsworth，1970 年)，246ff。

5. 这个明显的真理是由 K. A. C. Creswell 来解释的，见《早期穆斯林建筑》，I, pt. 2. 第 2 版 (牛津，1969 年)，470ff。

6. G. Anrich 《*Hagios Nikolaos*》，I (莱比锡—柏林，1913 年)，304ff。

7. H. Vincent 和 F. -M. Abel，《*Jerusalem nouvelle*》，fasc. I—II (巴黎，1914 年)，220，244。

8. G. H. Forsyth，"在西奈山的圣凯瑟琳修道院"，DOP，22 (1968 年)，8—9 和图 21。

9. 见 J. B. Ward-Perkins："Tripolitania 和大理石贸易"，JRS, 41 (1951 年)，89ff。

10. 古代世界所使用的各种不同的大理石由 R. Gnoli 在他的《*Marmora Romana*》(罗马，1971 年) 得到了讨论并绘图加以描述。

11. 见 J. B. Ward-Perkins "来自 Proconnesus 采石场的罗马花环石棺群"，载 1957 年度的 Smithsonian 报告 (华盛顿，D. C.，1958 年)，455ff.；同上，"罗马环 (Roman Tyre) 石棺群的进口"，载《*Bulletin du Musée de Beyrouth*》，22 (1969 年)，113ff.，132ff。

12. 见 A. H. M. Jones《晚期罗马帝国》，II (牛津，1964 年)，1013；G. Downey，"拜占庭建筑师：他们的训练和方法"，载《拜占庭》，18 (1946—1948 年)，99ff。

13. Procopius：《*De aedificiis*》，II. iii. 2, 7 (Dara)；II. viii. 25 (芝诺比阿)。

14. 我能够引证的只有两条：Patrikês，他大约在 830 年建造 Bryas 的宫殿 [*Theophanes continuatus* (波恩，1838) 98]，但是自从他成为贵族后，他更多是

一个监管者而不是一个职业的建筑工匠了；另一个叫 Nikephoros，在 12 世纪早期他在君士坦丁堡建造了基督教神圣万能救世主教堂。见 G. Moravcsik：《*Szent Lázló leánya és a Bizânci Pantokrator-Monostor*》(布达佩斯—君士坦丁堡，1923 年)，44。

15. Jones：《晚期罗马帝国》，II，1014。

16. 如上，858ff。

17. Le Livre du préfet, ed. J. Nicole (日内瓦，1893 年)，ch. XXII；英语翻译见 C. Mango：《312—1453 年期间拜占庭帝国的艺术：艺术史的源流与文献》，ed. H. W. Janson (Englewood Cliffs，新泽西，1972 年)，206ff。

18. Eusebius，Vita Constantini，III. 29ff.；英语翻译见 Mango：《源流与文献》，11ff。

19. Epistula *XXV*，ed. F. Pasquali in Gregorii Nysseni opera，VIII/2 (雷登，1959 年)，79ff.；英语翻译见 Mango：《源流与文献》，27ff。

20. Mark and Deacon，《*Vita Porphyrii*》，ed. H. Gregoire and M. A. Kugener (巴黎，1930 年)，ch. 75ff.；英语翻译见 Mango：《源流与文献》，30ff。

21. 见 W. Djobadze in《*IstMitt*》，15 (1965 年)，228ff。

22. 见 C. Mango：《伊索里亚的建筑工匠》，载《*Polychronion：Festschrift F. Dolger*》(海德堡，1966 年)，358ff。

23. 在 Y. Janvier 的《*La Législation du Bas-Empire romain sur les édifices*》(Aix-en-Provence，1969 年) 中他讨论了关于公共建筑的帝国法律。

24. 见 A. H. M. Jones："15 与 16 世纪的教堂经济"，JThS, n. s. 11 (1960 年)，84ff。

25. Agnellus，《*Liber Pontificalis ecclesiae Ravennatis*》，ed O. Holder-Egger，"Monumenta Germaniae Historica，Scriptores rerum Longobardicarum et Italicarum" (1878 年)，《*De Ecclesio*》，ch. 59。

第三章

1. 见 Gerasa：《Decapolis 的城市》，ed. C. H. Kraeling (纽黑文，康涅狄格，1938 年)。

2. 如上，476ff。

3. 如上，162ff.，470ff。

4. 发掘开始于 1912 年，仍在进行当中。大量初步的报告已经出版，但没有更好的综合报告。见 Dj. Mano-Zisi 的文章，其余载 Starinar, n. s. 7/8 (195□ 年)，311ff.；9/10 (1959 年)，295ff.；12 (1961 年)，11ff.；15/16 (196□ 年)，47ff.；17 (1967 年)，163ff.；19 (1969 年)，111ff。

5. 见 H. Spanner 和 S. Guyer：《*Rusafa*》(柏林，1926 年)，和 J. Kollwitz 载于 AA 的报告，1954 年，119ff.；1957 年，64ff.；1963 年，328ff.；同上载《AArchSyr》，8/9 (1958—1959 年)，21ff.；14 (1964 年)，75ff.；W. Karnapp 载 AA，1968 年，307ff.；1970 年，98ff。

6. C. Preusser 曾简要地描述过。见《*Nordmesopotamische Baudenkmäler*》(莱比锡，1911 年)，44ff。

7. 见 J. Lauffray 的简短报告，载《*AArchSyr*》，1 (1951 年)，41ff。

8. 关于君士坦丁堡最为综合性的记录是 R. Janin 的《君士坦丁堡的拜占庭》，第 2 版 (巴黎，1964 年)，但它几乎不能对考古遗址进行判断。早期的作品可以看 A. van Millingen 的《拜占庭的君士坦丁堡》(伦敦，1899 年)。关于早期城市的历史，可以看 H. -G. Beck, ed.，《*Studien zur Fruhgeschichte Konstantinopels*》的 "Byzantina Monacensia 的杂录"，14 (1973 年)。

9. 《Theodosianus 古抄本》，XV. 1. 47。

10. 见 J. Ebersolt，《*Le Grand Palais de Constantinople*》(巴黎，1910 年)；R. Guilland，《*Etudes de topographie de Constantinople byzantine*》，2 vols. (柏林，1969 年)。

11. 见 P. Verzone："I due gruppi in porfido di S. Marco in Venezia…"，《Palladio》，n. s. 8（1958 年），8ff.；R. Naumann："Der antike Bau beim Myrelaion"，《IstMitt》，16（1966 年），209.

12. 见 Van Millingen《拜占庭君士坦丁堡》；B. Meyer-Plath 和 A. M. Schneider，《Die LandMauer von Konstantinopel》（柏林，1943 年）。

13. "Notitia urbis Constantinopolitanae"，载《Notitia dignitatum》，ed. O. Seeck（柏林，1876 年），229ff.

14. 见 F. W. Deichmann："Frühchristliche Kirchen in antiken Heiligtümern"，《JdI》，54（1939 年），103ff.；A. Frantz："从异教转向基督教的雅典神庙，"《DOP》，19（1965 年），187ff.

第四章

1. 古抄本 Theodosianus，XIII. 4.1。

2. 《Historia nova》，II. 32，由 Themistius 的早期证据所证实，《Oratio》，3，47 c-d。

3. Evagrius，《Historia ecclesiastica》，VIII. 1. 5。

4. 如上。X. 4.37ff。

5. 关于基督教巴西利卡起源的文学是很多的，大部分却枯燥乏味。有关最近的贡献见 P. Lemerle："A propos des origines de l'édifice culturel chrétien"，《Académie Royale de Belgique，Bulletin de la Classe des Lettres》，1948 年，306ff.；J. B. Ward-Perkins，"君士坦丁和基督教巴西利卡的起源"，《在罗马的不列颠学派的文件》，22（1954 年），69ff.；R. Krautheimer："君士坦丁的教堂基金会"，《Akten des VII. Internationalen Kongresses fur Christliche Archäologie》，Trier 1965 年，237ff.；同上，"君士坦丁的巴西利卡"，DOP，21（1967 年），117ff.

6. 见 A. van Millingen，《君士坦丁堡的拜占庭教堂：它们的历史和建筑》（伦敦，1912 年），35ff.；J. Ebersolt 和 A. Thiers，《Les Eglises de Constantinople》（巴黎，1913 年），3ff.；T. F. Mathews，《君士坦丁堡的早期教堂：建筑和礼拜仪式》（University Park, Pa.；1971 年），19ff. 我相信建筑物的确切年代（463 年）要往后推大约十年。

7. 见 C. Diehl，Le Tourneau 和 Saladin，《Monumints chrétiens de Salonique》（巴黎，1918 年），35ff.；S. Pelekanidis，《Palaiochristianika mnêmeia Thessalonikês》（塞萨洛尼卡，1949 年），12ff.；A. Xyngopoulos，"Peri tên, Acheiropoiêton Thessalonikês"，Makedonika，2（1953 年），472ff.

8. 关于爱琴海流域，可参见 A. K. Orlandos 的有用的论文集，《Hê xylostegos palaiochristianikê basilikê》，2 vols.（雅典，1950—1957 年）。

9. 见 D. Pallas 载于《To ergon tês Archaiologikês Hetaireias》（1961 年），141ff.

10. 该计划由 G. E. Jeffery 出版，《康斯坦蒂亚的巴西利卡，塞浦路斯》，《古代世界之旅》，8（1928 年），345，是有用的修订本。Cf. A. H. S. Megaw 载于《希腊研究志》，15（1955 年），附录（考古报告），33.

11. 关于首都的一份不完整的目录，可见 E. Kitzinger："在 Dumbarton 橡树林的马与狮子的壁挂"，《DOP》，3（1946 年），65ff.

12. 见 J. Lassus，"Les Edifices du culte autour de la basilique"，《Atti del VI Congresso Internazionale di Archeologia Cristiana，Ravenna》，1962 年（梵蒂冈，1965 年），581ff.

13. 特别要看 A. Grabar：《Martyrium》。

14. 见 H. Delehaye，《Les Origines du culte des martyrs》（布鲁塞尔，1933 年），50ff.

15. 发掘报告：W. Harvey 和 J. H. Harvey，"关于基督诞生地伯利恒的教堂最近的发现"，《考古》，87（1938 年），7ff.

16. 特别要看 Vincent 和 Abel，《Jérusalem nouvelle》，fasc. I—II，154ff.；E. K.

17. 作为一个例子，可参见 R. Krautheimer，《早期基督教与拜占庭建筑》，Pelican 艺术史（Harmondsworth，1965 年），39ff. 和图 16，君士坦丁半圆形后殿的基础最近被发现了。见 C. Coüasnon，《耶路撒冷基督的圣墓》（伦敦，1974 年），41ff. 和 pls. VII，XI.

18. 见 Vincent 和 Abel，《Jérusalem nouvelle》，fasc. I—II，337ff.；H. Vincent，"L'Eléona, sanctuaire primitif de l'Ascension"，RBibl，64（1957 年），48ff. 半个世纪以后（约 375 年），一位名叫 Poimenia 的罗马妇女在橄榄山顶上建造了一座八角形教堂，作为所谓的耶稣升天原址的标志，并包括了耶稣留下的神秘的足迹。关于后者，见 J. T. Milik，《RBibl》，67（1960），557 ff.；A. Ovadiah，《在圣地的拜占庭教堂大全》（波恩，1970）no.74。

19. G. A. 和 M. G. Soteriou，《Hê basilikê tou Hagiou Demetriou Thessalonikês》，2 vols.（雅典，1952 年）；P. Lemerle，"Saint-Démétrius de Thessalonique…，"BCH. 77（1953 年），660ff.

20. 关于圣徒的生活，可参见 H. Delehaye，《Les Saints stylites》（布鲁塞尔，1923 年），ii-xxxiv. 论纪念物，D. Krencker，《Kie Wallfahrtkirche des Simeon Stylites》（柏林，1939 年）；J. Lassus，《Sanctuaires chretiens de Syrie》（巴黎，1947 年），129ff.；G. Tchalenko，《Villages antiques de la Syrie du nord》，I（巴黎，1953 年），223ff.

21. Evagrius 为之提供了证据，见《Hist. eccles.》. I. 14.

22. 有利于君士坦丁的争论点，见 R. Krautheimer 提供的，见"Zu Konstantins Apostelkirche in Konstantinopel"，《Mullus: Festschrift T. Klauser》（Münster，1964 年）. 224ff.；对立的观点见 G. Downey 的 "原始的圣徒教堂的建筑工" DOP. 6（1951 年），53ff.

23. 同上，ch. 2, n. 19。

24. 见《Antioch-on-the-Orontes》，II（普林斯顿，1938 年）5ff.；Lassus，《Sanctuaires chrétiens》，123ff.

25. 见 J. W. Crowfoot，《Bosra 和 Samaris-Sebaste 的教堂》（London，1937 年），I ff.；W. E. Kleinbauer，"在叙利亚和美索不达米亚北部的四柱廊式教堂的起源和功能" DOP，27（1973 年），91ff.

26. 见《AA》中的 J. Kollwitz. 1957 年，100.

27. 见 A. Grabar，《L'Empereur dans l'art byzantin》（巴黎，1936 年）。

28. 见 I. Lavin，"贵族的房子"，《Art Bulletin》，44（1962 年），1 ff.；R. Naumann 和 H. Belting，《Die Euphemia—Kirche am Hippodrom zu Istanbul》（柏林，1966 年），13ff.

29. J. Sauvaget，"Les Ghassanides et Sergiopolis"，《Byzantion》，14（1939 年），115ff.

第五章

1. De aedificiis，VI. vii. 17。

2. A. Ovadiah，《Corpus》，table 1。

3. 见 R. M. Harrison 和 N. Firatli 的现场报告，载 DOP，19（1965 年），230ff.；20（1966 年），222ff.；21（1967 年），272ff.，（1968 年），195ff.

4. 关于教堂最初的功能，见 C. Mango，"君士坦丁堡圣塞尔吉乌斯和巴克乌斯的教堂……，"《Jahrbuch der Osterreichischen Byzantinistik》，21（1972 年），189ff. 关于其建筑的特征，见 P. Sanpaolesi，"La Chiesa dei SS. Sergio e Bacco e Constantinopoli，"《Rivista dell'Istituto nazionale di Archeologia e Storia dell'Arte》，n. s. 10（1961 年），116ff.；Mathews，《君士坦丁堡的早期教堂》，42ff.；Van Millingen 早期所作的报告，《教堂》，62ff.；Ebersolt 和 Thiers，《Eglises》，21ff.

5. 见 A. M. Schneider， 《*Die Grabung im Westhof der Sophienkirche Ist Forsch*》，12（柏林，1941 年）。

6. 关于他对数学的贡献，见 G. L. Huxley，《*Anthemius of Tralles*》(Cambridge，Mass.，1959 年)。

7. 和当年那个世纪之初的情形相比，今天虽然有着过多的雕塑露了出来，但载于《君士坦丁堡的圣伊林娜教堂》(牛津，1912 年) 由 W. S. George 所作的关于该教堂的优秀报告描述得其实并不过分。

8. 《*De aedificiis*》，I. i. 68ff. 关于圣索菲亚构造问题的技术讨论，见 R. J. Mainstone，"查士丁尼的圣索菲亚教堂"，《建筑史》，12（1969 年），39ff。

9. 见 K. J. Conant，"圣索菲亚教堂的第一个穹顶和它的重建"，《拜占庭学院的公报》，I（1946 年），71ff。

10. 见 W. Emerson 和 R. L. Van Nice，"圣索菲亚，伊斯坦布尔..."，《美国考古学日志》，47（1943 年），423ff。

11. J. C. Hobhouse，《一次穿越阿尔巴尼亚的旅行...去君士坦丁堡》，2nd ed.，II（伦敦，1813 年）。971。

12. 《君士坦丁堡》，新版本（巴黎，1857 年），272。

13. 见 E. Unger 的报告。载 E. Mamboury 和 T. Wiegand，《*Die Kaiserpalaste von Konstantinopel*》（柏林-莱比锡，1934 年），54ff。

14. P. Forchheimer 和 J. Strzygowski，《*Kie byzantinischen Wasserbehälter von Konstantinopel*》（维也纳，1893 年），57. K. Wulzinger，《*Byzantinische Baudenkmäler zu Konstantinopel*》（汉诺威，1925 年），94ff.，试图证明宾比尔·迪雷科（Binbir Direk）不是蓄水池。

15. 《*Manuel d'art byzantin*》，2nd ed. （巴黎，1925 年），I，151。

16. K. O. Dalman， 《*Der Valens-Aquädukt in Konstantinopel，IstForsch*》，3（Bamberg，1933 年），23ff。

17. 《*Description de l'Asie Mineure*》，I （巴黎，1839 年），55ff. and pl. 4。

18. 见 R. Farioli，《*Ravenna paleocristiana scomparsa*》（拉韦纳，1961 年）。

19. G. Bovini，"La nuova abside di S. Apollinare Nuovo,"《*FelRav*》，57（1951 年），5ff。

20. 《*Liber Pontificalis eccl. Rav.，De Ecclesio*》，ch. 59。

21. F. W. Deichmann，"Giuliano Argentario,"《*FelRav*》，56（1951 年），5ff。

22. Ebersolt，《*Le Grand Palais de Constantinople*》，78ff。

23. G. Bovini，"L'impiego dei tubi fittili nelle volte degli edifici di culto ravennati,"《*FelRav*》，81（1960 年），90。

24. A. Guillou，《*Régionalisme et indépendance dans l'empire byzantine au VIIe siècle*》（罗马，1969 年），77ff。

25. 《建筑和其他艺术》，该书为 1899—1900 年间美国对叙利亚的一次考古探险的出版物，pt. II（纽约，1903 年），180。

26. Tchalenko，《*Villages antiques de la Syrie du nord*》，I，344；同上，"Travaux en cours dans la Syrie du nord,"《*Syria*》，50（1973 年），134ff。

27. Lassus，《*Sanctuaires chrétiens*》，235ff。

28. 《*Syria*》，1904—1905 年和 1909 年间普林斯顿大学对叙利亚考古探险的出版物，div. II. sect. B，H. C. Butler（雷登，1920 年），26ff。

29. Cf. Creswell，《早期穆斯林建筑》，614ff。

30. G. H. Forsyth，"西奈山的圣凯瑟琳修道院……"，*DOP*，22（1968 年），1 ff。

31. 见《*Forschungen in Ephesos*，IV/3. *Die Johanneskirche*》（维也纳，1951 年）。

32. 关于 Philippi，见 P. Lemerle，《*Philippes et la Macédoine orientale*》（巴黎，1945 年），415ff.；关于 Katapoliani，见 H. H. Jewell 和 F. W. Hasluck，《百门圣母教堂（The Church of Our Lady of the Hundred Gates）》（伦敦，1920 年）；A. K. Orlandos， "La Forme primitive de la cathédrale paléochrétienne de Paros," 《*Atti del VI Congresso Intern. di Archeol. Crist.*》，拉韦纳，1962 年，159ff。

33. A. K. Orlandos，"Neôterai hereunai en Hagiô Titô tês Gortynês," Ep. Het. Byz. Sp.，3（1926 年），301ff。

第六章

1. H. A. Thompson， "Athenian Twilight：A. D. 267—600,"《*JRS*》，49（1959 年），70。

2. R. L. Scranton，《中古建筑》，Corinth，XVI（普林斯顿，1957 年），27ff。

3. 见 ch. 7，n. 43。

4. 见 ch. 7，n. 45。

5. 见 Diehl，Le Tourneau，和 Saladin，《*Monuments chrétiens de Salonique*》，117 ff.；M. Kalligas，《*Die Hagia Sophia von Thessalonike*》（Würzburg，1935 年），有关 8 世纪初一个年代的争论。

6. Krautheimer，《早期基督教与拜占庭建筑》，180。

7. 见 T. Schmit，《*Die Koimesis-Kirche von Nikaia*》（柏林—莱比锡，1927 年），据 1912 年所做的调查；H. Grégoire， "Encore le monastère d'Hyacinthe à Nicée,"《拜占庭》，5（1930 年），287ff.；C. Mango， "在尼西亚的多米逊教堂 Narthex Mosaics 的年代"，《*DOP*》，13（1959 年），245ff,；U. Peschlow， "Neue Beobachtungen zur Architektur und Ausstattung der Koimesiskirche in Iznik,"《*IstMitt*》，22（1972 年），145，ff。

8. 见 H. Rott，《*Kleinasiatische Denkmäler*》（莱比锡，1908 年），327ff.；F. Darsy， "Il sepolcro di S. Nicola a Mira,"《*Mélanges E. Tisserant*》，III，Studi e Testi，232（梵蒂冈，1964 年），29ff.；Y. Dimiriz， "Demre'deki Aziz Nikolaos Kilisesi,"《*Türk arkeoloji dergisi*,》15/1（1968 年），13ff。

9. G. de Jerphanion， 《*Mélanges d'archéologie anatolienne*》，Mélanges de l'Université Saint-Joseph，13（贝鲁特，1928 年），113ff。

10. "Vize (Bizye) 的拜占庭教堂"，ZVI，11（贝尔格莱德，1968 年），9ff. S. Eyice， "Les Monuments byzantins de la Thrace turque"，《Corsi di cultura sull'arte ravennate e bizantina》。1971 年，293ff.，断定这座教堂的年代是在 13 世纪或 14 世纪。

11. J. Morganstern in 《*DOP*》，22（1968 年），217ff.；23/24（1969—1970 年），383ff。

12. H. Buchwald，《Mudania 附近锡盖的阿奇格斯教堂》（维也纳—科隆—格雷兹，1969 年）。

13. F. W. Hasluck 在《*BSA*》，13（1906—1907 年），285ff 上简要描述过。作者和 I. sevcenko 在《*DOP*》，27（1973 年），285ff 上讨论了佩勒卡特和梅加斯·阿格罗斯教堂。

14. J. Strzygowski，《*Die Baukunst der Armenier und Europa*》，2 vols. （维也纳，1918 年）. 还有几种论述亚美尼亚建筑的专刊，我可以指出的有：N. M. Tokarskij，《*Architektura Armenii*》，2nd ed. (Erevan，1961 年)；A. L. Jakobson，《*Ocerk istorii zodčestva Armenii*》（莫斯科—列宁格勒，1950 年）. G. N. Čubinašvili，《*Razyskanija po armjanskoj architekture*》（第比利斯，1967 年），质疑几座关键的建筑纪念物的公认年代。一本好的图像指南由《*Architettura medievale armena*》所提供，该指南是配合在 Palazzo Venezia 的一次展览而出版的（罗马，1968 年）。

15. Cf. P. Charanis，《拜占庭帝国中的亚美尼亚》（里斯本，1963 年）。

16. 见 A. Khatchatrian，L'Architecture arménienne du IVe au VIe siècle（巴黎，1971 年），94ff。

17. 论述图尔·阿卜丁，可见 G. L. Bell，《图尔·阿卜丁和临近地区的教堂和道院》（海德堡，1933 年）；论述宾比尔教堂的见 W. M. Ramsay 和 G. L. Bell，《一千零一座教堂》（伦敦，1908 年）；S. Eyice，《*Karadag (Binbirkilise) ve Karaman çeversinde arkeolojik incelemeler*》（伊斯坦布尔，1971 年）。

18. 见 G. N. Čubinašvili,《*Pamjatniki tipa Džvari*》(第比利斯，1948 年)；A. B. Eremjan,《*Hram Ripsime*》(Erevan，1955 年)。
19. 见 M. 和 N. Thierry， "La Cathédrale de Mrèn et sa décoration,"《CahArch》，21 (1971 年)，43ff。
20. Bell,《图尔·阿卜丁的教堂和修道院》，82ff。

第七章

1. 一些相应的文本 Mango 翻译了出来。见《源流与文献》，160ff.，192ff。
2. 见 S. Eyice, "Bryas Sarayi",《*Belleten*》，vol. 23. no. 89 (1959 年)，79ff。
3. 见 J. Lassus,《*Sanctuaires chrêtiens*》264ff,；Tchalenko,《村庄的古物》，I. 145ff。
4. 见 P. Lemerle, "Un aspect du rôle des monastères a Byzance：Les monastères donnés à des laïcs,"《*CRAI*》，1967，9ff。
5. 见 A. K. Orlandos, Monastêriakê architektonikê, 2nd ed. (雅典，1958 年)。
6. 见 T. Macridy，A. H. S. Megaw，C. Mango 和 E. J. W. Hawkins，"在伊斯坦布尔的修道院或利普斯(费纳里·伊萨清真寺)"《*DOP*》，18 (1964 年)，249ff.；C. Mango 和 E. J. W. Hawkins," 在费纳里·伊萨清真寺的意外发现"，《*DOP*》，22 (1968 年)，177ff。
7. Cf. A. Grabar， 《*Recherches sur les influences orientales dans l'art balkanique*》(巴黎，1928 年)，16ff。
8. Van Millingen,《教堂》，196ff.；Ebersolt 和 Thiers,《*Églises*》，139ff.；D. Talbot Rice，"在博德鲁姆清真寺的发掘，1930 年，"《拜占庭》，8 (1933 年)，151ff.；C. L. Striker，"一次新的对博德鲁姆清真寺和米尔纳伦修道院 (Myrelaion) 问题的调查"，《*Istanbul Arkeoloji Müzeleri Yilliği*》，13/14 (1967 年)，210ff. Mr. Striker 估计会提供一项包含有更多关于遗存纪念物的调查细节。
9. 见 Diehl，Le Tourneau，和 Saladin,《*Les Monuments chrêtiens de Salonique*》，153ff.；D. E. Evangelidis，《*Hê* 帕那吉尔·顿·卡尔吉安 (*Panagia tôn Chalkeôn*)》(塞萨洛尼卡，1954 年)．教堂在 1936 年被彻底翻修过。
10. Michael Psellus,《*Chronographia*》，Basil Ⅱ，ch. 20。
11. 一份便利的清单由 C. 和 L. Bouras 整理过，见"希腊的拜占庭教堂"，《建筑设计》，43 (1972 年 1 月)，30ff。
12. L. Petit，"Vie et office de S. Euthyme le Jeune"，《*ROChr*》，8 (1903 年)，192ff。
13. Orlandos,《Archeion》，7 (1951 年)，146ff。
14. M. G. Soteriou, "Ho naos tês Skripous tês Boiôtias,"《*Arch. Eph.*》(1931 年)，119ff. 教堂显然是修道院式的。
15. A. Grabar,《*Sculptures byzantines de Constantinople*》(巴黎，1963 年)，90ff.；A. H. S. Megaw，"The Skripou Screen"，《*BSA*》，61 (1967 年)，1 ff。
16. 见 E. C. Stikas， 《*To oikodomikon chronikon tês monês Hosiou Louka Phôkidos*》(雅典，1970 年)，178ff。
17. 见 H. Megaw，"部分中期拜占庭教堂的文献，"《*BSA*》，32 (1931—1932 年)，104ff.；G. C. Miles，"拜占庭与阿拉伯"《*DOP*》，18 (1964 年)，20ff。
18. A. K. Orlandos, "To petalomorphon toxon en tê byzantinê Helladi"，《*Ep. Het. Byz. Sp.*，》11 (1935 年)，411ff。
19. 见 K. A. C. Creswell,《早期穆斯林建筑》，II (牛津，1940 年)，42ff.，62，和 pl. 14. 在西部省份所呈现的这样一种来自晚期罗马实践的装饰样式的观点在历史上是几乎不可能产生的。见 S. Bettini，"Origini romano-ravennati della decorazione ceramoplastica bizantina"，《*Atti del V Congresso Internazionale di Studi Bizantini*》，罗马，1936 年，II，22ff. 关于相关的问题，可见 A. H. S. Megaw，"拜占庭网状的铺面"。《*Charistêrion es A. K. Orlandon*》，Ⅲ (雅典，1966 年)，10ff。
20. 见 G. Balş 所作的简要的速写， "Notiţ ă despre arhitectura Sfântului Munte"，《*Buletinul Comisiunii Monumentelor Istorice*》，Ⅵ (布加勒斯特，1913 年)，1 ff.；和 P. M. Mylonas，"L'Architecture du Mont Athos"，载《*Le Millênairedu Mont Athos*》，Ⅱ (Chevetogne，1963 年)，229ff. (没有插图)。一种广泛的研究仍然缺乏. 关于 Lavra 见 G. Millet "Recherches au Mont-Athos"，《*BCH*》，29 (1905 年)，72ff。
21. E. Stikas,《L'Église byzantine de Christianou》(巴黎，1951 年)，38ff。
22. 见 J. Strzygowski，"Nea Moni auf Chios"，《*Byzantinische Zeitschrift* 5》，(1896 年)，140ff.；A. K. Orlandos,《*Monuments byzantins de Chios*》，Ⅱ (雅典，1930 年) —— 只有插图。与修道院有关的传说已由 Gregorios Photeinos 收集起来了，《*Ta Neamonêsia*》(Chios，1865 年)．关于 1045 年这个年代，来自一块现在已丢失的碑铭，该碑铭由一位俄罗斯修道士 Barskij 在 1731—1732 年间发现的。见《*Stranstvovanija Vasilja Grigoroviča-Barskago*》，ed. N. Barsukov，Ⅱ (圣彼得堡，1886 年)，202。
23. 该平面图已由 G. Jeffery 出版，载《古代社会会刊》，2nd ser.，28 (1915—1916 年)，115。
24. 见 R. W. Schultz 和 S. H. Barnsley， 《Stiris 的圣路加修道院》，载《*Phocis*》(伦敦，1901 年)；Stikas,《*To oikodomikon chronikon*》.
25. M. Chatzidakis， "A propos de la date du fondateur de Saint-Luc."《*CahArch*》，19 (1969 年)，127ff.，关于修道院建基于 1011 年是一个争论，Stikas 在《*To oikodomikon chronikon*》，9 ff.，244ff.，相信它是君士坦丁九世 Monomachos (1042—1055 年) 所修建的. 问题还有待于展开。
26. Archimandrite Antonin,《*O drevnih hristianskih nadpisjah v Ajinah*》(圣彼得堡，1874 年)，4.
27. G. Millet 所作的研究，见《*Le Monastère de Daphni*》(巴黎，1899 年)，仍不失为基础。
28. 见 A. Pasadaios，"Hê en Chalkê Monê Panagias Kamariôtissês"，《*Arch. Eph.*》，(1971 年)，1 ff,；T. F. Mathews，"对坐落在海伊贝利岛 (Heybeli ada) 的帕那吉尔·卡马里欧提撒 (Panagia Kamariotissa) 教堂的观察……"，《*DOP*》，27 (1973 年)，117ff。
29. 《*Embajada a Tamorlán*》，ed. F. López Estrada (马德里，1943 年)，37ff.；英语翻译见 Mango,《源流与文献》，217ff。
30. Psellus,《记年学志》，Michael IV，ch. 31。
31. 同上，君士坦丁九世，ch. 185ff. 英语翻译见 Mango,《源流与文献》，218ff。
32. 相关的文件见 C. Mango,《Brazen 的房子》(哥本哈根，1959 年)，149ff. 一件颇为有趣的教堂老雕刻最终由 S. Eyice 出版，" 'Aslanhane've çevresinin arkeolojisi"，《*Istanbul Arkeoloji Müzeleri Yilliği*》，11/12 (1964 年)，pl. Ⅶ。
33. 《*Descrizione topografica dello stato presente di Constantinopoli*》(巴萨洛，1794 年)，28。
34. Leo Diaconus,《*Historia*》(波恩，1828 年)，128ff。
35. R. Demangel 和 E. Mamboury,《*Le Quartier des Manganes*》(巴黎，1939 年)，19ff. 和 pl. Ⅴ。
36. S. Der Nersessian,《圣克罗斯的阿特阿马尔教堂》，(剑桥，马萨诸塞，1965 年)，7 和图，59ff。
37. 《*Histoire universelle par Etienne Asolik de Taron*，2e partie》，trans. F. Macler (巴黎，1917 年)，132ff。
38. Michael Maleinos 有过简要的描述，见《生活》，ed. L. Petit，《*ROChr*》，7 (1902 年)，560。
39. Cf. G. Ostrogrosky，"对 Byzantium 的 Aristocracy 的观察"，《*DOP*》，25 (1971 年)，9 ff。
40. Zonaras,《*Epitome historiarum*》，Ⅲ (波恩，1897 年)，767。

41. Van Millingen，《教堂》，212ff.；Ebersolt 和 Thiers，"《Églises》，171ff.。

42. Van Millingen，《教堂》，219ff.，Ebersolt 和 Thiers，"《Églises》，185ff.；A. H. S. Megaw，"关于伊斯坦布尔拜占庭学院近期成果的札记，"《DOP》，17（1963 年），335ff.。

43. 见 D. Oates，"在卡里耶清寺发掘的综合报告……"，《DOP》，14（1960 年），223ff.；P. A. Underwood，《The Kariye Djami》，I（纽约，1966 年），8 ff.。

44. C. Mango，"在库尔顺卢的圣阿伯奇乌斯修道院……"，《DOP》，22（1968 年），169ff.。

45. 见 C. L. Striker 和 Y. D. Kuban，"伊斯坦布尔关于卡兰德尔罕纳清真寺的成果"，《DOP》，25（1971 年），251ff.。

46. 见 F. Uspenskij，"Konstantinopol'dkij Saraljskij Kodeks Vos'miknižija,"《IRAIK》，12（1907 年），24ff. 和 pls. 1—6；A. K. Orlandos，"Ta byzantina mnêmeia tês Bêras"，《Thrakika》，4（1933 年），7ff.。

47. 见 O. Demus 激动人心的考察，《拜占庭马赛克装饰》（伦敦，1948 年），10ff.。

48. 见 A. K，Orlandos，《Byzantina mnêmeia tês Kastorias》（雅典，1939 年）。

49. 关于拜占庭雅典的纪念性建筑物，见《Heuretêrion tôn mnêmeiôn tês Hellados》，A，1/2，A. Xyngopoulos（雅典，1929 年）；I. N. Travlos，《Poleodomikê exelixis tôn Athênôn》（雅典，1960 年），149ff.，至于这位作者，我相信他夸张了中世纪雅典的成就。

第八章

1. 这一章里所讨论的特拉比宗圣索菲亚教堂是一个例外。然而请注意 12 世纪中叶塞尔柱克风格的厅堂，它那圆形穹顶，钟乳石的装饰，涂上色层的铺面和十字形瓷砖，都是在君士坦丁堡帝国宫殿中所建造的。Mango 对此有所描述。见《源流与文献》，228ff.。

2. E. H. Swift，《圣索菲亚教堂》（纽约，1940 年），86ff.，112ff.，拉丁人的贡献还在于教堂西面所建造的飞券扶壁，不仅如此，那里的钟楼也曾经建造过这种飞券扶壁。

3. B. Palazzo，《L'Arap Djami》（伊斯坦布尔，1946 年）。

4. 见 K. Andrews，《摩里亚的城堡》（普林斯顿，1953 年）；A. Bon，"Forteresses médiévales de la Grèce centrale"，BCH，61（1937 年），136ff.；同上，《La Morée franque》（巴黎，1969 年），601ff.。

5. R. Traquair，"希腊的法兰克式建筑"，《不列颠皇家学院建筑师的日志》，ser. 3，31（1924 年），33ff.；Bon，《La Morée franque》，537ff.。

6. Cf. A. Bon，"Monuments d'art byzantin et d'art occidental dans le Pélopennèse au XIIIe siècle"，《Charistêrion eis A. K. Orlandon》，III，86ff. 关于肋拱可见 C. Bouras，《Byzantina staurotholia me neurôseis》（雅典，1965 年），他指出，在 Hosios Loukas 的 Theotokos 教堂和在费尔兹的圣尼古拉教堂（12 世纪），像这样一种肋拱早些时是个例外。关于钟楼，C. N. Barla 作过一些无关紧要的研究，见《Morphê kai exelixis tôn byzantinôn kôdônostasiôn》（雅典，1959 年）。

7. Cf. A. Xyngopoulos，"Frankobyzantina glypta en Athênais"，《Arch. Eph.》，1931 年，69ff.。

8. 见 W. Müller-Wiener，"Mittelalterliche Befestigungen im südlichen Jonien"，《IstMitt》，11（1961 年），5 ff.；同上，"Die Stadtbefestigungen von Izmir，Sigacik und Çandirli"，《IstMitt》，12（1962 年）59ff.。

9. S. Eyice，"Iznik'de bir Bizans Kilisesi"，《Belleten》，13（1949 年），37ff.；I. Papadopoulos，见《Ep. Het. Byz. Sp.》，22（1952 年），110ff.，已经试图证实这遗址就是圣 Tryphon 教堂，由狄奥多拉二世皇帝重建（1254—1258 年）。

10. E. Freshfield，"在尼姆费翁（Nymphaion）的尼西亚的希腊帝王的宫殿"，《考古》，49（1886 年），382ff.；S. Eyice，"Izmir yakinida... Laskaris'ler sarayi"，《Belleten》，25（1961 年），1 ff.。

11. A. K. Orlandos，《Archeion》，2（1936 年），70ff.。

12. 如上，1（1935 年），5 ff.。

13. 如上，2（1936 年），3 ff.。

14. A. K. Orlandos，《Hê Parêgorêtissa tês Artês》（雅典，1963 年）。

15. 见 T. Macridy et al.，"利普斯修道院"，《DOP》，18（1964 年），251ff. 对于君士坦丁堡帕拉奥洛基建筑的通常研究已经由 S. Eyice 做过了，《Son devir Bizans mimarisi》（伊斯坦布尔，1936 年；Turkish with German résumé）。

16. C. Mango 和 E. J. W. Hawkins，"关于伊斯坦布尔和塞浦路斯现场成果的报告，"《DOP》，18（1964 年），322.

17. Van Millingen，《教堂》，152ff.；Ebersolt 和 Thiers，《Églises》，277ff.；Mango 和 Hawkins，载《DOP》，18（1964 年），319ff.。

18. 关于 Metochites，见 I Ševčenko，"Théodore Métochites，Chora et les courants intellectuels de l'époque"，载《Art et société à Byzance sous les Paléologues》（威尼斯，1971 年），15ff.，关于肖拉的改建，见 P. A. Underwood，《The Kariye Djami》，II（纽约，1966 年），14ff.。

19. Van Millingen，《教堂》，243ff.；Ebersolt 和 Thiers，《Églises》，149ff.；H. Hallensleben，"Zu Annexbauten der Kilise Camii in Istanbul"，《IstMitt》，15（1965 年），280ff.。

20. Cf. C. Mango，"Constantinopolitana"，《Jdl》，80（1965 年），323ff.。

21. 见 S. Eyice，"Trakya'da Bizns devrine ait eserler"，《Belleten》，33（1969 年），351ff.，同上，"Les Monuments byzantins de la Thrace turque"，《Corsi di cultura sull'arte ravennate e bizantina》，1971 年，303ff.。

22. Meyer-Plath 和 Schneider，《Die Landmauer von Konstantinopel》．95ff.；Mango，"Constantinop olitana"，330ff.。

23. 对于塞萨洛尼卡主要的帕拉奥洛基教堂没有更新的研究；仍然要去查阅 Diehl，见 Le Tourneau．和 Saladin，《Les Monuments chrétiens de Salonique》。至于较小的教堂可见 A. Xyngopoulos，《Tessares mikroi naoi tê Thessalonikês》（塞萨洛尼卡，1952 年）。现在所知道的圣潘泰莱蒙可能是维尔京·佩里布利普托斯（Virgin Peribleptos）的修道院，在 1314 年以前很快建起来的：见 G. I. Theocharides，"Ho Matthaios Blastaris"，《拜占庭》，40（1970 年），437ff.。

24. 从这个方向去努力已经由 S. Ćurčić 所做出，见"帕拉奥洛基建筑中的双穹顶的 Narthex"，《ZVI》，13（1791 年），333ff.。

25. Prophet Elijah 教堂，见 Diehl，Le Tourneau，和 Saladin，《Monument chrétiens de Salonique》，203ff. 关于对内阿·莫尼（Nea Moni）的确认，G. I. Theocharidis，"Dyo nea engrapha aphorônta eis tên Nean Monê Thessalonikês"，《Makedonika》，4（1960 年），343ff.；关于 tôn Vlattadô 修道院，见 A. Xyngopoulos，《Tessares mikroi naoi》，49ff.；关于奠基的日期（1315 年至 1380 年之间），见 G. I. Theocharidis，"Hoi hidrytai tês Thessalonikê Monês tôn Vlattadôn"，《Panêgyrikos tomos... Grêgoriou to Palama》，ed. P. K. Chrestou（塞萨洛尼卡，1960 年），49ff.。

26. 遗憾的是，关于米斯特拉的建筑没有专题报告。许多插图资料已由 G. Mille 收集起来，见于《Monuments byzantins de Mistra》（巴黎，1910 年），这本集子没有正文，作者在另一本书《L'École grecque》提供了一些散见的注释也可参见 M. Chatzidakis 所写的优秀的指南，《米斯特拉》，2nd ed.（雅典，1956 年）。

27. 见 H. Hallensleben，"Untersuchungen zur Genesis und Typologie des 'Mistratypus'"，《Marbgurger Jahrbuch für Kunstwissenschaft》，18（1969 年）

105ff.

28. 见 C. Delvoye, "Considérations sur l'emploi des tribunes dans l'église de la Vierge Hodigitria de Mistra", 载 *Actes du XIIe Congrès International des Études Byzantines*, III (贝尔格莱德, 1964 年), 41ff. Delvoye 认定第一个永久性的总督是在 1308 年任命的。然而, 这样的事似乎早在 1286 年时就发生了, 因此就不可能和 Hodegetria 的设计有关。

29. 见 Orlandos, 《*Archeion*》, 1 (1935 年), 152ff.

30. 如上, 11ff.

31. 如上, 53.; 同上, "Les Maisons paléologuiennes de Mistra", 载 Art et Société à Byzance sous les Paléologues, 75ff。

32. 见 Mango 《源流与文献》, 252ff.

33. N. Baklanov, "Deux Monuments byzantins de Trébizonde", 《拜占庭》, 4 (1927—1928 年), 377ff.; S. Ballance, "特拉比宗的拜占庭教堂", 《*Anatolian Studies*》, 10 (1960 年), 146ff.

34. D. Talbot Rice, ed., 《特拉比宗的圣索菲亚教堂》(爱丁堡, 1968 年).

35. 《拜占庭建筑》(伦敦, 1864 年), 148.

第九章

1. 见 O. Demus, 《威尼斯圣马可大教堂: 历史, 建筑, 雕刻》(华盛顿, D. C., 1960 年), 70ff.

2. 关于其历史定位的清晰报告可见 D. Obolensky, 《拜占庭共和国》(伦敦, 1971 年).

3. 见 F. Uspenskij 和 K. Škorpil, "Aboba-Pliska", 《*IRAIK*》, 10 (1905 年), 至于更多的新的报告, 见 D. Mijatev, 《*Architekturata v srednovekovna Bŭlgarija*》(索非亚, 1965 年), 30ff.

4. 关于日期, 参见 L. Ognenova, "Les Fouilles de Mésambria", 《*BCH*》, 84 (1960 年), 224.

5. 见 S. Bojadžiev, 《*Sofijskata cŭrkva sv. Sofija*》(索非亚, 1967 年), 他把日期确定到 15 世纪中叶.

6. 比较 D. Stričević, "La Rénovation du type basilical dans l'architecture... des Balkans aux IXe—XIe siècles", *XIIe Congrès International des Études Byzantines*, *Ochride*, 1961 年, 《*Rapports*》, 165ff。

7. 关于位置的简明报告, 见 V. Ivanova-Mavrodinova, 《*Preslav, Vodač za starinite i Muzeja*》(索非亚, 1963 年).

8. 见 K. Mijatev, 《*Kruglata cŭrkva v Preslav*》(索非亚, 1932 年).

9. E. g., D. Stričević, "L'Église ronde de Preslav", 《*XII e Congrès International des Études Byzantines*, *Ochride*, 1961 年, *Rapports*》, 212ff.

10. 见 G. Millet, "L'Église ronde de Preslav", 《*CRAI*》(1933 年), 180.

11. 关于城市的历史, 见 Académie Bulgare des Sciences, Institute d'Archéologie, 《*Nessèbre*》, I (索非亚, 1969 年), 15ff. 关于教堂, 见 A. Rašenov, 《*Mesemvrijski cŭrkvi*》(索非亚, 1932 年).

12. 见 O. Feld, "Noch einmal Alexios Apokaukos und die byzantinische Kirche von Selymbria", 《*Byzantion*》, 37 (1967 年), 57ff.

13. Cf. G. Bošković, "Note sur les analogies entre l'architecture serbe et l'architecture bulgare au Moyen-Age", 《*Bulletin de l'Institut Archéologique Bulgare*》, 10 (1936 年), 57ff.

14. L'Ancien art serbe: Les églises (巴黎, 1919 年).

15. N. L. Okunev, "Stolpy sv. Georgija", 载 《*SemKond*》, I (布拉格, 1927 年), 225ff.; A. Derocco, "Les Deux églises des environs de Ras", 《*L'Art byzantin chez les Slaves. Recueil dédié à···T. Uspenskij*》, I (巴黎, 1930 年), 130ff.

16. 见 《*Studenica*》(贝尔格莱德, 1968 年).

17. 见 V. J. Djurić, 《*Sopoćani*》(莱比锡, 1967 年).

18. N. Okunev, "Aril'e", 《*SemKond*》, 8 (1936 年), 221ff.

19. V. Petković 和 D. Bošković, 《*Dečani*》, 2 vols. 和 album (贝尔格莱德, 1941 年).

20. S. Nenadović, 《*Bogorodica Ljeviška*》(贝尔格莱德, 1963 年).

21. G. Bošković, "Deux Églises de Milutin: Staro Nagoričino et Gračanica, 《*L'Art byzantin chez les Slaves*》, I, 195ff.

22. S. Nenadović, 《*Dušanova zadužbna manastir sv. Arhandjela kod Prizrena*》, Srpska Akademija Nauka, Spomenik, 116 (贝尔格莱德, 1967 年).

23. 见 V. Korać, "Les Origines de l'architecture de l'école de la Morava", 载 《*Moravska škola i njeno doba*》(贝尔格莱德, 1972 年), 157ff.

24. J. Maksimović, "Moravska skulptura", 载 《*Moravska škola i njeno doba*》, 181ff.

25. M. K. Karger, 《*Drevnij Kiev*》, II (莫斯科—列宁格勒, 1961 年), 9 ff.

26. 同上, 98ff.; H. Logvin, 《基辅的圣索菲亚教堂》(基辅, 1971 年).

27. A. H. S. Megaw, "君士坦丁利普斯 Theotokos 教堂的最初的样式", 《*DOP*》, 18 (1964 年), 297ff.

28. 见 V. N. Lazarev, 《*Iskusstvo Novgoroda*》(莫斯科—列宁格勒, 1947 年), 53ff.

29. Karger, 《*Drevnij* 基辅》, II, 337ff.

30. 如上, 275ff.; V. N. Lazarev, 《*Mihajlovskie mozaiki*》(莫斯科, 1966 年), 25ff.

31. 俄罗斯东北部著名的建筑物, 包括那些截止到 15 世纪中叶时的莫斯科建筑, 其最为权威的意见见 N. N. Voronin 的 《*Zodčestvo severo-vostočnoj Rusi*》, 2 vols. (莫斯科, 1961—1962 年).

32. 见 G. K. Vagner, 《*Skul'ptura drevnej Rusi*》(莫斯科, 1969 年); A. N. Grabar, "Svetskoe izobraziteľ'noe iskusstvo domongol'skoj Rusi", Akademija Nauk SSSR, 《*Trudy Otdela Drevne-Russkoj Literatury*》, 18 (1962 年), 233ff. 关于 Jur'ev-Pol'skij 的雕刻, 见 G. K. Vagner, 《*Skul'ptura Vladimiro-Suzdal'skoi Rusi*》(莫斯科, 1964 年).

33. Voronin, 《*Zodčestvo severo-vostčnoj Rusi*》, II, 104ff.

34. P. A. Rappoport, "Cerkov'Vasilija v Ovruče", 《*Sovetskaja Arheologija*》, 1 (1972 年), 82ff.

35. 见 A. I. Nekrasov, 《*Vozniknovenie Moskovskogo iskusstva*》, I (莫斯科, 1929 年), 44ff.; V. Snegirev, 《*Aristotel' Fioravanti*》(莫斯科, 1935 年).

36. 关于这座教堂惟一影响广泛的专利是 O. Tafrali 的《*Monuments byzantins de Curtea de Arges*》(巴黎, 1931 年), 不幸的是在许多方面它误导了方向.

37. 修复以前的教堂状况由 L. Reissenberger 记录了下来, 见 《*L'Église du monastère êpiscopal de Kurtea d'Argis en Valachie*》(维也纳, 1867 年).

38. G. Bals, 《*Influences arméniennes et géorgiennes sur l'architecture roumaine*》(Vălenii de Munte, 1931 年).

39. P. Henry, "Le Règne et les constructions d'Etienne le Grand", 《*Mélanges Charles Diehl*》, II (巴黎, 1930 年), 43ff.; Academia Republicii Populare Romîne, 《*Repertoriul monumentelor şi obiectelor de arta din timpul lui Ştefan cel Mare*》(布加勒斯特, 1958 年).

40. 见 P. Henry, 《*Les Églises de la Moldavie du nord*》(巴黎, 1930 年), 84ff.

41. A. Grabar, "L'Origine des façades peintes des églises moldaves", 《*Mélanges offerts à N. Iorga*》(巴黎, 1933 年), 365ff.; 《罗马尼亚: 摩尔多瓦教堂的涂绘》, Unesco 世界艺术系列 (1962 年).

42. V. Bešeliev, 《*Die protobulgarischen Inschriften*》(柏林, 1963 年), nos. 55, 56.

参考文献

REFERENCE

Dumbarton Oaks Bibliographies, Ser. I. *Literature on Byzantine Art, 1892-1967,* Vol. I, *By Location,* Ed. J. S. Allen, Washington D.C., 1973.
Reallexikon zur byzantinischen Kunst, Ed. K. Wessel and M. Restel, Stuttgart, 1963.

SOURCES

MANGO C., *The Art of the Byzantine Empire 312-1453: Sources and Documents in the History of Art,* Englewood Cliffs, N.J., 1972.

GENERAL

DALTON O.M., *East Christian Art,* Oxford, 1925.
DELVOYE C., *L'Art byzantin,* Grenoble, 1967.
DIEHL C., *Manuel d'art byzantin,* 2nd ed., 2 vols., Paris, 1925.
EBERSOLT J., *Monuments d'architecture byzantine,* Paris, 1934.
GRABAR A., *Martyrium,* 2 vols., Paris, 1943-46.
KRAUTHEIMER R., *Early Christian and Byzantine Architecture,* Pelican History of Art, Harmondsworth, 1965.
ORLANDOS A. K., *Hê xylostegos palaiochristianikê basilikê,* 2 vols., Athens, 1950-57.
VOLBACH W. F., and LAFONTAINE-DOSOGNE J., *Byzanz und der christliche Osten,* Propyläen Kunstgeschichte, 3, Berlin, 1968.

CONSTANTINOPLE

ANTONIADIS E. M., *Ekphrasis tês Hagias Sophias,* 3 vols., Leipzig-Athens, 1907-9.
DEICHMANN F. W., *Studien zur Architektur Konstantinopels im 5. und 6. Jahrhundert nach Christus,* Baden-Baden, 1956.
EBERSOLT J., and THIERS A., *Les Églises de Constantinople,* 2 vols., Paris, 1913.
MATHEWS T. F., *The Early Churches of Constantinople: Architecture and Liturgy,* University Park, Pa., 1971.
MILLINGEN A. VAN, *Byzantine Churches in Constantinople: Their History and Architecture,* London, 1912.

ASIA MINOR

ROTT H., *Kleinasiatische Denkmäler aus Pisidien, Pamphylien, Kappodokien und Lykien,* Leipzig, 1908.
STRZYGOWSKI J., *Kleinasien, ein Neuland der Kunstgeschichte,* Leipzig, 1903.

SYRIA AND CYPRUS

BUTLER H. C., *Architecture and Other Arts,* Publication of an American Archaeological Expedition to Syria in 1899-1900, New York, 1903.
BUTLER H. C., *Ancient Architecture in Syria,* Sect. A.: *Southern Syria;* Sect. B: *Northern Syria,* Syria, Publication of the Princeton University Archaeological Expeditions to Syria in 1904-5 and 1909, Div. II, 2 pts., Leiden, 1919-20.
BUTLER H. C., *Early Churches in Syria,* Princeton, N.J., 1929.
LASSUS J., *Sanctuaires chrétiens de Syrie,* Paris, 1947.
SOTERIOU G. A., *Ta byzantina mnêmeia tês Kyprou,* Athens, 1935.
TCHALENKO G., *Villages antiques de la Syrie du nord,* 3 vols., Paris, 1953-58.

PALESTINE

CROWFOOT J. W., *Early Churches in Palestine,* London, 1941.
OVADIAH A., *Corpus of the Byzantine Churches in the Holy Land,* Bonn, 1970.

CAUCASUS

AMIRANAŠVILI Š., *Istorija gruzinskogo iskusstva,* Moscow, 1963.
ARUTJUNJAN V. M., and SAFARJAN S. A., *Pamjatniki armjanskogo zodčestva,* Moscow, 1951.
BERIDZE V., *Gruzinskaja arhitektura,* Tbilisi, 1967.
JAKOBSON A. L., *Ocerk istorii zodcestva Armenii,* Moscow-Leningrad, 1950.
KHATCHATRIAN A., *L'Architecture arménienne du IV au VI siècle,* Paris, 1971.
STRZYGOWSKI J., *Die Baukunst der Armenier und Europa,* 2 vols., Vienna, 1918.
TOKARSKIJ N. M., *Arhitektura drevnej Armenii,* Erevan, 1946.

GREECE

DIEHL C., LE TOURNEAU M., and SALADIN H., *Les Monuments chrétiens de Salonique,* 2 vols., Paris, 1918.
MEGAW H., "The Chronology of Some Middle-Byzantine Churches," in *Annual of the British School at Athens,* 32 (1931-32), 90 ff.
MILLET G., *L'École grecque dans l'architecture byzantine,* Paris, 1916.
ORLANDOS A. K., *Archeion tôn byzantinôn mnêmeiôn tês Hellados,* Athens, 1935.
SOTERIOU G. A., XYNGOPOULOS A., and ORLANDOS A. K., *Heuretêrion tôn mesaiônikôn mnêmeiôn tês Hellados,* 3 pts., Athens, 1927-33.

BULGARIA

FILOV B., *Geschichte der altbulgarischen Kunst,* Berlin-Leipzig, 1932.
MAVRODINOV N., *Starobûlgarskoto izkustvo,* Sofia, 1959.
MIJATEV K., *Arhitekturata v srednovekovna Bûlgarija,* Sofia, 1965.

RUSSIA

HAMILTON G. H., *The Art and Architecture of Russia,* in Pelican History of Art, Harmondsworth, 1954.
Istorija russkogo iskusstva, I-III, Moscow, 1953-55.
KARGER M. K., *Drevnij Kiev,* 2 vols., Leningrad-Moscow, 1958-61.
RAPPOPORT P. A., *Drevnerusskaja arhitektura,* Moscow, 1970.
VORONIN N. N., *Zodčestvo severovostočnoj Rusi,* 2 vols., Moscow, 1961-62.

YUGOSLAVIA

DEROKO A., *Monumentalna i dekorativna Arhitektura u srednjevekovnoj Srbiji,* 2nd ed., Belgrade, 1962.
MILLET G., *L'Ancien art serbe: Les églises,* Paris, 1919.
PETKOVIĆ V. P., *Pregled crkvenih sponenika kroz povesnicu Srpskog naroda,* Belgrade, 1950.

RUMANIA

GHIKA BUDESTI N., "L'Ancienne architecture religieuse de la Valachie," in *Buletinul Comisiunii Monumentelor Istorice,* 35, facc. 111-12, Bucharest, 1942.
HENRY P., *Les Églises de la Moldavie du nord,* Paris, 1930.
IONESCU N., *Isotoria architecturii in*

Romînia, 2 vols., Bucharest, 1963-65.

IORGA N., and BAIL G., *Histoire de l'art roumain ancien*, Paris, 1922.

NOTE TO THE SECOND EDITION

The text of this volume was written in 1973. For analysis of subsequent publications, the reader is refered to Ch. Delvoye, "Chronique archéologique" in Byzantion, *no. 46 (1976), pp. 188 et seq. and pp. 482 et seq.; no. 47 (1977), pp. 370 et seq. See also* Reallexikon zur byzantischen Kunst, *ed. by K. Wessel and M. Restel.*

Note also the new revised edition of R. Krautheimer, Early Christian and Byzantine Architecture *(Harmondsworth, 1975). For information on the latest discoveries in the Church of the Holy Sepulchre, see C. Coüasnon,* The Church of the Holy Sepulchre in Jerusalem *(London, 1974).*

Mention also has to be made of three recent books on monuments in Istanbul: T. F. Mathews, The Byzantine Churches of Istanbul: A Photographic Survey *(University Park, Pa., 1976); W. Müller-Wiener,* Bildlexikon zur Topographie Istanbuls *(Tübingen, 1977); U. Peschlow,* Die Irenekirche in Istanbul *(Tübingen, 1977).*

The Basilica A of Resafa has been dated to 559 A.D., see T. Ulbert, in Archäologischer Anzeiger, *1977, pp. 563 et seq. Qalb-lôze has been dated conjecturally to c. 460 by G. Tchalenko in* Syria, *no. 50 (1973), pp. 134 et seq. Finally, I should like to rectify the statement on p. 170 of the present edition: the Bulgar reign of Samuel in fact did leave on architectural monument: the Basilica of S. Achilleios on Lake Prespa.*

缩略语表

AA   Archäologischer Anzeiger
AArchSyr   Annales Archéologiques de Syrie
Arch. Eph.   Archaiologikê Eqhêmeris
BCH   Bulletin de Correspondance Hellénique
Belleten   Belleten (Türk Tarih Kurumu)
BSA   Annual of the British School at Athens
CahArch   Cahiers Archéologiques
CRAI   Comptes-rendus des Séances de l'Académie des Inscriptions et Belles-Lettres
DOP   Dumbarton Oaks Papers
Ep. Het. Byz. Sp.   Epetêris Hetaireias Byzantinôn Spoudôn
FelRav   Felix Ravenna
IRAIK   Izvestija Russkago Arheologičeskago Instituta v Konstantinople
IstForsch   Istanbuler Forschungen
IstMitt   Istanbuler Mitteilungen
Jdl   Jahrbuch des Deutschen Archäologischen Instituts
JRS   Journal of Roman Studies
JThS   Journal of Theological Studies
RBibl   Revue Biblique
ROChr   Revue de l'Orient Chrétien
SemKond   Seminarium Kondakovianum
ZVI   Zbornik Radova Vizantološkog Instituta

英汉名词对照

照片来源

注：本书插图照片大部分由布鲁诺·巴莱斯特里尼摄影。下文所列图片为其他来源，作者谨此致谢。文内数字为图片在本书的图号。

R. Anderson：25，28，61，62，65，69，74，106，107，108.

N. V. Artamanoff：34，40，73，93，190，221.

Bildarchiv Foto Marburg, Marburg/Lahn：53.

Diego Birelli, Mestre：79.

Boyd S.：188.

Courtauld Institute of Art, Londra：246，247.

Deutsches Archäologisches Institut, Istanbul：219.

Dumbarton Oaks Byzantine Centre, Washington：3，9，11，13，14，32，87，91，162，193，216，218.

Fogg Art Museum, Harvard University, Cambridge (Mass.)：128.

Gad Borel-Boissonas, Ginevra：57.

R. M. prof. Harrison, The University of Newcastle upon Tyne：76，77.

M. Jeremić：263.

Landesmuseum, Treviri：42.

Cyril prof. Mango：1，4，5，6，8，10，26，33，41，60，63，64，70，

105，111，112，113，114，124，131，133，134，137，138，139，140，153，154，199，220，236，244，245，249，265，292，293，294，297.

J. Morgenstern：136.

M. C. Mundell：269.

Novosti Press, Roma：273，274，275，277，280，281，282，283，284，285，287.

Josephine Powell, Roma：143，145，146，149.

Ezio Quiresi, Cremona：288，289，296.

J. Ševčenko：78，197，239.

Dušan Tasić, Belgrado：156，182，204.

Nicole Thierry, Etampes：151.

R. L. Van Nice：12，164.

Yale University, New Haven：19.

Per gentile concessione della Spedizione archeologica al Monte Sinai Michigan-Princeton-Alessandria：116.

译 后 记

　　拜占庭建筑在整个世界建筑史中一直都占有重要的地位，这原因部分要归之于它那独特的地理位置和在历史中不可替代的作用。作为罗马帝国的延续，君士坦丁将罗马帝国东移，建立了君士坦丁堡以后，一方面使罗马帝国在东方几乎延长了一千多年之久，另一方面则在特定的条件下逐步改变了原来罗马帝国的固有风貌。其中，最为重要的当然是基督教的确立。这样，东罗马帝国在继承罗马建筑遗产的同时，自然而然地吸纳了小亚细亚、东欧地区的地方特色，并且使古罗马的遗产以一种强有力的方式推进到上述区域，从而形成了周遭地区的独立风格。这样一来，被称之为拜占庭建筑的地域存在就成了联结东西方建筑的一个关键纽带，既打通了东西方的森严壁垒，又发展出了一种与众不同的建筑样式，进而丰富了作为建筑本身的历史。所以，无论从任何意义上看，拜占庭建筑都是世界建筑发展史中不可或缺的组成部分。本书作者曼戈通过大量的例子和仔细分析，有力地展示了上述历史的发展图景，简明扼要地向人们描述了拜占庭建筑错综复杂的历史进程。

　　对于读者和建筑史学界来说，更为重要的是本书所显示的作者严谨的治学态度。作为研究拜占庭建筑的著名学者，曼戈的结论是在大量占有材料的基础上作出的，他并不盲从于一般的风格概念，而是从事实入手，既采用了建筑史研究中常见的类型法，又以历史的脉络为引导，全面地考察了拜占庭时期建筑上的种种现象。这样，作者就不得不把眼光放在了那些足以影响历史发展的事件上。许多表面看来与建筑无关的细节，例如宗教的改变，政治的动荡，建筑师与工匠的使用，劳动力的组织，资金的周转等，在作者的研究中无一不展现出与建筑发展的内在联系，从而使历史本身显得具体而生动。所有这些，使得本书在作为一本建筑专论的同时，更具有了历史典籍的价值。

　　本书翻译由张本慎主持并通校全稿，胡震、杨小彦、冯原和吴健华参与翻译，其中的意大利文和土耳其文由文化部对外文化联络局的高云鹏先生和史瑞琳先生协助翻译。书稿最后由陆元鼎教授审校，从而保证了译稿的专业水平。

　　本书的翻译自始至终得到中国建筑工业出版社及杨谷生编审、董苏华副编审等同志的关注和指导，在此一并致谢。

译者识言
1999 年 7 月于广州

版权登记图字：01-1998-2243 号

图书在版编目（CIP）数据

拜占庭建筑／（美）西里尔·曼戈（Mango，C.）著；张本慎等译. —北京：中国建筑工业出版社，1999
（世界建筑史丛书）
ISBN 978-7-112-03737-7

Ⅰ. 拜… Ⅱ.①西… ②张… Ⅲ.①建筑史-世界-建筑风格，拜占庭式 ②建筑物，拜占庭式-简介 Ⅳ. TU-091.8

中国版本图书馆 CIP 数据核字（1999）第 11125 号

本书经意大利 Electa Editrice 出版公司正式授权本社在中国出版发行中文版
Byzantine Architecture，History of World Architecture/Cyril Mango

责任编辑：董苏华　张惠珍

世界建筑史丛书
拜占庭建筑
［美］西里尔·曼戈　著
张本慎　等译
陆元鼎　校
　　＊
中国建筑工业出版社出版、发行（北京西郊百万庄）
各地新华书店、建筑书店经销
廊坊市海涛印刷有限公司印刷
　　＊
开本：787×1092 毫米　1/12　印张：17⅔
2000 年 3 月第一版　　2015 年 1 月第三次印刷
定价：**60.00** 元
ISBN 978-7-112-03737-7
　　（17796）